AF137056

Ersatz- und Ergänzungsmethoden zu Tierversuchen

Herausgegeben von

H. Schöffl
H. Spielmann
H. A. Tritthart

Springer-Verlag   Wien New York

H. Schöffl/R. Schulte-Hermann/H. A. Tritthart (Hrsg.)

Möglichkeiten und Grenzen der Reduktion von Tierversuchen

Springer-Verlag Wien New York

Cand. med. Harald Schöffl
Vorstandsmitglied des Arbeitskreises für die Förderung von tierversuchsfreien Forschung, Linz

Professor Dr. med. H. Spielmann
Bundesgesundheitsamt, Berlin

Professor Dr. med. Helmut A. Tritthart
Institut für Medizinische Physik und Biophysik, Graz

Cand. med. Harald Schöffl

Professor Dr. med. Rolf Schulte-Hermann
Institut für Tumorbiologie – Krebsforschung, Wien

Professor Dr. med. Helmut A. Tritthart

Das Werk ist urheberrechtlich geschützt. Die dadurch begründeten Rechte, insbesondere die der Übersetzung, des Nachdruckes, der Entnahme von Abbildungen, der Funksendung, der Wiedergabe auf photomechanischem oder ähnlichem Wege und der Speicherung in Datenverarbeitungsanlagen, bleiben, auch bei nur auszugsweiser Verwertung, vorbehalten.

© 1992 by Springer-Verlag Wien

Gedruckt auf säurefreiem Papier

Das Copyright für das 3 R-Logo befindet sich im Besitz der Stiftung Fonds für versuchstierfreie Forschung, Zürich (Switzerland). Sie stellt uns das Logo freundlicherweise für unsere Reihe „Ersatz- und Ergänzungsmethoden zu Tierversuchen" zur Verfügung.

Die Wiedergabe von Gebrauchsnamen, Handelsnamen, Warenbezeichnungen usw. in diesem Buch berechtigt auch ohne besondere Kennzeichnung nicht zu der Annahme, daß solche Namen im Sinne der Warenzeichen- und Markenschutz-Gesetzgebung als frei zu betrachten wären und daher von jedermann benutzt werden dürften.
Produkthaftung: Für Angaben über Dosierungsanweisungen und Applikationsformen kann vom Verlag keine Gewähr übernommen werden. Derartige Angaben müssen vom jeweiligen Anwender im Einzelfall anhand anderer Literaturstellen auf ihre Richtigkeit überprüft werden.

Mit 34 Abbildungen

Die Deutsche Bibliothek – CIP-Einheitsaufnahme

Möglichkeiten und Grenzen der Reduktion von Tierversuchen /
H. Schöffl ... (Hrsg.). – Wien ; New York : Springer, 1992
  (Ersatz- und Ergänzungsmethoden zu Tierversuchen)
  ISBN-13: 978-3-211-82390-3   e-ISBN-13: 978-3-7091-9245-0
  DOI: 10.1007/978-3-7091-9245-0
NE: Schöffl, Harald [Hrsg.]

ISBN-13: 978-3-211-82390-3

Vorwort

Das vorliegende Buch ist der erste Tagungsband einer Reihe, welche die Referate und Poster einer österreichischen Kongreßserie über Ersatz- und Ergänzungsmethoden zu Tierversuchen beinhaltet.

Den Auftakt bildete der "1. Österreichische internationale Kongreß über Ersatz- und Ergänzungsmethoden zu Tierversuchen in der biomedizinischen Forschung", der vom 15.-17. September 1991 an der Universität Linz stattfand.

Veranstalter dieser Tagung waren der Arbeitskreis für die Förderung von tierversuchsfreier Forschung (AFTF), Linz, das Institut für Medizinische Physik und Biophysik der Universität Graz und das Institut für Tumorbiologie und Krebsforschung der Universität Wien.

Der AFTF, der das Konzept für diese Tagung erstellt hat, war auch mit der Planung, Organisation und Durchführung betraut und hat in den beteiligten Universitätsinstituten Partner gefunden, die für die wissenschaftliche Qualität dieses kontroversiell und äußerst emotionell diskutierten Themas gesorgt haben.

Die Themen dieses Kongresses waren ausgesprochen breit angelegt. Von juristischen über toxikologische und pharmakologische bis hin zu physiologischen Beiträgen reichte die breitgefächerte Palette, mit der wir versuchten, einen möglichst umfassenden Überblick zu geben, um Interessierte aus vielen Bereichen anzusprechen und die Diskussion über die Grenzen der Fachgebiete hinauszutragen.

Dies scheint auch gelungen zu sein, denn wir konnten Vertreter der Industrie, Wissenschafter von internationalem Rang und Beamte aus dem gesamten deutschsprachigen Raum begrüßen. Die Herausgeber danken den Mitarbeitern des AFTF herzlichst für die ehrenamtlich geleistete Arbeit, ohne die, allein aus finanziellen Gründen, diese Tagung nicht zustande gekommen wäre. Stellvertretend für alle Helferinnen und Helfer gilt unser besonderer Dank Frau ERNESTINE SCHÖFFL, der Büroleiterin des AFTF, Frau LYDIA JUST für unzählige Stunden an der Schreibmaschine und Frau KARIN OBERER und Herrn HELMUT APPL für die redaktionelle Betreuung dieses Tagungsbandes. Dem Springer-Verlag, insbesonders Herrn RAIMUND PETRI-WIEDER und Frau INGRID STICKLER gilt unser Dank für ihre geduldige Hilfe.

H. Schöffl
R. Schulte-Hermann
H.A. Tritthart

Inhaltsverzeichnis

Videomikroskopie

In vitro-Systeme in Pharmakologie und Physiologie

In vitro-Systeme in der Krebsforschung

In vitro-Systeme in der Ökotoxikologie

Autor/innen

FEIL, WOLFGANG, Univ. Doz. Dr., Chirurgisch-Gastroenterologisches Labor an der Ersten Chirurgischen Universitätsklinik, Alser Straße 4, A-1090 Wien

FRÜHAUF, WOLF, Dr., Bundesministerium für Wissenschaft und Forschung, Minoritenplatz 5, A-1014 Wien

HARTMANN, HANS-RÜDIGER, Dr., Ciba-Geigy, Abt. Toxikologie, CH-4002 Basel

KNASMÜLLER, SIEGFRIED, Dr., Institut für Tumorbiologie-Krebsforschung der Universität Wien, Borschkegasse 8a, A-1090 Wien

KNOLLE, HELMUT, Priv. Doz. Dr., Thunstraße 22, CH-3150 Schwarzenburg

KOCH, HEINRICH PETER, Prof. Dr. Mag., Institut für pharmakologische Chemie, Währinger Straße 10, A-1090 Wien

KOHLPOTH, MARTIN, Dr., Akademie für Tierschutz, Spechtstraße 1, D-8014 Neubiberg

LINDL, TONI, Prof. Dr., Institut für angewandte Zellkultur, Balanstraße 6, D-8000 München 80

LÜPKE, NILS-PETER, Univ. Prof. DDr., Institut für Pharmakologie und Toxikologie, Universität Osnabrück, Albrechtstraße 28, D-4500 Osnabrück

MAILE, WILLI, Dipl. Biol., Zoologisches Institut der Technischen Universität München, Lichtenbergstraße 4, D-8046 Garching

OTTEN, UWE, Prof. Dr., Physiologisches Institut der Universität Basel, Vesalgasse 1, CH-4051 Basel,

REINHARDT, CHRISTOPH A., Dr., Schweizerisches Institut für Alternativen zu Tierversuchen, (SIAT) und Verhaltensbiologie, Turnerstraße 1, ETH-Zentrum, CH-8092 Zürich

SCHÖFFL, HARALD, cand. med., Arbeitskreis für die Förderung von tierversuchsfreier Forschung, A-4021 Linz, Postfach 210

SCHULTE-HERMANN, ROLF, Prof. Dr., Institut für Tumorbiologie-Krebsforschung der Universität Wien, Borschkegasse 8a, A-1090 Wien

SEWING, KARL-FRIEDRICH, Prof. Dr., Zentrum für Pharmakologie und Toxikologie der Medizinischen Hochschule Hannover, D-3000 Hannover, Postfach 610180

SPIELMANN, HORST, Prof. Dr., ZEBET (Zentralstelle zur Erfassung und Bewertung von Ersatz- und Ergänzungsmethoden zum Tierversuch) im Bundesgesundheitsamt (BGA), Diedersdorferweg 1, D-1000 Berlin 48

TRITTHART, HELMUT A., Prof. Dr., Universitäts-Institut für medizinische Physik und Biophysik, Harrachgasse 21/VI, A-8010 Graz

VEDANI, ANGELO, Dr., Schweizerisches Institut für Alternativen zu Tierversuchen (SIAT), Biographik-Labor, Aeschstraße 14, CH-4107 Ettingen

VOGEL, REGULA, Dr., Bundesamt für Veterinärwesen, Dienststelle für Tierschutz, Schwarzenburgerstraße 161, CH-3097 Bern-Liebefeld

WIEBEL, FRIEDRICH J., Priv. Doz. Dr., GSF-Forschungszentrum für Umwelt und Gesundheit, Ingolstädter Landstraße 1, D-8042 Neuherberg/München

WINTERSBERGER, ULRIKE, Prof. Dr., Institut für Tumorbiologie-Krebsforschung der Universität Wien, Borschkegasse 8a, A-1090 Wien

Tierversuche und Tierschutz - ein ewiges Dilemma?

H. Schöffl

Tierversuche gehören wohl zu den gesellschaftlich am längsten und intensivsten diskutierten Fragen. Nur wenige strittige Bereiche unserer Zivilisation haben zu so anhaltenden emotionellen und kontroversiellen Diskussionen geführt, wie die Frage nach der Rechtfertigbarkeit der Verwendung von Tieren für experimentelle Zwecke. Sowohl Tierversuchsgegner als auch -befürworter sind sich in den letzten Jahren in Österreich nicht wesentlich näher gekommen, sondern werben verbissen für Ihre vermeintlich absolut richtige Sache. Bei radikalen Vertretern beider Gruppen dominieren ideologische Argumente, die entweder einerseits den Menschen in einem absolut utilitaristischen Licht sehen und daher alles was dem Menschen dient und jedes Leiden, das bei nichtmenschlichen Mitgeschöpfen erzeugt wird, rechtfertigen können oder andererseits in einer extremen Tierbeziehung, die jede Nutzung von Tieren, ohne Bedachtnahme darauf, ob Vorteile für die Menschheit entstehen könnten bzw. ob mit diesen Handlungen Leiden verbunden sind oder nicht, grundsätzlich ablehnen. Die Probleme, die uns heute beschäftigen, sind einerseits auf Kommunikationsstörungen zwischen verschiedenen Interessensvertretern und andererseits auf einen beginnenden gesellschaftlichen Wandel in der Auffassung über den Umgang mit Tieren zurückzuführen.

Der Wissenschaft kann man mangelndes Einfühlungsvermögen für die Anliegen der Tierschützer, mangelnde Transparenz sowie taktierendes Verhalten bei der Rechtfertigung von Tierversuchen durch Überbetonung nichtrepräsentativer Tierverbrauchsbereiche wie Impfstoffentwicklung und Transplantationschirurgie vorwerfen. Für die medizinische Forschung wird es in absehbarer Zeit kaum schwer sein, qualifizierte gesellschaftliche Mehrheiten zu finden, aber für Tierversuche, die für Haushalts-, Industrie-, Agrarchemikalien, Toilettartikel und Kosmetika durchgeführt werden, dürfte es hingegen aufgrund der zunehmenden Sensibilisierung der Bevölkerung auch zunehmend schwieriger werden, gesellschaftliche Mehrheiten zu bekommen.

Den Tierversuchsgegnern kann man geringe Kompetenz, Verbreitung von Fehlinformation und bedauerlicherweise auch häufig Inkonsequenz bei anderen tierschutzrelevanten Bereichen vorhalten.

Trotzdem muß es, soferne nicht alle Beteiligten über dem Kämpfen das eigentliche Ziel, nämlich Schutz von Mensch und Tier, aus den Augen verlieren, endlich zur Formulierung konkreter Zielvorstellungen kommen, bei denen primär Leiden einen Parameter darstellen und nicht der Bereich in dem diese Leiden verursacht werden, denn für mich ist noch nicht klar, ob es nicht eine Leidensgrenze gibt, deren Überschreitung für mich generell inakzeptabel wäre. Ich gehe allerdings davon aus, daß wir uns zum gegenwärtigen Zeitpunkt in einer Phase der Diskussion befinden, in der weder die Probleme des Tierschutzes ausreichend bekannt sind und als Grundlage für eine fruchtbare Diskussion dienen könnten, noch gesellschaftlich mehrheitsfähige Zielvorstellungen vorhanden sind, an die dann der derzeitige Zustand mit allen seinen Mängeln und Fehlern adaptiert werden könnte.

Ich sehe jedoch auch für die nähere Zukunft keine Möglichkeit, daß, selbst wenn es gelänge Zielvorstellungen eindeutig zu formulieren, die Situation des Tierschutzes wesentlich besser werden würde, denn der Stellenwert des Tierschutzes in unserer Gesellschaft ist nicht gerade enorm hoch und beschränkt sich, spöttisch betrachtet, auf Spenden wohlwollender Tierfreunde. Dort jedoch, wo für den Konsumenten Nachteile spürbar werden, zum Beispiel finanzieller Natur durch Produktverteuerung, dort scheint es mehr als schwierig, Mehrheiten zu finden.

Tierversuche sind nur eine Facette einer Unzahl von tierschutzrelevanten Bereichen. Zweifelsohne steht die alltägliche Praxis unseres Handelns gegenüber unseren nichtmenschlichen Mitgeschöpfen in krassem Widerspruch zum Anspruch unserer Gesellschaft, hochzivilisiert zu sein und über enorme Kulturhöhe zu verfügen.

Probleme wie Tiertransport, Schweine-, Rinder-, und Hühnerhaltung in der intensiven Nutztierhaltung für die Fleischproduktion oder die Probleme des Artenschutzes, um nur wenige zu nennen, sind schlicht und einfach eine Kulturschande und unser Zuwarten, Zusehen und Dulden sind in keiner Weise zu rechtfertigen und auch nicht mit unserem Anspruch auf Hochzivilisation und Kulturhöhe zu vereinbaren.

In den letzten Jahren ist ein schwierig zu beurteilendes und schwerwiegendes Problem hinzugekommen, nämlich die gezielte genetische Veränderung von Tieren durch die modernen Methoden der Biotechnologie. Es sei hier nur ein Beispiel, nämlich die SCID-Maus, angeführt. Diese Maus soll, da sie kein Immunsystem besitzt, ein AIDS-Modell darstellen. Natürlich gibt es auch hier eine methodische und eine ethische Frage, nämlich einserseits, wie bei allen Tierversuchen, wie weit die Übertragbarkeit der Tierdaten auf den Menschen gewährleistet ist, und andererseits ob es ethisch-moralisch rechtfertigbar ist, Leben zu schaffen bzw. wie in diesem Fall zu konstruieren, dessen einziger Sinn von der Erschaffung bis zum Tod nur darin besteht, für den Menschen zu leiden. In unserer bisher sehr fortschrittsgläubigen und technologiehörigen Gesellschaft treten zunehmend kritischere Betrachtungen und skeptischere Beurteilungen zu Tage.

Vermehrt werden Fragen gestellt, wie etwa ''Was darf der Mensch tun?'', im speziellen ''Was darf der Mensch mit dem Mitgeschöpf Tier tun?'', ''Welcher für den Menschen erzielbare Vorteil rechtfertigt welchen Leidensumfang beim Tier?''. Hiebei wäre zu klären, ob denn eine derartige Güterabwägung zwischen der Verantwortung des Menschen gegenüber dem Menschen und dem Tier und dem Belastungsausmaß für das Tier durch das Experiment, aufgrund der großen kategorialen Differenzen, denn das eine ist Ethik und das andere ist ein naturwissenschaftliches Verfahren, das Streß, Schmerz und Leiden erzeugt, überhaupt möglich ist. Kann aber eine Gesellschaft überhaupt zu einer Beurteilung der Rechtfertigbarkeit von künstlich erzeugtem Leiden kommen?

Es scheint als diene die zäh verteidigte und bei jeder Gelegenheit ins Treffen geführte ''Wertneutralität'' dazu, obige Fragen, die unter einem ethisch-moralischen Aspekt gestellt werden, zu verdrängen. Zweifelsohne ist Wissen wertneutral, Wissenschaft und ihre Handelnden, auch wenn sie zweckfrei oder in bester Absicht tätig sind, sind es nicht. Es gibt daher auch für die überproportionale Betonung der hohen Eigenverantwortlichkeit des Wissenschafters keine Grundlage. Wissenschaft und ihre Methoden müssen gesellschaftlich akzeptiert, kontrolliert und reglementiert sein. Daher ist die Freiheit von Wissenschaft und Forschung nicht als Willkürfreiheit, sondern, wie jede andere Freiheit auch, nur im Rahmen einer auch Schranken setzenden Rechtsordnung, und diese Schranken sind in einer dynamischen Gesellschaft aufgrund gesellschaftspolitischer Veränderungen in jede Richtung jederzeit änderbar, zu verstehen. Auch die Wissenschaft muß einengende oder beschränkende Regeln, wenn sie von einer gesellschaftlichen Mehrheit getragen sind und die etwa zum Schutz einzelner Anderer oder der Allgemeinheit verordnet werden, beachten.

Es herrschen in unserer Gesellschaft drei wesentliche Entscheidungsebenen vor, nämlich die wirtschaftlich-politische, die wissenschaftliche und die ethisch-moralische. Analog dazu gibt es auch drei Gründe, warum heute Tierversuche durch Alternativen ersetzt werden:

- wirtschaftlich-politische, weil Tierversuche kosten- und personalintensiv sind und politisch immer schwerer vertretbar werden,
- wissenschaftliche, weil wir mit den Ergebnissen aus Tierversuchen nicht immer zufrieden sein können und daher feinere Meßmethoden brauchen
- und letztendlich ethisch-moralische, denn das Bedürfnis nach Rechtfertigung ist in unserer Gesellschaft deutlich zunehmend und daher müssen Wissenschaft und Forschung ethisch-moralische Begründungen für ihr Tun zur Verfügung stellen.

Während nun aufgrund der ersten beiden Begründungen, wirtschaftlich-politischen und wissenschaftlichen Überlegungen, Tierversuche gerne reduziert werden, so reicht die dritte Begründung, ethisch-moralische Bedenken, nicht aus, um etwas zu verändern.

Es ist daher zu wünschen und dringend zu appellieren, daß eine ausführliche Bestandsaufnahme über die Probleme des Tierschutzes durchgeführt wird und nach eingehender Diskussion und festzulegender Zielvorstellungen eine auf der heutigen Kulturhöhe befindliche Umgangsform mit dem Tier postuliert und realisiert wird. Ferner ist auch dringend zu fordern, daß die Wissenschaft einen Fachbereich ''Tierschutz/ethik'' etabliert.

Werden nun Tierschutz und Tierversuche ein ewiges Dilemma sein? Ich denke nicht, denn zum einen sind die gesellschaftlichen Bestrebungen, Tieren den Stellenwert zu geben, der ihnen gebührt und sich aus unserer Kultur heraus rechtfertigen läßt, massiv gewachsen, und andererseits bringt die moderne Wissenschaft zunehmend Methoden auf den Markt, die es oft nicht nur erlauben, auf den Ganztierversuch zu verzichten, sondern zugleich auch bessere, genauere und für den Menschen relevantere Resultate liefern.

Zweifelsohne wird aber im gesamten Tierschutzbereich noch eine Menge Arbeit zu leisten sein, um zu gewährleisten, daß der Umgang unserer Gesellschaft mit dem Mitgeschöpf Tier dem entspricht, was Lebewesen von einer modernen, humanistischen Lebensweise zu erwarten haben.

Die Nutzung von Tieren zum Vorteil von Menschen ist gesellschaftlich akzeptiert. Nicht akzeptiert werden dürfen Formen der Nutzung, die es dem Mitgeschöpf Tier verunmöglichen, in Würde zu leben und in Würde zu sterben.

Zielsetzungen des neuen österreichischen Tierversuchsgesetzes und Bericht über die Kommission gemäß §13 Tierversuchsgesetz

W. Frühauf

I. Zielsetzungen des neuen österreichischen Tierversuchsgesetzes

Es ist eine weithin verbreitete Überzeugung, daß Tierschutz und Kultur einer Gesellschaft untrennbar miteinander verbunden sind. Ebenso aber auch, daß der Standard des Tierschutzes Zeugnis vom Stand einer humanen Gesellschaft gibt. In diesem Sinne gibt es auch in Österreich seit vielen Jahren eine wertorientierte Diskussion, wie auch in den letzten Jahren zahlreiche initiative Bemühungen um eine Verbesserung des Tierschutzes gesetzt werden. Ein Sonderbereich im Rahmen der Bemühungen um einen Tierschutz stellt die Einschränkung und Beschränkung von Tierversuchen, die gesetzliche Regelung von Tierversuchen mit der Zielsetzung der Reduktion von Tierversuchen auf das absolut erforderliche Mindestmaß und die Durchführung unvermeidbarer Tierversuche inklusive Haltung und Pflege der Versuchstiere nach humanen Grundsätzen dar.

Seit 1974 gab es auch in Österreich bereits ein Tierversuchsgesetz (Bundesgesetz vom 7. März 1974, BGBl. Nr. 184) womit die Durchführung von Tierversuchen an bestimmte Voraussetzungen geknüpft und ein wesentlicher Schritt zur gesetzlichen Regelung und Einschränkung von Tierversuchen gesetzt wurde. Die Diskussion um Tierversuche ging allerdings weiter und die Erfahrungen haben gezeigt, daß die Vorschriften nicht ausreichten, um Tierversuche auf das durch höherwertige Interessen gerechtfertigte absolute Mindestmaß zu reduzieren.

Im Einklang mit der seit Mitte der achtziger Jahre intensivierten Diskussion um ein neues Tierversuchsgesetz wurde schließlich nach einem umfassenden Begutachtungsverfahren 1987 dem Nationalrat eine Regierungsvorlage für ein neues Tierversuchsgesetz zugeleitet, das nach parlamentarischer Beratung im Herbst 1989 als Bundesgesetz über Versuche an lebenden Tieren (Tierversuchsgesetz, BGBl. Nr. 501/1989) beschlossen wurde und mit **1.1.1990 in Kraft trat**.

Bei der Neufassung des Tierversuchsgesetzes wurde insbesondere von folgenden Erwägungen ausgegangen: Da ein völliger Verzicht auf Tierversuche aus wissenschaftlichen, vor allem medizinischen Notwendigkeiten derzeit nicht verantwortet werden kann, sollte doch aus der Erkenntnis, daß die dem Menschen übertragene Verantwortung auch zu einem umfassenden Schutz für die seiner Obhut anheimgegebenen Lebewesen verpflichtet, dafür Sorge getragen werden, daß Tierversuche auf ein absolutes Minimum beschränkt bleiben. Für die Zulässigkeit von Tierversuchen ist schließlich immer das Ergebnis jener Güterabwägung entscheidend, die zwischen dem Schutz für die Tiere einerseits und dem Fortschritt der dem Schutz des Lebens und der Gesundheit von Mensch **und** Tier dienenden Wissenschaften andererseits vorzunehmen ist.

Ausdrückliche Zielsetzung des neuen Tierversuchsgesetzes ist es daher auch, die Zahl der Tierversuche zu reduzieren sowie die Ersatzmethoden zum Tierversuch zu fördern. Weiters werden durch die neuen gesetzlichen Regelungen auch folgende Gesichtspunkte verwirklicht:
- weitgehender Ersatz von Tierversuchen durch Tests an schmerzfreier Materie;
- Vermeidung aller nicht mit dem Versuchszweck notwendig verbundener Schmerzen und Leiden;
- Verbot von Tierversuchen an aus der freien Natur entnommenen Tieren, wenn diese Versuche auch an anderen Tieren vorgenommen werden können;
- Verbot von Mehrfach- und Wiederholungsversuchen an Tieren, wenn von diesen Versuchen keine zusätzlichen oder neuen Erkenntnisse zu erwarten sind oder wenn diese Versuche auch zu Kontrollzwecken nicht notwendig sind;
- statistische Erfassung von Tierversuchen;
- behördliche Anerkennung von bereits vorhandenen Tierversuchsergebnissen aus dem Ausland.

Strengste Voraussetzungen für die Bewilligung von Tierversuchen, die grundsätzliche Genehmigung aller Tierversuche, eine Neuordnung der Genehmigungspflicht, die auch die Tierversuchseinrichtungen und die Tierhaltung umfaßt, sowie des Genehmigungsverfahrens und der Behördenzuständigkeit sollen die Absicht der Gesetzgeber nach Reduzierung von Tierversuchen absichern. Ethische Richtlinien als leitende Grundsätze für Tierversuche, die starke Überwachung von Tierversuchen und die Erlassung von Durchführungsbestimmmungen zur einheitlichen Durchführung des Gesetzes sollen im Einklang mit dem anerkannten Stand der Wissenschaften eine Umorientierung herbeiführen.

Zu den Regelungen des (neuen) Tierversuchsgesetzes siehe BGBl. 501/1989.

II. Bericht aus der Kommission gemäß § 13 Tierversuchsgesetz

1. Einrichtung - Aufgabenstellung - Zusammensetzung

§ 13 Tierversuchsgesetz sieht vor:

"Erlassung von Durchführungsbestimmungen

§13. Zur einheitlichen Durchführung dieses Bundesgesetzes (§10 Abs. 2) hat der Bundesminister für Wissenschaft und Forschung im Einvernehmen mit dem jeweils zuständigen Bundesminister und nach Anhörung einer im Bundesministerium für Wissenschaft und Forschung einzurichtenden Kommission durch Verordnung Richtlinien zu erlassen. Diese Richtlinien haben nach dem anerkannten Stand der Wissenschafter in Ausführung der leitenden Grundsätze des §4 nähere Bestimmungen über die Genehmigung und die Durchführung von Tierversuchen, die Haltung und Unterbringung der Versuchstiere sowie die Qualifikation des mit der Betreuung der Versuchstiere befaßten sachkundigen Personals zu enthalten".

Aufgabenstellung der Kommission gemäß §13 Tierversuchsgesetz ist somit die Beratung (=> Anhörung vor der Erlassung) von Richtlinien (zur einheitlichen Durchführung des Tierversuchsgesetzes), die nach dem anerkannten Stand der Wissenschaften in Ausführung der leitenden Grundsätze des §4 Tierversuchsgesetzes nähere Bestimmungen über die Genehmigung von Tierversuchen, die Haltung und Unterbringung der Versuchstiere sowie die Qualifikation des mit der Bertreuung der Versuchstiere befaßten sachkundigen Personals enthalten.

Hinsichtlich der Zusammensetzung der Kommission ist zwar durch das Gesetz unmittelbar nichts vorgegeben, allerdings hat Bundesminister für Wissenschaft und Forschung Dr. Busek im Zuge der parlamentarischen Schlußberatung dieses Gesetzes ausdrücklich erklärt, daß eine "ausgewogene Zusammensetzung" der Kommission erfolgen werde.

Dementsprechend setzt sich die vom Bundesminister für Wissenschaft und Forschung bestellte Kommission wie folgt zusammen:
- 5 Mitglieder aus dem Bereich "Tierschutz" über Vorschlag des Zentralverbandes der Tierschutzvereine Österreichs;
- 5 Mitglieder aus dem Bereich der "Wirtschaft und Industrie" über Vorschlag der Bundeswirtschaftskammer;
- 3 Mitglieder aus dem Bereich der "Wissenschaft", und zwar zwei über Vorschlag der Österreichischen Rektorenkonferenz und eines der Österreichischen Akademie der Wissenschaften, sowie
- je ein Vertreter der für die Vollziehung des Tierversuchsgesetzes zuständigen Bundesministerien, und zwar
   -für Gesundheit, Sport und Konsumentenschutz
   -für Umwelt, Jugend und Familie
   -für wirtschaftliche Angelegenheiten
   -für Wissenschaft und Forschung

2. Bisherige Arbeit der Kommission - Überblick

Zunächst einmal etwas Statistik:
Noch vor dem Inkrafttreten des neuen Tierversuchsgesetzes (am 1.1.1990) wurden zur Abgabe von Vorschlägen die für die Bestellung von Mitgliedern vorgesehenen Organisationen (siehe oben) eingeladen, entsprechende Vorschläge dem Bundesministerium für Wissenschaft und Forschung abzugeben. Entsprechend den Vorschlägen erfolgte Anfang 1990 die Bestellung der Mitglieder. Am 27.3.1990 fand die 1. (konstituierende) Sitzung der Kommission statt, die bislang insgesamt 13 (regelmäßige mehrstündige bis halbtägige) Sitzungen abhielt; zuletzt am 17.6.1991.

Bisher von der Kommission behandelte Problembereiche (Überblick):
1. Darstellung und Aufgaben der Kommission gemäß §13 Tierversuchsgesetz
2. Beratung von Richtlinien gemäß §13 Abs. 4 Tierversuchsgesetz
   2.1 Substitution des Draize-Tests
   2.2 Substitution des LD_{50}-Tests
3. Entwicklung wissenschaftlich aussagefähiger Ersatzmethoden, deren Möglichkeiten und Förderung
   Vorschlag für eine Ausschreibung betreffend Ersatzmethoden zum Tierversuch
4. Beratung von Richtlinien über die Erteilung von Genehmigungen gemäß §§ 6-8 Tierversuchsgesetz und
5. zur statistischen Erfassung von Tierversuchen gemäß §16 Tierversuchsgesetz
6. Richtlinien für die Unterbringung und Haltung von Versuchstieren
7. Behördenpraxis hinsichtlich der Zulassung von Arzneimitteln (Univ.-Doz. Dr. Pittner, Direktor der Bundesstaatlichen Anstalt für experimentelle pharmakologische und balneologische Untersuchungen) (Arzneispezialitätenverordnung, BGBl. Nr. 82/1985)
8. Im Rahmen der Diskussion über Möglichkeiten der Ersatzmethoden etc. Referate von
   8.1 Direktor Prof. Dr. Spielmann, Zentralstelle zur Erfassung und Bewertung von Ergänzungs- und Ersatzmethoden zum Tierversuch (ZEBET), Bundesgesundheitsamt Berlin:
   Darstellung der Aufgaben und Funktion der Zentralstelle zur Erfassung und Bewertung von Ergänzungs- und Ersatzmethoden zum Tierversuch (ZEBET) sowie des internationalen Standes von Ersatzmethoden zum Tierversuch.

8.2 Prof. Dr. Heine, Anatomisches Institut der Universität Witten-Herdeche, BRD: Zur Frage der Wissenschaftlichkeit bzw. der wissenschaftlichen Aussagefähigkeit von Tierversuchen, auch im Zusammenhang mit der "Matrixforschung".

9. Regelungen (Gesetze und Verordnungen) zum Tierversuch und Notwendigkeit von Tierversuchen in den einzelnen Kompetenzbereichen:

9.1 Bundesministerium für Umwelt, Jugend und Familie - Umweltschutz, Chemikaliengesetz

9.2 Bundesministerium für Gesundheit, Sport und Konsumentenschutz - Arzneimittelgesetz, etc.

Weitere Kompetenzbereiche in Vorbereitung

10. Bericht über (EG-Workshop zur) Annäherung der Rechts- und Verwaltungsvorschriften, zum Schutz der für Versuche und andere Zwecke verwendeten Tiere

11. Diskussion und Dialog mit der pharmazeutischen Praxis; Besichtigung der Versuchstier- und Experimentiereinrichtung von Hafslund Nycomed Pharma AG (vormals Chemie Linz AG) in Linz sowie Darstellung der Notwendigkeit und Ausmaß von Tierversuchen im Rahmen einer weiteren Arzneimittelentwicklung

3. Zusammenfassung - Versuch einer Bewertung der bisherigen Tätigkeit der Kommission

Der vorgegebene Umfang des gegenständlichen Beitrages für den Kongreß "Ersatz- und Ergänzungsmethoden zu Tierversuchen in der biomedizinischen Forschung" läßt eine umfassende Zusammenfassung und eingehende Analyse für eine Bewertung nur sehr begrenzt zu. Die Themen der Beratung der Kommission wurden oben überblicksartig dargestellt. Die Dauer der Sitzungen und das Engagement der Beratungen der Mitglieder läßt jedenfalls den Schluß auf eine sehr eingehende, ernste und zielorientierte (siehe Aufgabenstellung) Arbeit der Kommission zu. Jedenfalls ist sie eine neuartige, bisher jedenfalls nicht vorhandene Plattform der Diskussion und Beratung des Themas "Tierversuche" - und dies von grundsätzlich sehr differenzierten Ausgangslagen, Standpunkten und Zugängen, um nicht zu sagen zumindestens vordergründig kontroversiellen Ausgangslagen und Ansätzen. Ein Umstand, wie er wohl voll im Sinne der Intentionen des Gesetzgebers liegt.

Jeder, auch noch so vorsichtige Versuch einer Bewertung der Tätigkeit der Kommission gemäß §13 Tierversuchsgesetz hat von Tatsachen auszugehen. Tatsachen, die hier nur schlaglichtartig aufgeblendet werden können, wie insbesondere eine in den allermeisten demokratischen Staaten Europas im letzten Jahrzehnt etwa stattfindende Diskussion über "Tierversuche", deren ethische Zulässigkeit, Notwendigkeit oder Substituierbarkeit ebenso wie Sinnhaftigkeit, wissenschaftlicher Wert, Aussagekraft etc. - und dies bis zu extrem gegensätzlichen, oftmals bis in fundamentalistisch gehende Positionen. Eine Ausgangslage, die auch "Sprachverständigungsprobleme" nicht ausschließt. Vor diesem Hintergrund, und dies sei nochmals betont, bedeutet die Tätigkeit der Kommission zunächst eine beachtliche Versachlichung der Diskussion zu "Tierversuchen" am "grünen Tisch".

Von dem, was im Rahmen der Kommission und durch deren Arbeit bisher "geleistet" werden konnte, kann nur unvollständig und demonstrativ auf einiges hingewiesen werden; so insbesondere:

Ausgehend von dem im Bericht des Ausschusses für Wissenschaft und Forschung (siehe 1019 der Beilagen zu den Sten. Prot. des NR XVII. GP) anläßlich der Beschlußfassung des Nationalrates über das Tierversuchsgesetz enthaltenen Hinweis hinsichtlich einer "weitestgehenden Substituierung des LD_{50}-Tests und des Draize-Tests", standen naturgemäß diese beiden Fragen an der Spitze der Beratungen. Zum Draize-Test war (und ist) davon auszugehen, daß gegenwärtig in der Bundesrepublik Deutschland ein großangelegter sog. Ringversuch über Ersatzmethoden im Auftrag des deutschen Bundesministeriums für Forschung und Technologie mit Kosten von mehreren Mio. DM im Gange ist und die Ergebnisse hiezu noch 1991 vorliegen sollen. Da es unsinnig wäre zu duplizieren und überdies die Kostenseite zu beachten ist, war man in der Kommission einhellig der Auffassung, zunächst diese Ergebnisse abzuwarten. Hinsichtlich des LD_{50}-Tests gab es - abgesehen von gewissen Definitionsschwierigkeiten (so z.B. Abgrenzung zum akuten Toxizitätstest) - die Beratung eines Verordnungsentwurfes des Bundesministeriums für Wissenschaft und Forschung sowie im Anschluß daran auch ein umfangreiches Begutachtungsverfahren (Sommer/Herbst 1990). Nach Auswertung der Ergebnisse des Begutachtungsverfahrens und eingehenden Beratungen mit den hiefür zuständigen Bundesministerien ist nunmehr ein Verordnungsentwurf in Vorbereitung, der von einem grundsätzlichen Verbot des LD_{50}-Test ausgeht und nur mehr stark eingeschränkt (über Verlangen des BMGSK und BMwA) Ausnahmen - soferne ausdrücklich nicht gleichwertige Methoden zur Verfügung stehen - für biologische Standardisierungen sowie für die Entwicklung, Herstellung und Chargenprüfung im Sinne des Arzneimittelgesetzes vorsehen würde.

Breiten Raum nahm - naturgemäß - in den Beratungen die Frage wissenschaftlich aussagefähiger Ersatzmethoden, deren Möglichkeiten und Förderung ein. Auf der Grundlage eines in der Kommission bestimmten Textes findet nunmehr im September 1991 eine Ausschreibung des BMWF für Arbeiten und Forschungsprojekte für Ersatzmethoden zum Tierversuch im Sinne des § 17 Tierversuchsgesetz statt.

Zweifellos erfolgreich war die Kommission hinsichtlich der "Einheitlichkeit" bei der Durchführung des Tierversuchsgesetzes durch Erarbeitung einheitlicher Formulare, die in Hinkunft bei der Genehmigung von Tierversuchen, Tierversuchseinrichtungen und Leitern von Tierversuchen sowie bei der statistischen Erfassung von Tierversuchen Anwendung finden sollen. In diesem Zusammenhang sei nur darauf hingewiesen, daß es unbeschadet verschiedener Schwierigkeiten gelang, auch den Gesetzesauftrag nach einer Tierversuchsstatistik (vgl §16 Tierversuchsgesetz) erstmals und zeitgerecht zu erfüllen (Amtsblatt zur Wiener Zeitung, 1991).

Zur Frage der Richtlinien für die Unterbringung und Haltung von Versuchstieren wurde die Empfehlung ausgesprochen, daß Österreich der Europarats-Konvention "Europäisches Übereinkommen zum Schutz der für Versuche und andere wissenschaftliche Zwecke verwendeten Wirbeltiere" beitreten sollte; eine Empfehlung, die inzwischen auch von den zuständigen Bundesministerien aufgenommen wurde.

Im Hinblick auf den Gesetz- oder Verordnungsgeber als "Verursacher von Tierversuchen" wurden und werden in der Kommission alle in Frage kommenden Regelungen und Vorschriften zum Tierversuch und deren Notwendigkeit im jeweiligen Kompetenzbereich beraten; bisher waren es die Bereiche Umweltschutz, Chemikaliengesetz und Arzneimittelgesetz; weitere sind in Vorbereitung.

Tierversuche, Regelungen hiezu, wie auch Ersatzmethoden, können nur im europäischen bzw. internationalen Rahmen gesehen werden; internationaler Erfahrungsaustausch und Kooperation sind deshalb unerläßlich. Diesen internationalen Bezug herzustellen war daher auch immer ein wesentliches Element der Arbeit der Kommission. So wurde u.a. auch ein eingehender Bericht über einen EG-Workshop zur "Annäherung der Rechts- und Verwaltungsvorschriften der Mitgliedsstaaten zum Schutz der für Versuche und andere wissenschaftliche Zwecke verwendeten Tiere" (in Berlin im April 1991) vorgelegt. Als für Österreich bedeutsamste internationale Kooperation muß wohl die Möglichkeit des Zuganges (samt kostenloser Auskunft aus der Datenbank) für jeden Interessierten aus Österreich zu ZEBET (= Zentralstelle zur Erfassung und Bewertung von Ersatz- und Ergänzungsmethoden zum Tierversuch des deutschen Bundesgesundheitsamtes in Berlin, der wohl am weitestentwickelten Einrichtung in Europa - wenn nicht überhaupt in der Welt) angesehen werden. Dazu wird es im Herbst 1991, auch durch das BMWF organisiert, eine für alle Interessierten zugängliche Informationsveranstaltung geben.

Die Zuziehung von Experten aus dem In- und Ausland zu den Beratungen der Kommission ist ebenso ein Element der Tätigkeit der Kommission wie die Diskussion und der Dialog mit der Praxis vor Ort, wie etwa im Rahmen einer Besichtigung der Versuchstier- und Experimentier-einrichtungen von Hafslund Nycomed Pharma AG (vormals Chemie Linz AG).

Der bereits überschrittene Umfang verbietet weitere Erörterungen. In einer sehr oft nach "Quantität" fragenden Welt mag immer wieder die Frage nach dem "Wieviel" (so z.B. wieviele Tierversuche konnten verhindert werden? oder dgl.) auftauchen. Abgesehen davon, daß alle Maßnahmen zu Ersatzmethoden als langfristig wirksam zu erkennen sind, so hat doch die eingehende Befassung, Diskussion und Beratung dieses Themas zweifellos im Sinne der heute international schon Allgemeingut gewordenen "drei R" (Replacement - Refinement - Reducement), wie auch einer verbesserten Tierhaltung gewirkt.

Wenn es möglicherweise für manche zu optimistisch klingen mag, so dürfte doch der Befund zutreffend sein, daß bereits die bisherige Tätigkeit der Kommission gemäß § 13 Tierversuchsgesetz eine neue "Qualität" in "Sachen Tierversuche" in Österreich gebracht hat.

Literatur

Arzneispezialitätenverordnung, BGBl. Nr. 82, 1985
Beilagen zu den Sten. Prot. des NR XVII. GP, 1988
Tierversuchsgesetz, BGBl. Nr. 501, 1989
Tierversuchsgesetz, BGBl. Nr. 184, 7. März 1974

Arbeit der ZEBET und Forschungsförderung zur Reduktion von Tierversuchen in Deutschland

H. Spielmann

Administrative Voraussetzungen für die Gründung der ZEBET

Im Rahmen der Anpassung des deutschen Tierschutzgesetzes an die einheitliche Tierschutzgesetzgebung innerhalb der EG muß seit 1987 jeder Tierversuch, der nicht behördlich zur Risikoabschätzung von Arzneimitteln und anderen verbrauchernahen Produkten vorgeschrieben ist, durch eine Tierschutzkommission genehmigt werden. Bei einem entsprechenden Antrag ist darzustellen, ob das Leiden der Tiere im Versuch so niedrig wie möglich gehalten wird und ob das Versuchsziel nicht durch Anwendung von Ersatz- und Ergänzungsmethoden zum Tierversuch, sog. ''Alternativmethoden'', lösbar ist.

Bei der Novellierung des deutschen Tierschutzgesetzes 1987 zur Anpassung an das EG-Tierschutzrecht wurde vor dem dargestellten Hintergrund vom Bundestag beschlossen, eine zentrale Auskunftsstelle und Datenbank zu errichten, bei der Wissenschafter, Mitglieder von Tierschutzbehörden und -kommissionen, aber auch die interessierte Öffentlichkeit Informationen über Stand der Entwicklung und Einsatzmöglichkeiten von Alternativmethoden zu Tierversuchen erhalten können. Solche Informationen sind über internationale Datenbanken kaum oder nur in sehr begrenztem Maße zu erhalten. Gleichzeitig beschloß der Bundestag über das Forschungsministerium BMFT Forschung zur Entwicklung von Alternativmethoden zu Tierversuchen gezielt und intensiver zu fördern als zuvor.

Zielsetzung der ZEBET

Aus den genannten Gründen wurde 1989 im Institut für Veterinärmedizin des Bundesgesundheitsamtes die ''Zentralstelle zur Erfassung und Bewertung von Ersatz- und Ergänzungsmethoden zu Tierversuchen'' (ZEBET) errichtet. ZEBET hat die behördliche Aufgabe, Ersatz- und Ergänzungsmethoden zu erfassen, ihre Einsatzmöglichkeiten für die Praxis zu bewerten und ggf. ihre Anerkennung herbeizuführen. Weitere Ziele sind die Einführung validierter, wissenschaftlich auf ihre Zuverlässigkeit überprüfter Alternativmethoden in internationale behördliche Regelungen und die Funktion, als nationale und internationale Auskunftsstelle für Ersatz- und Ergänzungsmethoden zu Tierversuchen zu dienen. Außerdem verfügt ZEBET über Fördermittel, mit denen Forschung zur Entwicklung und Validierung von Alternativmethoden zu Tierversuchen in enger Zusammenarbeit mit dem Forschungsministerium BMFT finanziell gefördert wird.

Organisation der ZEBET

Der Aufgabenstellung entsprechend ist ZEBET organisatorisch in die Bereiche **Erfassung, Bewertung und Forschung** gegliedert (Tierschutzbericht, 1991). Durch ZEBET 1 (ER-FASSUNG) werden die publizierten und in Entwicklung befindlichen Ersatz- und Ergänzungsmethoden zu Tierversuchen erfaßt und dokumentiert (**Datenbank ZEBET**). Bei ZEBET 2 (BEWERTUNG) werden die in der Datenbank erfaßten Ersatz- und Ergänzungsmethoden wissenschaftlich bewertet und es werden Auskünfte über ihre Anwendbarkeit gegeben. ZEBET 3 (FORSCHUNG) fördert über einen eigenen Etat die Validierung von Alternativmethoden und führt im eigenen Zell- und Gewebekulturlabor Studien in Form von Einzelprojekten und Ringversuchen durch. Beispielsweise koordiniert ZEBET unter aktiver experimenteller Beteiligung seit 1988 eine vom BMFT geförderte nationale Validierungsstudie zum Ersatz des schmerzhaften Draize-Tests am Kaninchenauge, an der 14 Arbeitsgruppen in Industrie und Forschungsinstituten teilnehmen (KALWEIT S. et al., 1990). Bei ZEBET 3 soll außerdem ein Gastlabor entstehen, in dem Wissenschafter neue Forschungsansätze zum Ersatz von Tierversuchen entwickeln können. Mit dieser Ausstattung soll ZEBET die Kompetenz für den internationalen Dialog mit Wissenschaftern, Behörden und Tierschützern erlangen.

Der Aufbau von ZEBET (Ziel: 14 Mitarbeiter) erfolgt stufenweise über mehrere Jahre, er soll 1992 abgeschlossen sein. Seit 1989 wurde die PC-gestützte Datenbank ZEBET entwickelt, die direkt mit dem Deutschen Institut für Medizinische Dokumentation und Information (DIMIDI) verbunden ist und die auch für Österreich und die Schweiz als Auskunfts- und Bewertungsstelle dienen soll. Da ZEBET bisher über keinen eigenen Forschungsetat verfügt, wird Forschung bei ZEBET 3 ausschließlich über Mittel des Forschungsministeriums BMFT finanziert.

Bisherige Arbeiten der ZEBET

Gutachterliche Tätigkeit

Da Tierschutz zum Kompetenzbereich des Landwirtschaftsministeriums (BML) gehört, da Forschung zur Entwicklung von Alternativmethoden zu Tierversuchen überwiegend vom BMFT gefördert wird und da das Gesundheitsministerium (BMG) für behördlich vorgeschriebene Tierversuche im Rahmen des Verbraucherschutzes zuständig ist, arbeitet ZEBET den drei Ministerien zu und ist etatmäßig ebenso wie das BGA dem BMG zugeordnet.

Seit der Gründung wurde ZEBET innerhalb des BGA bei der Erarbeitung von Gesetzen und Verordnungen beteiligt, bei denen Tierschutzfragen berührt wurden, wie z.B. beim Chemikaliengesetz und bei der EG-Richtlinie für kosmetische Mittel. Außerdem wird ZEBET seiner Aufgabenstellung entsprechend von Veterinärbehörden der Bundesländer um gutachterliche Amtshilfe bei Anträgen auf Genehmigung von Tierversuchen gebeten.

Monoklonale Antikörper

ZEBET hat 1989/90 auf Veranlassung des für den Tierschutz federführenden BML eine Empfehlung zur Herstellung besonders empfindlicher sog. ''monoklonaler'' Antikörper in Zellkulturen (in vitro) ohne tumor-tragende und daher leidende sog. ''Ascites-Mäuse'' erarbeitet, die 1990 mit den Länderbehörden abgestimmt wurde und nach der inzwischen die Genehmigung für die Herstellung monoklonaler Antikörper in Deutschland sehr restriktiv gehandhabt wird (Niederschrift über die Sitzung der Tierschutzreferenten der Länder, 1990).

DIN- bzw. Normenausschüsse

National hat ZEBET in den DIN-Normenausschüssen "Dental" und "Biologische Sicherheit" für den Dentalbereich die Berücksichtigung von Alternativmethoden anstelle von Versuchen an Menschenaffen erwirken können. Bei der Entwicklung von Ersatzmethoden zum Fischtest im Rahmen des Abwasserabgabengesetzes hat ZEBET sich nachdrücklich für einen Zytotoxizitätstest anstelle des Fischtests mit Goldorfen eingesetzt und fördert entsprechende Forschungsvorhaben finanziell.

Eigene Forschungsarbeiten

Bei ZEBET wird seit 1988 ein vom BMFT unterstützter **Ringversuch zur Validierung von Alternativmethoden zum schmerzhaften Draize-Test am Kaninchenauge koordiniert**, der weltweit zur Prüfung auf augenreizende Eigenschaften chemischer Stoffe eingesetzt wird. Versuche mit Zellkulturen bzw. bebrüteten Hühnereiern (HET-CAM-Test) sollen den Draize-Test am Kaninchenauge ersetzen. Die ersten Ergebnisse der nationalen Validierungsstudie, die vom BMFT finanziert wird, sind vielversprechend und lassen den HET-CAM-Test als besonders geeignet für den Ersatz des Draize Tests erscheinen (WEBER E., 1990, BALLS M. et al., 1990). Der experimentelle Teil der 3-jährigen Validierungsstudie ist abgeschlossen. Das Ergebnis der Auswertung wird Anfang 1992 vorliegen. Außerdem arbeitet ZEBET mit Unterstützung des BMFT an der Entwicklung einer in vitro Methode für die **Prüfung auf embryotoxische Eigenschaften mit Hilfe embryonaler Säugetierstammzellen**, die permanent in Kultur gehalten werden können und aus denen sich alle wichtigen Zellarten entwickeln können (LASCHINSKI G. et al., 1991).

Forschungsförderung auf dem Gebiet Ersatzmethoden zu Tierversuchen in Deutschland

BMFT-Programm "Ersatzmethoden zu Tierversuchen"

Im Jahre 1984 hat der BMFT im Rahmen des Förderprogrammes *"Biotechnologie"* ein Programm initiiert, um Tierversuche in Forschung und Prüfung von Produkten durch tierversuchsfreie Methoden zu ergänzen bzw. zu ersetzen (WEBER E., 1990). Dabei sollten folgende methodische Ansätze in Betracht gezogen werden:
- **Mikroorganismen oder Einzeller, Evertebraten sowie isolierte Organe von Vertebraten**
- **Zellkulturen** aus tierischen und menschlichen Zellen
- **subzelluläre Bestandteile** (Mitochondrien, Ribosome etc.)
- **biochemische Methoden**, wie z.B. Rezeptor-Bindungsstudien
- **Computereinsatz**, wie z.B. QSAR und "molecular modelling"
Als Zielbereiche für die Anwendung der Ersatz- und Ergänzungsmethoden wurden dabei folgende Gebiete definiert:
Pharmakodynamik, Pharmakokinetik, toxikologisches "screening", Prüfungen auf mutagene und teratogene Wirkungen, Infektionsdiagnostik und Impfstoffentwicklung, Krebs- und Immunforschung.
    Nach einer Untersuchung durch den BMFT trugen die geförderten Forschungsprojekte nur zu einer geringfügigen Einsparung von Versuchstieren bei. Daher wurden 1989 die Grundsätze für die Förderung in der Weise präzisiert, daß **bevorzugt die Entwicklung von Ersatzmethoden für solche Tierversuchsmodelle gefördert werden soll, bei denen die Tiere stark belastet werden oder bei denen viele Tiere verwendet werden.** Insbesondere hat der Antragsteller

darzulegen, **welcher Tierversuch durch das in vitro Modell ersetzt werden soll.**

In dem neuen Förderprogramm sollen vorzugsweise Fragestellungen aus folgenden pharmakologischen Forschungsgebieten gefördert werden: **Pharmakologische Wirkungs-findung, Infektiologie** zur Erprobung neuer Chemotherapeutika, **Tumorforschung** zur Ent-wicklung neuer Zytostatika, **toxikologische Prüfungen** (systemische und lokale Verträglich-keit) sowie die **Validierung von Ersatzmethoden** in Ringversuchen **in Kooperation mit ZEBET.**

Diese stärker präzisierte Ausschreibung hat einen Rückgang der Zahl der Anträge auf Förderung zur Folge gehabt. Vom BMFT werden derzeit **2 große und kostenaufwendige Validierungsprojekte** mit überwiegender Industriebeteiligung gefördert, in denen Ersatz- bzw. Ergänzungsmethoden für international genormte toxikologische Prüfmethoden entwickelt wer-den sollen, nämlich für die **akute Toxizitätsprüfung (früher LD$_{50}$) und für den Draize-Test am Kaninchenauge** (KALWEIT S. et al., 1990; WEBER E., 1990). Beide Validierungsprojekte werden im BGA koordiniert und nach internationalen Empfehlungen für die Validierung toxikologischer Prüfmethoden durchgeführt (BALLS M. et al., 1990), an deren Erarbeitung ZEBET maßgeblich beteiligt war, so daß eine Akzeptierung der neuen Ersatzmethoden wahr-scheinlich ist. Über das Draize-Test-Projekt wurde bereits oben berichtet. Der deutsche Vor-schlag zu einer Reduktion der Tierzahlen bei der ''akuten Toxizitätsprüfung'' von 10 auf 3 Tiere hat sich in Deutschland bewährt, so daß die Methode nun außerhalb der EG validiert wird.

Seit 1991 werden auch **BMFT-Verbundprojekte mit Instituten aus der früheren DDR** gefördert. Die Einschränkung der Genehmigung der Herstellung monoklonaler Antikörper (mAK) in der Ascites-Maus in Anschluß an eine Anhörung bei ZEBET 1989 (siehe oben) hat zur Zusammenarbeit von Immunologen aus Ost-Berlin und Leipzig mit ''West-Firmen'' bei der **Entwicklung einfacher und preiswerter Systeme zur in vitro Produktion von mAK** geführt. In einem weiteren Ost/West-Verbundprojekt wird versucht, **polyklonale Antikörper im Huhn** zu produzieren, da nach der Immunisierung die Antikörper im Hühnerei anfallen und Entbluten wie bei der bisherigen Gewinnung im Kaninchen entfällt.

Forschungsförderung durch ZEBET und durch Länderbehörden

1990 konnte ZEBET erstmals DM 400.000,- an Forschungsmitteln für die wissenschaftliche Entwicklung von Alternativmethoden zu Tierversuchen an 12 Forschergruppen in der Bundes-republik und der ehemaligen DDR vergeben. Da BMFT-Mittel zum Ersatz von Tierversuchen bisher aus ethischen und rechtlichen Gründen weder für die Arbeiten mit menschlichen Zellen und Geweben noch mit gentechnisch veränderten Zellinien bewilligt wurden, hat ZEBET versucht, hier vielversprechende Ansätze zu fördern, und außerdem Validierungsstudien unter-stützt. Schließlich ist noch zu erwähnen, daß das **Land Baden-Württemberg 1990 und 1991** jeweils DM 500.000,- für die Entwicklung von Alternativmethoden bereitgestellt hat. Dabei bildete die **Entwicklung tierversuchsfreier Unterrichtsmethoden** für Biologie- und Medizinstudenten einen besonderen Schwerpunkt der Förderung.

Auch mit dem **EG-Forschungs-Programm ''Bridge''** kooperiert ZEBET bei der Entwick-lung von Alternativmethoden zu Tierversuchen.

Internationale Situation

Im internationalen Vergleich nimmt ZEBET als staatliche Institution eine Sonderstellung ein, da vergleichbare Institutionen im Ausland (**England: FRAME; Schweiz: SIAT; USA: CAAT**), bisher nur durch Spenden von Tierschutzorganisationen oder von der Industrie finanziert werden. Wie bereits angedeutet, arbeitet ZEBET außerdem eng mit den obersten Tierschutzbehörden in

Österreich, der Schweiz und in Holland zusammen.

Literatur

BALLS M., BLAAUBOER B., BRUSIK D., FRAZIER J., LAMB D., PEMBERTON M., REINHARDT C., ROBERFROID M., ROSENKRANZ H., SCHMID B., SPIELMANN H., STAMMATI L., WALUM E., Report and recommandations of the CAAT/ERGATT workschop on the validation of toxicity test procedures, ATLA 18, 313-337, 1990

KALWEIT S., BESOKE R., GERNER I., SPIELMANN H., A national validation project of alternative methods to the Draize rabbit eye test, Toxicol. In Vitro 4, 702-706, 1990

LASCHINSKI G., VOGEL R., SPIELMANN H., Cytotoxicity test using blastocyst derived euploid embryonal stem cells: a new approach to in vitro teratogenesis screening, Reproductive Toxicol. 5, 57-64, 1991

Niederschrift über die Sitzung der Tierschutzreferenten der Länder am 26./27.6.1990 im BMELF, Bonn, 1990

Tierschutzbericht 1991, Bundesministerium für Ernährung, Landwirtschaft und Forsten (BMELF), Bonn, 1991

WEBER E., Zellen und Computer - Alternativen zum Tierversuch, Projektträger BEO, KFA-Jülich, Jülich, 1990

Tierversuche und Alternativmethoden: Rechtliche Grundlagen und aktuelle Situation in der Schweiz

R. Vogel

1. Einleitung

"Niemand darf ungerechtfertigt einem Tier Schmerzen, Leiden oder Schäden zufügen oder es in Angst versetzen". So lautet einer der Grundsätze des schweizerischen Tierschutzgesetzes (TSchG) vom 9. März 1978 (Tierschutzgesetz, 1978), welches mit dem Ziel erlassen wurde, den Umgang des Menschen mit dem Tier - zu dessen Schutz und Wohlbefinden - zu regeln. Tierversuche stehen streng genommen im Widerspruch zu den Grundsätzen der Gesetzgebung. Zum Schutz des Menschen, anderer Tiere oder der Umwelt sowie zur Verminderung von Leiden und Krankheit mittels neuer Forschungserkenntnisse wird den Tieren bewußt - weil ja geplant - für diese höher eingestuften Interessen des Menschen "Leid angetan". Diese Situation stellt einen unausweichlichen, andauernden Konflikt für die mit Tierversuchen betrauten Personen, aber auch für unsere Gesellschaft insgesamt dar. Ich erachte es als ethisch nicht vertretbar, diesen Konflikt - der trotz aller gesetzlichen Regelungen und Reduktionsanstrengungen bestehen bleibt - zu verdrängen und fordere im Sinne von positiven Veränderungen im Bereich Tierversuche, daß wir mit ihm umzugehen lernen.

Nach dem Tierschutzgesetz, welches in einer Volksbefragung aufgrund eines Referendums mit über 81 Prozent Ja-Stimmen gutgeheissen wurde (STEIGER A., 1989), sind Tierversuche an Wirbeltieren weder uneingeschränkt zugelassen noch gänzlich verboten. Verschiedene einschränkende Bestimmungen regeln u.a., zu welchem Zweck sowie unter welchen methodischen, personellen und infrastrukturellen Voraussetzungen Versuche zulässig sind. Ein Bewilligungsverfahren für jedes einzelne Versuchsvorhaben, die Kontrolle der Versuchstierhaltung und der Durchführung von Versuchen sowie die Meldung der eingesetzten Anzahl Tiere dienen der Anwendung und Einhaltung der verschiedenen gesetzlichen Vorschriften.

Für alle Beteiligten leitend steht, als Kernstück der einschränkenden Bestimmungen, das unerläßliche Maß von Tierversuchen: "Tierversuche, die dem Tier Schmerzen, Leiden oder Schäden zufügen, es in schwere Angst versetzen oder sein Allgemeinbefinden erheblich beeinträchtigen können, sind auf das unerläßliche Maß zu beschränken". Im gesetzlichen Auftrag, so wenig wie unbedingt nötig Tierversuche zuzulassen resp. durchzuführen, gründet die Verpflichtung, Alternativmethoden zu erforschen, sie bis zur Praxisreife weiterzuentwickeln und auch einzusetzen. Dabei sind Alternativmethoden im Sinne der bekannten 3R (Replacement, Reduction, Refinement) zu verstehen, nämlich als methodische Ansätze, die zum Ersatz, zur

Verminderung sowie zur Verfeinerung von Versuchen zur Belastungsreduktion beim Tier führen (RUSSEL W. et al., 1959).

2. Die Bestimmungen der Gesetzgebung

Das schweizerische Tierschutzgesetz und die Tierschutzverordnung (TSchV) (Tierschutz-verordnung, 1981), welche am 1. Juli 1981 in Kraft gesetzt wurden, regeln hauptsächlich folgendes im Bereich Tierversuche:

- Die weitgefaßte Definition des Begriffes *"Tierversuch"* erlaubt, neben der Überprüfung der biomedizinischen Forschung an Wirbeltieren auch eine umfassende Kontrolle der Sicherheits-prüfung von Chemikalien, der Arzneimittelentwicklung und der Herstellung von Stoffen mittels Tieren einzubeziehen (Art. 12 TSchG).

- Als *zulässige Versuchszwecke* gelten die wissenschaftliche Forschung, das Herstellen und Prüfen von Stoffen, das Feststellen von physiologischen und pathologischen Vorgängen, die Lehre sowie das Erhalten und Vermehren von lebendem Material soweit nötig (Art. 14 TSchG).

- Alle Tierversuche, auch die unerheblichsten, sind den Behörden zu melden. Für die Durch-führung von die Tiere belastenden Versuchen ist eine *Bewilligung* der kantonalen Vollzugsbehörden einzuholen (Art. 13 TSchG). Im Bewilligungsverfahren müssen u.a. die Tauglichkeit der Methode und die Zulässigkeit des Versuchsziels geprüft werden. Den Behörden stehen beratende Fachkommissionen zur Seite (Art. 18 TSchG).

- Belastende Tierversuche sind auf das *unerläßliche Maß* zu beschränken (Art. 14 TSchG). Aus juristischer Sicht verlangt dieser unbestimmte Rechtsbegriff, welcher durch die Verordnung nur minimal bezüglich der Unerläßlichkeit der Methode konkretisiert wird (Art. 61 TSchG), eine Abwägung im Einzelfall der verfassungsrechtlichen Tierschutzanliegen gegen andere, auch in der Verfassung der Schweiz verankerte öffentliche Interessen, wie z.B. elementare Vorsorge gegen gesundheitliche Risiken (ZENGER C.A., 1989).

- Damit eine Bewilligung erteilt werden kann, müssen die beteiligten *Personen und Einrichtungen* zur Durchführung von Versuchen gewisse Anforderungen erfüllen. Als verant-wortliche Person kann nur der Leiter des Instituts oder Labors gelten. Bewilligungspflichtige Versuche dürfen nur unter der Leitung eines erfahrenen Fachmannes mit Hochschulausbildung in Biologie oder Medizin von fachkundigem Personal durchgeführt werden (Art. 15 TSchG).

- Um unnötige Schmerzen, Leiden und Schäden zu verhindern und die Belastung bei den Individuen zu begrenzen, regeln Grundsätze die *Durchführung der Versuche*. So sind z.B. schmerzhafte Versuche nur unter Narkose zulässig, und Tiere, welche in einem Versuch erheblichen Schmerzen oder Leiden ausgesetzt waren, dürfen zu Versuchszwecken nicht wiederverwendet werden (Art. 16 TSchG).

- Die *Tierhaltebestimmungen* der Gesetzgebung gelten auch für Versuchstiere. Überdies regeln spezielle Bestimmungen die Beleuchtung und das Vermeiden von starken Lärmein-wirkungen in Tierräumen, die Gruppenhaltung für Katzen, Hunde und Primaten sowie die mini-malen Käfiggrößen für Labornagetiere (Art. 58 u. 59 TSchV). Auch wird die Ausbildung und der Einsatz von *Tierpflegepersonal* geregelt (Art. 8 bis 11 TSchV).

- Die kantonalen Behörden haben jährlich in allen Betrieben mit bewilligten Tierversuchen eine *Kontrolle* durchzuführen. Die Zahlen der in Versuchen eingesetzten Tiere sind jährlich anzugeben, damit die *Tierversuchsstatistik* erstellt werden kann (Art. 63 TSchV).

Die Tierschutzgesetzgebung vom 1. Juli 1981 enthält keine konkreten Bestimmungen über die Förderung von Alternativmethoden, ihre Validierung und Umsetzung in die Praxis. Wie einleitend angedeutet, basieren nach geltendem Recht die Forderungen nach der Entwicklung von Alternativen und ihrer Einführung allein auf dem Auftrag, Tierversuche auf das unerläßliche Maß zu beschränken (VOGEL R., 1989).

3. Änderungen der Gesetzgebung im Bereich Tierversuche

Seit 1981 wurden beim Bund, d.h. bei der Landesregierung, drei Volksinitiativen eingereicht, die ein totales Verbot oder eine massive Einschränkung von Tierversuchen verlangen. 1985 wurde die erste Initiative ''für die Abschaffung der Vivisektion'' vom Schweizer Stimmvolk deutlich verworfen (Botschaft vom 30.5.1984). Die zweite, maßvollere Initiative ''zur drastischen und schrittweisen Einschränkung der Tierversuche (Weg vom Tierversuch!)'' - lanciert vom Schweizer Tierschutz -, welche die zentrale Forderung nach einem Verbandsbeschwerderecht für Tierschutzorganisationen beinhaltet, wird am 16. Februar 1992 zur Abstimmung kommen (Botschaft vom 30.1.1989). Die letzte und radikalste Initiative ''zur Abschaffung der Tierversuche'' steht zur Behandlung durch Landesregierung und Parlament an (Eidgenössische Volksinitiative, 1991).

In Zusammenhang mit der Behandlung der Volksinitiative ''Weg vom Tierversuch!'' hat das Parlament am 22. 3. 1991 als indirekten Gegenvorschlag auf Gesetzesstufe eine Änderung des Tierschutzgesetzes beschlossen (Tierschutzgesetz, 1991). Die Änderung trägt einigen Anliegen der Initiative und verschiedener Kritik an der geltenden Gesetzgebung Rechnung. Sie umfaßt neu Bestimmungen über Alternativmethoden. Die Ausführungsbestimmungen zur Änderung wurden am 16. Mai dieses Jahres den Kantonen und interessierten Kreisen zur Stellungnahme unterbreitet. Die Landesregierung dürfte noch vor Ende des Jahres über die Verordnungsrevision und das Inkrafttreten der Änderung beschließen. Konkret betrifft die Revision folgende Bereiche des Gesetzes und beinhaltet folgende Vorschläge für die Verordnung:
- Der Geltungsbereich der Gesetzgebung wird für das Kapitel Tierversuche auf *gewisse Wirbellose* ausgedehnt. Vorgeschlagen sind Zehnfußkrebse (Decapoda) und Kopffüßler (Cephalopoda).
- Die Landesregierung wird beauftragt, in der Verordnung *Kriterien zur Beurteilung des unerläßlichen Maßes* und die unzulässigen Versuchszwecke festzulegen. Nicht zulässig sind belastende Tierversuche, deren Ziel mit *Verfahren ohne Tierversuche* erreicht werden kann, die nach dem jeweiligen Stand der Kenntnisse tauglich sind. Eine Ersatzmethode muß also Resultate mit der notwendigen Genauigkeit und Zuverlässigkeit in bezug auf das Versuchsziel liefern. Auch muß sie in der Praxis technisch brauchbar und anwendbar sein, damit der Tierversuch untersagt werden kann. Finanzielle Gesichtspunkte sind bei der Anwendbarkeit nicht ausschlaggebend. Eine Einschränkung dazu bedeuten nationale und internationale Registrierungsanforderungen für Stoffe und Erzeugnisse, welche einen Tierversuch explizit vorschreiben. Auch die *Aufträge zur Verminderung und Verfeinerung* von Tierversuchen sind in entsprechenden Bestimmungen gefaßt. So müssen Methoden zum Erreichen des Versuchsziels geeignet sein und den neuesten Stand der Kenntnisse berücksichtigen. Höhere Tierarten sind wenn irgend möglich durch solche niedrigerer Entwicklungsstufe zu ersetzen. Zur Reduktion der Tierzahlen sind die zweckmäßigsten Verfahren zur Auswertung der Ergebnisse anzuwenden. Diese Bestimmungen bilden die Grundlage, damit Alternativmethoden, d.h. methodische Verbesserungen zur Belastungsreduktion sowie aufwendige, kostenintensivere Auswertungsverfahren zur Verminderung der Tierzahlen, in der Praxis durchgesetzt werden können. Vertretbar sind belastende Tierversuche überdies nur, wenn sie dem Erhalt oder Schutz des Lebens von Mensch und Tier, dem Schutz der natürlichen Umwelt, der Leidensverminderung oder dem Streben nach neuen Kenntnissen über grundlegende Lebensvorgänge (Grundlagenforschung) dienen. Diese ethisch begründete Bestimmung bedeutet eine nur bescheidene, wenig konkrete *Einschränkung der zulässigen Versuchszwecke*. Belastende Tierversuche für die *Prüfung von Erzeugnissen* sind unzulässig, wenn die angestrebte Erkenntnis durch Auswertung der Daten über deren Bestandteile gewonnen werden kann oder das Gefährdungspotential ausreichend bekannt ist. Damit wird nach dem Willen des Parlamentes in erster Linie bezweckt, daß Tierversuche zur Prüfung von

kosmetischen Mitteln untersagt werden können und nur noch Sicherheitsprüfungen für ihre Grundstoffe und vereinzelt für Allergietests der Produkte zulässig sein können. Auch Tabakerzeugnisse rechtfertigen keine Tierversuche mehr. Grundsätzlich gilt diese Bestimmung jedoch für alle Erzeugnisse, also auch für Pharmaka und Chemikalien, und sie erlaubt, unnötige Wiederholungen und Zusatzteste zu verhindern. Unzulässig sind auch solche Versuche, die gemessen am erwarteten *Erkenntnisgewinn* oder Ergebnis dem Tier *unverhältnismäßige Schmerzen*, Leiden oder Schäden bereiten. Damit wird erreicht, daß bei jedem einzelnen Versuchsvorhaben die gegenläufigen Interessen von Gesuchstellern und Behörden abgewogen werden müssen. Gewisse hochbelastende Versuche dürften gemäß dieser Bestimmung leichter als bisher untersagt werden können. Bei der Zulässigkeit von Versuchen für die *Lehre* an den Hochschulen und die Ausbildung von Fachkräften wird festgehalten, welche Möglichkeiten ausgeschöpft sein müssen, damit ein belastender Tierversuch gerechtfertigt sein kann. Für die *Registrierung von Stoffen und Erzeugnissen* in einem anderem Staat sind belastende Tierversuche nur zulässig, wenn die Registrierungsanforderungen internationalen Regelungen entsprechen, z.B. OECD-Guidelines, Monographien der Europäischen Pharmakopöe, Richtlinien der EG, oder, gemessen an jenen der Schweiz, nicht wesentlich mehr Tierversuche, Versuchstiere oder belastendere Versuche bedingen. Diese Bestimmung trägt dem Umstand Rechnung, daß Anstrengungen zum Abbau von Tierversuchen für die Zulassung von Arzneimitteln und anderen Produkten auf internationaler Ebene gemeinsam angegangen werden müssen. Tierversuche in Erfüllung übertriebener Anforderungen einzelner Staaten sowie das Durchführen veralteter, untauglicher Methoden sollen aber nicht zulässig sein.

- Die Kantone als Vollzugsbehörden der Gesetzgebung werden beauftragt, von den Bewilligungsbehörden *unabhängige Tierversuchskommissionen* mit Fachleuten und Vertretern der Tierschutzorganisationen zu bestellen. Diese prüfen die Tierversuchsgesuche und stellen Antrag an die Behörden auf Bewilligung oder Ablehnung. Damit wird bezweckt, daß nicht wie bisher eine Person der Behörde allein, meistens der Kantonsveterinär, die oft sachlich schwierigen Entscheide über Tierversuche treffen kann.

- Dem Bundesamt für Veterinärwesen wird das Recht eingeräumt, Tierversuchsbewilligungen der Kantone bei der zuständigen kantonalen Instanz anzufechten, und erhält damit Parteistellung. Nach bisherigem Recht konnten nur Gesuchsteller, z.B. im Falle der Ablehnung eines Gesuchs, Beschwerde einreichen. Diese Einseitigkeit war aus juristischer Sicht nur schwer zu begründen. Politisch stellt das *Behördenbeschwerderecht* einen Kompromiß in Zusammenhang mit dem geforderten Verbandsbeschwerderecht für Tierschutzorganisationen dar.

- Dem Bundesamt für Veterinärwesen wird überdies der gesetzliche Auftrag erteilt, eine *Dokumentationsstelle für Tierversuche und Alternativmethoden* zu betreiben. Sie hat zur Aufgabe, Informationen zu sammeln und zu bearbeiten, um die Anwendung von Alternativmethoden im Sinne der 3R zu unterstützen und die Beurteilung der Unerläßlichkeit von Tierversuchen zu erleichtern. Sie ist verpflichtet, die kantonalen Bewilligungsbehörden periodisch über neue Kenntnisse und ihren Informationsstand über Alternativmethoden zu informieren. Vom Gesetzgeber wurde also erkannt, daß die finanzielle Förderung von Alternativmethoden allein nicht ausreicht, sondern daß die Unterstützung ihrer Anwendung in der Praxis zu einer staatlichen Aufgabe werden muß. Im Sinne einer Erfolgskontrolle muß jährlich eine *detaillierte Statistik* über sämtliche Tierversuche erstellt werden, welche die Beurteilung der Anwendung der Gesetzgebung erlaubt.

- Neu wird der Bund ausdrücklich verpflichtet, zusammen mit den Hochschulen und der Industrie die Entwicklung und Anwendung von *Alternativmethoden zu fördern.* Damit wird die heute schon stattfindende Unterstützung von Alternativmethoden gesetzlich verankert. Im weiteren wird der Bund beauftragt, die *internationale Anerkennung von Alternativmethoden im Sinne der 3R* zu fördern und zu unterstützen.

Der Verordnungsentwurf wurde überdies aufgrund des *"Europäischen Übereinkommens zum Schutz der für Versuche und andere wissenschaftliche Zwecke verwendeten Wirbeltiere''*, welches in Kürze durch die Schweiz ratifiziert werden dürfte, ergänzt. Die Bestimmungen betreffen die Herkunft von Tieren für Versuche sowie Anforderungen an und Kontrolle von Versuchstierzuchten und Versuchstierhandlungen.

4. Zur aktuellen Situation in der Schweiz

Die Zahl der jährlich in der Schweiz in bewilligten Tierversuchen eingesetzten Tiere hat seit 1981 um 47% auf 1.041.000 Tiere abgenommen (Schweizerische Tierversuchsstatistik 1990). Die Gründe dafür sind vielfältig (STEIGER A., 1989). Zur Reduktion beigetragen haben sicherlich - neben der Änderung von Forschungsmethoden v. a. im Bereich des Screenings von neuen Arzneimitteln - die Gesetzgebung und die damit verbundenen Einschränkungen sowie die Diskussion des Themas in der Öffentlichkeit. Aus Abbildung 1 kann entnommen werden, daß der Rückgang der benötigten Tiere von Jahr zu Jahr kleiner wird. Eine größere weitere Abnahme scheint aus meiner Sicht künftig nur möglich durch tierschutzorientierte, zielgerichtete Erforschung und Validierung von Ersatzmethoden. Gleichzeitig ist zu betonen, daß es aus der Sicht des Tierschutzes, sozusagen als Leistungsausweis, nicht einseitig um immer tiefere Zahlen in der Statistik gehen darf. Ich bin davon überzeugt, daß im Bereich des ''Refinements'' kürzerfristig größere Verbesserungen zu erwarten wären.

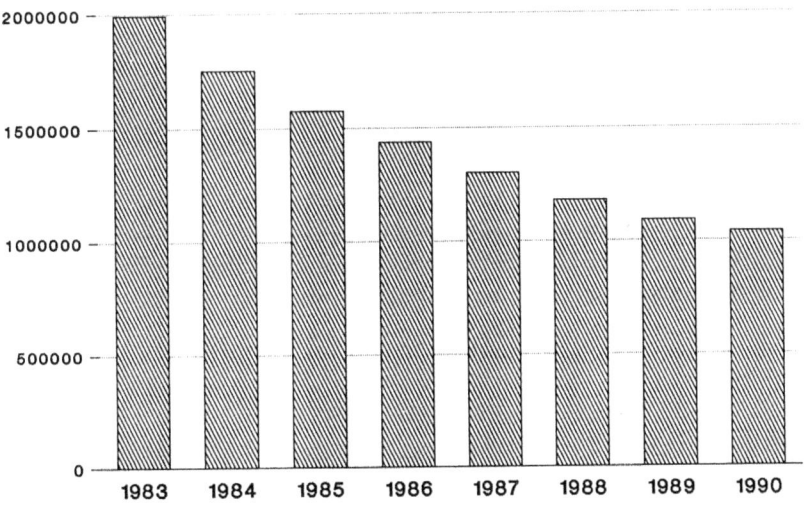

Abb.1. Von 1983 bis 1990 in bewilligten Versuchen eingesetzte Anzahl Tiere in der Schweiz. Die Abnahme wird von Jahr zu Jahr geringer

In der Schweiz werden seit dem Inkrafttreten des Gesetzes vom Staat, von Industrie und Hochschulen, aber auch von Tierschutzorganisationen verschiedenste Projekte über Alternativmethoden finanziell unterstützt (STEIGER A., 1989). Im Anschluß an das Forschungsprogramm ''Alternativmethoden zum Tierversuch'' des Schweizerischen Nationalfonds zur Förderung der wissenschaftlichen Forschung (Alternativmethoden zum Tierversuch, 1988) wurde 1987 als Gemeinschaftswerk der parlamentarischen Gruppe für Tierversuchsfragen, der Interpharma, Basel, und des Fonds für versuchstierfreie Forschung die *Stiftung Finanz-Pool 3R* gegründet. Diese gewährt jährlich aus Mitteln des Bundes und der Interpharma Forschungsbeiträge von ca. sfr 800.000,-. Unterstützt werden Projekte zur Erforschung oder Validierung von Methoden, welche im Sinne der 3R gegenüber der heutigen Tierversuchspraxis unmittelbar anwendbare

Verbesserungen versprechen. Schwerbelastende Versuche und solche mit großem Tiereinsatz stehen im Vordergrund (Richtlinien für die Gewährung von Forschungsbeiträgen, 1987). Im Rahmen eines *Schwerpunkteprogramms* für die Jahre 1992 bis 1994 stehen folgende Forschungsgebiete im Zentrum:

- pharmakodynamische Untersuchungen zur Abklärung von Wirkungen auf das Nervensystem und von entzündungshemmenden und analgetischen Wirkungen;
- Diagnostik von bakteriellen, viralen und parasitären Infektionen, einschließlich die Züchtung und Konservierung von Erregern;
- Erzeugung und Produktion von polyklonalen und monoklonalen Antikörpern;
- Immunologie, insbesondere zur Abklärung der Wirkungen von Immunmodulatoren.

Aus meiner Sicht zeigen die Erfahrungen der ersten Jahre der Stiftung, wie dringend notwendig neben thematisch gezielter Förderung auch das Weiterverfolgen von abgeschlossenen Arbeiten zur Unterstützung ihrer praktischen Einführung ist.

Die *Dokumentationsstelle für Tierversuche und Alternativmethoden*, welche sich am Bundesamt für Veterinärwesen im Aufbau befindet, hat gestützt auf den gesetzlichen Auftrag zum vorrangigen Ziel, bereits vereinzelt zum Einsatz kommende Verfeinerungen von Methoden und solche mit reduziertem Tiereinsatz und wo möglich Ersatzmethoden auf breiter Ebene in Zusammenarbeit mit den kantonalen Vollzugsbehörden einzuführen. Sie stellt also eine Dienstleistungseinrichtung für diese Behörden, aber auch für interessierte Wissenschafter und Wissenschafterinnen, dar. Einerseits soll es möglich werden, Anfragen zu Alternativmethoden im weitesten Sinne innerhalb nützlicher Frist und kompetent zu bearbeiten. Andererseits sollte sie in der Lage sein, nach Schwerpunkten Anwendungsmöglichkeiten und Grenzen einzelner Alternativen zu dokumentieren und darüber zu informieren. Die Auskunftserteilung beschränkt sich selbstverständlich auf öffentlich zugängliche Informationen und eigene Beurteilungen unter Berücksichtigung der Datenschutzbestimmungen. Daneben dürften der Dokumentationsstelle andere Aufgaben, wie das Erstellen der detaillierten Statistik, übertragen werden. In der ersten Phase wurde eine Datenbank konzipiert, mit welcher sich die Tierversuchsprojekte der Schweiz dokumentieren lassen. Sie dürfte ab nächstem Jahr zum Einsatz kommen. In einer zweiten Phase ist geplant, nach dem Konzept der ZEBET des Bundesgesundheitsamtes Berlin, mit der Dokumentation und Aufbereitung von Alternativmethoden zu beginnen. Eine enge Zusammenarbeit und ein größtmöglicher Datenaustausch mit der ZEBET ist beabsichtigt. Wieweit die Dokumentationsstelle ihre Aufgaben wahrnehmen kann, um die Einführung von Alternativmethoden zu unterstützen, wird wesentlich von ihrer personellen Dotierung abhängen.

Literatur

Alternativmethoden zum Tierversuch. Schweizerischer Nationalfonds zur Förderung der wissenschaftlichen Forschung, CH-3001 Bern, 1988

Botschaft vom 30. Mai 1984 über die Volksinitiative "für die Abschaffung der Vivisektion", (84.055), Eidgenössische Drucksachen- und Materialzentrale, CH-3000 Bern, 1984

Botschaft vom 30. Januar 1989 über die Volksinitiative "zur drastischen und schrittweisen Einschränkung der Tierversuche (Weg vom Tierversuch!)" (89.010), Eidgenössische Drucksachen- und Materialzentrale, CH-3000 Bern, 1989

Eidgenössische Volksinitiative "zur Abschaffung der Tierversuche". Zustandekommen. Bundesblatt Nr.6, Bd I, 578-580, 19. Februar 1991

Richtlinien für die Gewährung von Forschungsbeiträgen vom 15. Mai 1987, Stiftung Finanz-Pool 3R, CH-3110 Müsningen, 1991

RUSSEL W., BURCH R., Principles of humane experimental technique, London: Methuen, 1959

Schweizerische Tierversuchsstatistik 1990, Bundesamt für Veterinärwesen, CH-3097 Liebefeld-Bern, 1990

Steiger A., Tierschutzgesetzgebung und Tierversuche in der Schweiz - Wirkungen und Forderungen, Schweiz Arch. Tierheilk. 131, 435-456, 1989

Tierschutzgesetz vom 9. März 1978 (TSchG; SR 455), Eidgenössische Drucksachen- und Materialzentrale, CH-3000 Bern, 1990

Tierschutzgesetz. Änderung vom 22. März 1991. Bundesblatt Nr. 13, Bd I, 1361-1364, 9. April 1991

Tierschutzverordnung vom 27. Mai 1981 (TSchV; SR 455.1), Eidgenössische Drucksachen- und Materialzentrale, CH-3000 Bern, 1990

Vogel R., Rechtliche Kriterien für die Bewertung und Anerkennung von Ersatz- und Ergänzungsmethoden in der Schweiz, Bga-Schriften 2/1989, 46-52, Bundesgesundheitsamt Berlin, 1989

Zenger C.A., Das unerläßliche Maß an Tierversuchen, in: Beihefte der Zeitschrift für Schweizer Recht (Saladin P., Hrsg.), Nr. 8, Basel-Heidelberg: Helbing und Lichtenhahn, 1989

Möglichkeiten und Grenzen von Ersatzmethoden der akuten Toxizität aus der Sicht des Industrietoxikologen

H.R. Hartmann

Ich habe die Ehre, anstelle von Professor GERHARD ZBINDEN, über Ersatzmethoden in der Toxikologie zu berichten. Ich kann das nur aus der Sicht des Industrietoxikologen machen. Meine tägliche Arbeit beinhaltet manchmal weniger wissenschaftliche Toxikologie als die Mühe mit Regulativen, Klassifizierungsrichtlinien und behördlichen Auflagen des Tierschutzes. Gerade aus letzterem Grund ist die Auseinandersetzung mit Alternativmethoden zum Tierversuch keine akademische Spielerei. Sie ist für uns auch zur ethischen Maxime geworden.

Es wäre vermessen, hier die Verdienste von Gerhard Zbinden, emeritierter Professor und Mitbegründer des Toxikologischen Instituts der Eidgenössischen Technischen Hochschule und der Universität Zürich aufzuzählen. Im Zusammenhang mit den Bestrebungen, Tierschutz als ethisches Prinzip in die tierexperimentelle Forschung einzubeziehen, gebührt ihm ein Ehrenplatz. Er ist Mitinitiator dieser Forschungsrichtung, mit Ersatzmethoden Toxikologie zu betreiben, über die er mit vielen Mitarbeitern publizierte (ZBINDEN G., 1990).

Mit den Bestrebungen der Aktion 3 R - Reduce - Refine - Replace (RUSSEL W.M.S. et al., 1959) gehen wir in drei Richtungen. Wir wollen erstens - das steht für die chemische Industrie außer Zweifel - die Zahl der Tierversuche auf das absolut Unerläßliche reduzieren. Dazu sind wir schon aus gesetzlichen Gründen verpflichtet (ZENGER C.A., 1989). Wir wollen zweitens die Tierversuche so verfeinern, daß mit weniger eingesetzten Tieren mehr Erkenntnisse mit größerer Sicherheit gewonnen werden können. Drittens wollen wir, soweit das sinnvoll und machbar ist, Versuche, die ein Lebewesen belasten, durch *in vitro* Versuche ersetzen. Für welche Risikoabschätzungen dies möglich ist, möchte ich im folgenden darzustellen versuchen.

1. Reduzierung der Versuchstierzahlen

Die Gesamtzahl der behördlich bewilligungspflichtigen Tierversuche der Basler chemischen Industrie hat in den letzten zehn Jahren um gut zwei Drittel abgenommen (Statistiken des Kantonalen Veterinäramtes Basel-Stadt und des Bundesamtes für Veterinärwesen, Bern, 1991). Der Anteil an Versuchstieren, vorwiegend Kleinnager, die zu toxikologischen Untersuchungen eingesetzt werden müssen, liegt um fünfzehn Prozent des gesamten Versuchstierverbrauchs. Aber auch diese Zahl ist zweifelsohne noch zu hoch. Solange in Japan und USA andere Limiten und Kriterien gelten als in Europa, werden zuviele Tiere nur des Papiers und der Zollschranken wegen in toxikologischen Studien eingesetzt. Darum ist für den globalen Tierschutz **ein** Anliegen mindestens ebenso wichtig, wie alle vorgeschlagenen Alternativen von Prüfmethoden und

Richtlinienrevisionen. Es betrifft die **internationale Harmonisierung der Prüfrichtlinien und** die Akzeptanz ihnen entsprechender Toxikologiestudien, ohne von der Verantwortung des

Experimentators ablenken zu wollen, fordern wir Toxikologen auch von den staatlichen Prüfstellen Vernunft bei Verlangen nach zusätzlichen Prüfungen bei Nachregistrierungen von eingeführten Präparaten. Dazu für selbstzufriedene Europäer ein kleiner Rippenstoß: Für längst registrierte Produkte, deren Sensibilisierungspotenz im hochempfindlichen und entsprechend tierbelastenden Adjuvanstest abgeklärt wurden, fordert heute das deutsche BGA Prüfungen nach dem weit weniger sensitiven Bühler Test (ohne Adjuvans) nach.

Im folgenden gehe ich kurz den Katalog der akuten Toxizitätsprüfungen durch, bei denen bis jetzt **keine Ersatzmodelle in Aussicht** stehen, um den gesamten Problemkreis der Arbeitssicherheit zu umrunden.

2. Möglichkeiten zur Verfeinerung

Akute orale Toxizität

Die akuttoxikologischen Studien sind als Versuche bekannt, die Tiere am stärksten belasten. Das Anliegen des Tierschutzes als Politikum hat Anstrengungen auch in der OECD zur Folge gehabt, Prüfungsrichtlinien in der Richtung zu revidieren, die eine Milderung der Leiden und eine Ver-ringerung der benötigten Tierzahlen ermöglichen. So wurde unter dem gemeinsamen Patronat der OECD und der EG-Kommission eine internationale Studie durchgeführt, die der Validierung der *Fixed Dose Procedure* für die Bestimmung der akuten oralen Toxizität dienen soll (VAN DEN HEUVEL M.J. et al., 1990). Deren Kenngröße ist nicht mehr die Lethalität, sondern die beobachtbaren Symptome, sowie deren Reversibilität. Dies erfordert eine sehr sorgfältige Symptombeurteilung sowie die tägliche Körpergewichtskontrolle und allenfalls deren statistischen Vergleich mit einer unbehandelten Kontrolle. Für die Registrierungsstudie werden nur noch 10 bis 14 Ratten benötigt, statt 20 bis 25 nach geltender OECD-Richtlinie 401. Allerdings sind in unserer Praxis weit mehr als die Hälfte der Studien Limittests, das heißt 10 Tiere überleben die Dosis von 2000 mg/kg der Prüfsubstanz ohne Belastung durch schwere oder bleibende Anzeichen von Toxizität.

Akute dermale und inhalative Toxizität

Für den Gesundheitsschutz in Gewerbe und Industrie ist die Beurteilung der systemischen Toxi-zität bei Aufnahme von Substanzen über Haut und Atemorgane von größerer Bedeutung als bei oraler Aufnahme. Eben diese Tests sind für die Tiere besonders belastend, weil ihre Bewegungs-freiheit eingeschränkt wird und lokale Reizwirkungen nicht immer zu vermeiden sind. Aus die-sem Grund werden sie bei uns ausschließlich als Registrierungsstudien unter Qualitätssicherung durchgeführt. Andererseits erlaubt die **dermale Applikation an der Ratte** wenig Rückschlüsse über die systemische Gefährdung des Menschen durch die Kontamination mit der Prüfsubstanz (Ausnahme: Organophosphate) (HESS R. et al., 1990).
Eine Verfeinerung der Tests für die akute dermale und die akute inhalative Toxizität wäre in gleicher Weise wie bei der oralen Fixed Dose Procedure denkbar, kann aber erst bei allgemeiner Akzeptanz der letzteren durch die Registrierungsbehörden diskutiert werden. Bei einmaliger Applikation würde die Toxikokinetik eine wesentlich bessere Risikoabschätzung erlauben. Diese sollte für Registrierungsprüfungen, wo Analytikmethoden bekannt sind, zu leisten sein. Für beide Entrittspforten, Haut wie Respirationstrakt, wird auch der Ersatz von Studien mit einmaliger durch solche mit repetitiver Applikation gefordert. Der technische Aufwand sowie die Belastung der Versuchstiere wäre aber erheblich.

Inhalation

Für diese aufwendige Untersuchung - wichtig für die Sicherung der Arbeitshygiene - existiert keinerlei Alternative. Nach Erfahrung der Inhalationstoxikologen läßt sich aus der oralen Toxizität kein verläßlicher Schluß auf die Gefährdung durch Aerosole oder Dämpfe einer Prüfsubstanz ziehen (BRETZ R. et al., 1984). Immer bedeutender wird die Prüfung allergisierender Aerosole. Einige teilflüchtige Zwischenprodukte der Kunststoff- und Lackindustrie können pulmonale Allergien bis zu chronischem Asthma erzeugen. Ihre Handhabung sowie die Suche nach weniger problematischen Analogverbindungen verlangt nach einem aussagefähigen Modell. Als Testmodell für Allergien hat sich bisher nur das Meerschweinchen als brauchbar erwiesen (BOTHAM P.A. et al., 1989).

Irritationsprüfungen

Einer der von Tierschützern am meisten angegriffenen Tierversuche ist die Prüfung auf Haut- und Schleimhautirritation. Am abschreckendsten sind die Draize-Tests am Kaninchenauge dargestellt worden. Photos von mechanisch fixierten Kaninchen und völlig verätzten Tieraugen machen die Runde, dazu die Vorstellung, Kosmetika von zweifelhaftem Nutzen müßten so geprüft werden. Dabei wird auf keinem anderen Gebiet der Toxikologie so eifrig nach Ersatzmethoden gesucht. In unseren Laboratorien wurde vor allem die Chorion-Allantois-Membran des Hühnereis als Testsubstrat bearbeitet - leider nicht mit überwältigendem Erfolg, was die Vergleichbarkeit mit dem Kaninchenauge angeht.

Ein Wort zur chronischen Toxizität:

Was für die akute Toxizität gesagt wurde, ist leider auch für die subchronische und chronische Toxizität wie für die Karzinogenität zutreffend. Eigentliche Ersatzmethoden existieren bis heute nicht. Dies gilt erst recht, nachdem die Aussagekraft von bakteriellen Mutagenitätsprüfungen vom Typ des Ames-Tests immer mehr in Frage gestellt wird. Immerhin belasten Fütterungsversuche mit Prüfsubstanzen die Versuchstiere zweifelsohne weniger als ein Akutversuch. Auch lassen sich solche Versuche mittels pharmakodynamischer und kinetischer Untersuchungen optimieren. Einziger Ansatz zu Alternativmethoden sind Hepatozyten-Kulturen. Sie erlauben Aussagen über Metabolismus und Wachstumsstimulation, die Langzeit-Tierversuche wirkungsvoll ergänzen können.

3. Ersatzmethoden in der akuten Toxikologie

Neben der eigentlichen Registrierungstoxikologie hat der Industrietoxikologe die Aufgabe, dem Arbeitsschutz zu dienen und Entscheidungsgrundlagen für die Auswahl von Entwicklungsprodukten zu liefern. Für die letztere Aufgabe bieten sich Möglichkeiten an, Versuche am lebenden Tier einzusparen, weil keine Vorschriften von Registrierungsbehörden zur Anwendung kommen müssen. Im folgenden ein kurzer Überblick über die von der Toxikologie den verschiedenen Unternehmensbereichen unserer Firma angebotenen Screening-Methoden.

Das **Screening** von Entwicklungssubstanzen und Präparationen ist eine der wichtigsten und interessantesten Aufgaben des Industrietoxikologen. Unsere Strategie sieht für den ersten Schritt die Berechnung der wahrscheinlichen LD_{50} im Computermodell TOPKAT (eingetragene Marke der Health Designs, Inc. (HDi), Rochester, New York, USA, 1987) vor. Eines der 15 Programme dieses Systems liefert eine Schätzung der mutmaßlichen Akuttoxizität einer Verbindung, indem es die Struktur und die LD_{50}-Daten von Ratten von über 2000 Verbindungen vergleicht (ENSLEIN

K. et al., 1983). Ciba-Geigy hat diese Software vor Jahren gekauft und ich habe sie zur Abschätzung der zu erwartenden LD$_{50}$ auch schon verwendet, leider mit Enttäuschung, was die Präzision der Voraussage betrifft. Über die wirkliche Verwendbarkeit wird sich erst dann etwas aussagen lassen, wenn eine genügende Anzahl eigener Strukturen mit ihrer geprüften Toxizität in dieses Modell eingespeist worden ist. Es ist vorgesehen, die TOPKAT-Modelle für akute orale Toxizität, Haut- und Augenirritation zu reaktivieren.

Im vorgeschlagenen **"Primary Screen"** figurieren die folgenden Prüfungen:
1. Mutagenität in Salmonella TA98, TA100
2. Zytotoxizität im "Neutral Red Assay"
3. Hautreizpotenz im "Skintex-Assay" (Skintex, eingetragene Marke der ROPAK Inc., Irvine, California, USA, 1990)
4. Augenreizpotenz im "Bovine Cornea Test"

Über Mutagenitätstests kann ich mich hier nicht berufenerweise äußern. Nur soviel: Die Hoffnungen, eines Tages vom Tierversuch mittels Tests an Mikroorganismen wegzukommen, haben sich nie erfüllen lassen. Immerhin haben sie die Diskussion um Ersatzversuche eigentlich in Gang gebracht, und die Erkenntnisse aus ihren Ansätzen sind von der Toxikologie nicht wegzudenken.

Von der Prüfung der Cytotoxizität in der Zellkultur erhoffen wir uns die Befähigung einer Abschätzung der Akuttoxizität von vergleichbaren chemischen Strukturen und damit ein Pre-screening in akuttoxikologischer Richtung (BORENFREUND E. et al., 1990). Echte Ersatzmethoden sind also für die belastende Prüfung der akuten Toxizität nicht vorhanden, man kann sie nur mittels alternativen Screeningmethoden auf einen späteren Zeitpunkt in der Produktentwicklung verschieben. Dabei werden natürlich Prüfungen am Tier eingespart, die für aus anderen Gründen aufgegebene Projekte hätten durchgeführt werden müssen.

Der *Skintex-Assay* und der *Bovine Cornea Test* sind die beiden einzigen wirklichen Ersatzmethoden, die in unserem Bereich der akuten Toxikologie einzuführen geplant sind, oder schon eingeführt sind. Obwohl über die Aussagekraft der beiden kommerziell erhältlichen Testkits Skintex wie Eyetex kontroverse Publikationen vorliegen, prüfen wir die Einführbarkeit der Skintex-Methode, um Aussagen über die **Hautirritationspotenz** vor dem eigentlichen Tierversuch machen zu können. In diesem Testset wird die Interaktion der Prüfsubstanz mit einer synthetischen Matrix aus Kollagen und Keratin gemessen. In diese Matrix ist ein Indikatormolekül eingebaut, das bei der Veränderung der Matrix freigesetzt wird und/oder mit der Prüfsubstanz reagiert. Freisetzung des Indikatormoleküls und Konformationsänderung der Matrix können spektrophotometrisch gemessen werden (GORDON V. et al., 1990).

Ersatz für die Prüfung der Schleimhautirritation am Kaninchen

Als Alternative zum Draize-Test am Kaninchenauge scheint der Bovine Cornea Assay (MUIR C.K., 1984) am erfolgversprechendsten zu sein. Aus frischen Rinderaugen aus dem Schlachthof wird die Hornhaut freipräpariert und in einer speziellen Küvette eingespannt. Das Cornea-Epithel wird dann der Prüfsubstanz ausgesetzt, auf der Endothelseite befindet sich reines Hanks-Medium. Nach einer dreißigminütigen Inkubation wird die Hornhaut mit Medium gewaschen und die Opazität gemessen. Anschließend wird die Permeabilität der Hornhaut für Fluoreszein gemessen. Die Messungen der Hornhauttrübung und der Fluoreszeinpenetration werden mit unbehandelten Kontrollen verglichen und in eine Wertetabelle umgesetzt. Der Vergleich der bisherigen Resultate mit den Resultaten aus dem Draize-Test zeigen eine auffallende Konvergenz, die bedeutend größer ist als bei der Prüfung am Hühnerei. Ist ein so geprüftes Produkt als irritant oder korrosiv zu bezeichnen, so sollte es ohne weiteren Tierversuch klassifizierbar sein. Es kommt immer noch vor, daß der Anmelder eines Produktes auf Grund der obigen Informationen bereit ist, das Präparat als irritant zu klassieren, die Behörden aber eine volle Registrierungsstudie einfordern.

Secondary Screen:

1. Explorative akute Toxizität in der Ratte
2. Chromosomen-Aberration *in vitro*
3. Sensibilisierungspotenz im "Mouse Local Lymph Node Assay"
4. DNA-Addukt-Formierung (Option)

Die explorative akute Toxizitätsprüfung ist natürlich keine eigentliche Ersatzmethode. Weil sie bei uns gut etabliert ist, sei gleichwohl kurz auf sie eingegangen:

Die Prüfsubstanz wird zuerst an Einzeltiere verabreicht. Die Dosis wird gemäß der TOPKAT-Voraussage mit den üblichen (EG-Klassifizierungs-)Stufen 25, 200 und 2000 mg/kg verabreicht. Diese werden für 14 Tage beobachtet und gewogen. So kann mit 6 bis 9 Ratten eine Bestimmung der akuten Toxizität vorgenommen werden, die für *Handling Safety* und Transportklassifizierung genügt.

Sensibilisierungsprüfung

Die steigende Zahl von Allergien in der Bevölkerung der Industriestaaten und die wachsende Zahl allergener Verbindungen in Haushalt und Produktionsprozessen hat diese Prüfung zum Requisit jeder Chemikalienregistrierung werden lassen. Auch für diesen ohne Zweifel belastenden Tierversuch gibt es eine Ersatzmethode, die noch validiert werden muß. Wir sind daran, den recht aufwendigen *Mouse Local Lymph Node Assay* (KIMBER I. et al., 1989) bei uns einzuführen, können aber noch über keine Erfahrungen damit berichten. Vorausgesetzt wird die Kapazität zur Kultivierung von Aurikulär-Lymphknoten der immunisierten Maus und die Messung von markiertem Thymidineinbau.

Schlußfolgerungen

Eine Reduktion der in toxikologischen Prüfungen verwendeten Anzahl Tiere und die Verringerung der Leiden der Versuchstiere ist möglich und notwendig. Ein Ansatz dazu ist die erwähnte Fixed Dose Procedure, die für die Substanzklassifizierung genügen kann. Ein völliger Verzicht auf den Tierversuch ist nur denkbar, will die Gesellschaft auf Sicherheit bei neueingeführten Produkten oder auf diese selbst verzichten.

Alternativtests am sogenannten schmerzfreien Substrat sind wichtig, um Tierleiden zu vermindern oder zu umgehen. Erwähnt seien nochmals Zytotoxizitätstests, Skintex, Bovine Cornea Assay und Local Lymph Node Assay. Sie können vorläufig jedoch den Tierversuch nicht ganz ablösen. Leider gilt dies ganz besonders für die aus Tierschutzsicht problematischen Prüfungen der akuten Toxikologie.

Mit der methodischen Verfeinerung von Versuchsanordnungen lassen sich aus einer geringen Zahl von Tieren mehr und vertiefte Informationen gewinnen, ohne das Leiden der Tiere zu vergrößern, ja es kann oft auf Dosierungen verzichtet werden, die schweres Leiden oder Tod verursachen.

Literatur

BORENFREUND E., PUERNER J.A., Cytotoxicity determination in cell cultures by uptake of neutral red dye, Toxicol. Lett. 25, 119-124, 1985

BOTHAM P.A., RATTRAY N.J., WOODCOCK D.R. et al., The induction of respiratory allergy in guinea pigs following intradermal injection of trimellitic anhydride: a comparison with the response to 2,4-dinitrochlorobenzene, Toxicol. Lett. 47, 25-39, 1989

BRETZ R., HESS R., Acute oral and inhalation toxicity: a correlation of experimantal results, in: GROSDANOFF P., BASS R., HACKENBERG U. et al., (eds.), Problems of Inhalatory Studies, BGA-Schriften 5/1984, 39-56, 1984

ENSLEIN K., LANDER T.R., TOMB M.E., CRAIG P.N., A predictive model for estimating rat oral LD_{50} values, Princeton, New Jersey, 1983

GORDON V., KELLY C.P., BERGMANN H.C., The skintex system. Applications of skintex in the cosmetic, personal care and houshold goods industries, Scientific documentation accompanying the kits from Ropak, 1990

HESS R., HARTMANN H.R., Optimierung akuter und chronischer Toxizitätsprüfung, in: FERBER et al. (Hrsg.), Erfassung und Bewertung unerwünschter Wirkungen von Arzneimitteln, Berlin, New York: Gruyter, 1990

KIMBER I., WEISSENBERGER C., A murine local lymph node assay for the identification of contact allergens. Assay development and results of an initial validation study, Arch. Toxicol. 63, 274-282, 1989

MUIR C.K., A simple method to asses surfactant-induced bovine cornea opacity in vitro: preliminary findings, Toxicol. Lett. 22, 199-203, 1984

RUSSEL W.M.S., BURCH R.C., The Principles of Humane Experimental Technique, London: Methuen, 1959

Statistiken des Kantonalen Veterinäramtes Basel-Stadt und des Bundesamtes für Veterinärwesen, Bern, 1991

VAN DEN HEUVEL M.J. et al., The international validation of a fixed dose procedure as an alternative to the classical LD_{50} test, Food Chem. Toxicol. 7, 469-482, 1990

ZBINDEN G., Alternatives to animal experimentation: developing in vitro methods and changing legislation, Trends Pharmakol. Sci. 11, 104-107, 1990

ZENGER C.A., Das "unerläßliche Maß" an Tierversuchen. Ergebnisse und Grenzen der juristischen Interpretation eines "unbestimmten Rechtsbegriffs", in: Beihefte zur Zeitschrift für schweizerisches Recht, Basel: Helbing & Lichtenhahn, 1989

Toxizitätsprüfung mittels Zellkulturen: Grenzen, Möglichkeiten und Perspektiven

C.A. Reinhardt

Einleitung

Prüfung auf Toxizität ist aus Sicherheitsgründen und zur Vermeidung von Umweltbelastungen zu einem zentralen Teil der Produkteentwicklung von Chemikalien und Arzneimitteln geworden. Behördlich empfohlene Sicherheitsprüfungen werden immer umfangreicher. Man denke etwa an die laufend von der OECD herausgegebenen Sammelwerte von Methoden (OECD, 1981ff), aus denen die nationalen und internationalen Zulassungsbehörden - z.B: die EG - jeweils eine Auswahl von Tests empfehlen. Daß dies von vielen chemisch-pharmazeutischen Industrieunternehmen als Obligatorium interpretiert wird, um sich keine teuren Verzögerungen bei der Produktregistrierung einzuhandeln, ist verständlich. Daß aber praktisch alle diese Tests auf Tierversuchen beruhen, wird je länger je unverständlicher.

Es gibt in der Fachliteratur bis heute erst einzelne Ansätze von Strategien und Konzepten, die aufzeigen, wie tierversuchsfreie Methoden bei Toxizitätsprüfungen eingesetzt werden können und warum die einflußreichen Registrierbehörden diese bis heute kaum beachten (Vouliagmeni-Report, 1990). Der Weg führt über eine langwierige Vertrauensprüfung, die sog. Validierung, welche auf dem Gebiet der in vitro Methoden besonders aufwendig ist (FRAZIER J.M., 1990, Amden-Report 1990).

In diesem Beitrag geht es darum, die Grenzen, Möglichkeiten und Perspektiven von Toxizitätsprüfungen mittels Zellkulturen darzustellen. Toxizitätsprüfungen an Zellkulturen sind Verfahren, die in einem oder mehreren der drei folgenden Bereiche eine Aussage über die Toxizität einer Substanz machen können:

1. Feststellen eines Schädigungspotentials im Vergleich mit bekannten Substanzen, also z.B. das Heraussuchen (*Screening*) eines harmloseren Inhaltsstoffes eines Produktes
2. Untersuchung des Wirkmechanismus bei der Schädigung oder Vergiftung durch eine bestimmte Substanz
3. Metabolismusstudien, d.h. Untersuchungen der Veränderung einer Substanz durch Umbau, Abbau oder in der Interaktion mit endogenen und exogenen Faktoren.

Dieser Beitrag behandelt ausschließlich den ersten Punkt, also das Screening eines gewünschten oder unerwünschten Aspektes einer potentiellen Schädigung.

Grenzen von Zellkultur-Systemen im Vergleich zu Tiermodellen

Die Vielfalt der Variablen, welche wir für die Interpretation von in vitro Daten berücksichtigen müssen, sollen in der folgenden Tabelle in Analogie mit den bekannten Variablen im LD$_{50}$-Test (ZBINDEN G. et al., 1981) veranschaulicht werden.

Tabelle 1. Faktoren, die das Ergebnis eines in vivo- oder eines in vitro- Tests beeinflussen. Die Angaben für das in vivo- Modell entsprechen den Bedingungen bei LD$_{50}$-Tests, modifiziert nach ZBINDEN und FLURY-ROVERSI (1981)

	in vivo-Modell	in vitro-Modell
Charakterisierung	Tierart	Zelltyp
	Tierstamm	**Zellstamm**
		Zell-Selektion
	Alter	Kulturdauer
	Gewicht	Wachstumszustand
	Geschlecht	Chromosomensatz
	Gesundheit	**Stabilität der Zellkultur**
Futterzugabe	Zusammensetzung	dito
	Menge	Mediumwechsel
	Fastenperiode vor Test	Mediumnährstoffe vor und während Substanzzugabe
Testsubstanz	Kristallgröße	dito (Löslichkeit)
	Applikationsvolumen	dito
	Konzentration	dito
	Injektionsart	Art der Substanzzugabe (z. B. Pipettieren)
	galenische Verpackung	dito, Lösungsvermittler
	Stabilität	dito, Leichtflüchtigkeit
Umweltbedingungen	Temperatur	dito
	Käfiggröße	Plattengröße
	Käfigbelegung	Zelldichte
	Einstreu	Plattenbeschichtung
	Luftfeuchtigkeit	Begasungsart
	Tages-/ Jahresrhythmus	dito, Bestrahlung
	Lärm	dito, Erschütterungen
	Stressminimierung durch einfühlsames Handling	**Stressminimierung durch einfühlsames Pipettieren**
	Geschicklichkeit des Experimentators	dito

Die bisherige Strategie bei der Optimierung toxikologischer Tests ging in Richtung Standardisierung, um wie in anderen wissenschaftlichen Disziplinen eine reproduzierbare Messung und damit eine statistisch signifikante Aussage zu erhalten. Daß die Standardisierung von Lebendigem, also von sogenannten in vivo-Testmodellen, ihre biologischen Grenzen hat, zeigt sich besonders deutlich bei den ethologischen und verhaltensbiologischen Faktoren der **Stressminimierung** bzw. **Geschicklichkeit des Experimentators**. Auch unter erfahrenen Fachleuten der Labortierkunde wird heute anerkannt, daß sich sogar extrem angepaßte und selektionierte Labortiere nur beschränkt standardisieren lassen (GÄRTNER K., 1990). Der **Tierstamm** läßt sich zwar durch Inzucht-Kreuzungen und neuerdings durch Embryo-Multiplikation weitgehend homogenisieren, aber diese Homogenität muß mit einer verminderten **Gesundheit** und Lebenskraft bezahlt werden, denn durch die Selektion homozygoter Chromosomenpaare reichern sich auch lethal- und sublethal-Faktoren an. Man muß sich ernsthaft die Frage stellen, was denn extrem standardisierte in vivo-Experimente noch für einen allgemeinen Aussagewert haben. Man weiß quasi viel über sehr wenig oder über viel weniger viel mehr. Gedanklich konsequent extrapoliert heißt dies dann, daß wir alles über nichts und nichts über alles wissen. Wo bleibt da der gesunde Menschenverstand?

Bei in vitro-Tests fällt ein Großteil dieser Probleme weg. Analog zur Standardisierung der Tiermodelle läßt sich ein **Zellstamm** (etwa für eine Langzeitlinie) genetisch und wachstumsdynamisch definieren, aber infolge des raschen Generationswechsels (zwischen 12 und 24 h für eine Zellteilung) verändert er sich rasch. Die **Stabilität der Zellkultur** kann mit raffinierten Tricks, wie etwa durch Selektionsvorteile für die gewünschten Zellen, aufrechterhalten werden. Bei frisch aus dem Gewebe entnommenen Zellen erhält man von vornherein immer ''normale'' Zellen, man ist aber wiederum vom Tierstamm abhängig. Zudem stellt sich das Problem der **Selektion** der gewünschten Zellen aus dem Konglomerat aller im Gewebe vorhandenen Zelltypen. Bei der Verwendung von sog. Aggregatkulturen (siehe unten) werden alle Zelltypen des Ursprungsgewebes verwendet. Die Zellen reorganisieren sich - oder reaggregieren sich - spontan, wenn man sie unter geeigneten Kulturbedingungen hält. Dadurch können diese Schwierigkeiten weitgehend eliminiert werden.

Möglichkeiten einfacher Zytotoxizitätstests zur Abschätzung der Reizwirkung am Auge (Alternativen zum Draize-Test)

Seit Mitte der siebziger Jahre wurden gegen 50 verschiedene alternative Testsysteme entwickelt, um den berüchtigten Draize-Test am Auge von Kaninchen zu ersetzen (FRAZIER J.M. et al. 1987; ECETOC 1988; REINHARDT C.A., 1988, 1990). Während das Erkennen von korrosiven Substanzen mit praktisch jedem Zell- oder Organsystem möglich ist, sind schlecht lösliche Chemikalien besser am isolierten Rinderauge oder auf der isolierten Cornea testbar. Als Beispiel eines sensitiven Zelltests, der sogar schwachwirksame Irritantien von harmlosen unterscheiden kann, soll hier der Neutralrot-Test an menschlichen Bindegewebszellen erwähnt werden (BRACHER M. et al., 1989). Lebende Zellen vor und nach dem Test werden dabei eingefärbt und die Menge an abgelösten bzw. nicht mehr vitalen Zellen gilt als Maß für die Schädlichkeit der Substanz. Dieser Vorgang kann morphologisch elegant verfolgt werden, wenn man in einem Zeitrafferfilm die exponierten Zellen während oder nach der Gifteinwirkung beobachtet (Abb. 1). Normalerweise angehaftete und frei auf dem Kulturschalenboden herumwandernde Zellen ziehen sich bei einer schwachen Gifteinwirkung zusammen, werden immobil und lösen sich nach kurzer Zeit von der Unterlage ab. Neben dem Ablöseverhalten können natürlich auch viele andere Veränderungen der Zelle und die Veränderung der Membranpermeabilität mittels Durchflusszytometrie bestimmt werden (AESCHBACHER M. et al., 1986).

Verschiedene Validierungsstudien in den USA und in Europa haben folgende Testsysteme als besonders empfehlenswert erkennen lassen (nach ECITTS, 1991):
1. Zytotoxizitätstest (nach wenigen Stunden und Tagen Substanzzugabe)
2. HET/CAM Test am Hühnerembryo
3. Isoliertes Auge (Kaninchen oder Rind)

Für den Zytotoxizitätstest wird kein bestimmter Test bevorzugt (vgl. REINHARDT C.A., 1989). Vielmehr wird empfohlen, eine der weit verbreiteten unsterblichen Zellstämme zu verwenden. Als Parameter soll einer der Parameter für eine überlebensnotwendige Zellfunktion gewählt werden. Dazu gehören Zellteilung und Wachstum, Proteinsynthese und Proteingehalt, Anhaft- und Ablöseverhalten, Sauerstoffverbrauch, Membranintegrität und Energieverbrauch. Groß angelegte Vergleichsstudien sind im Aufwand eher ineffizient, deshalb wird heute durch intern durchgeführtes Parallel-testen (in vivo und in vitro) die Datenbasis und die Erfahrung mit diesen neuen Tests laufend vergrößert. Ein Durchbruch zur Akzeptanz eines oder mehrerer dieser Modelle in den OECD-Gremien oder in den nationalen Registrierbehörden ist demnächst abzusehen.

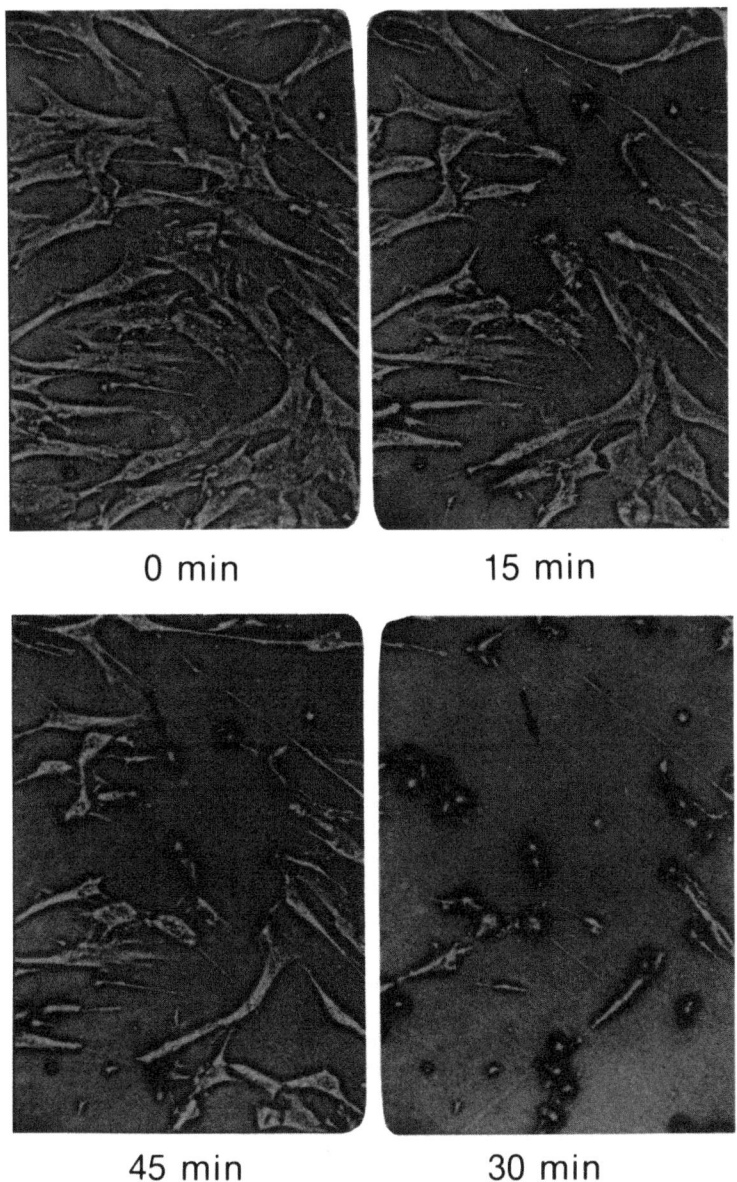

0 min   15 min

45 min   30 min

Abb. 1. Schädliche Chemikalien führen zur Ablösung von Zellen vom Kulturgefäßboden, aber in der Folge auch zu irreversiblen Schädigungen. Die Serie von Fotos zeigt eine Filmsequenz des Ablaufs eines Toxizitätstests an menschlichen Bindegewebszellen, welche mit einem Lösungsmittel (10^{-4} M Propylenoxid) behandelt wurden (100fache Vergrößerung). Oben haften die Zellen noch und sind flach ausgebreitet, während sie unten abgerundet oder bereits abgelöst sind (Pfeil)

Aggregatkulturen von embryonalen Hirnzellen als Beispiel der Möglichkeiten komplexer Zellkultursysteme

Im Gegensatz zu den Zytotoxizitätstests sind dann komplexe Zellsysteme notwendig, wenn es in vitro nachvollzogen werden sollen. Aussagekräftige in vitro-Modelle sind für teratologische und neurotoxikologische Fragen gesucht, nicht zuletzt deshalb, weil die bestehenden in vivo-Modelle völlig unbefriedigend sind (KHERA K.S. et al., 1988). Embryonale Hirnzellen bieten sich an, weil sie langfristig haltbar sind und sich in vitro ähnlich wie im Gehirn weiterentwickeln können. Im Gegensatz zu bestehenden in vitro-Modellen aus embryonalen Säugerzellen (ECETOC, 1989) wird bei diesem Modell ein während sieben Tagen bebrütetes Hühnerei verwendet. Damit wird die Tötung von Muttertieren vermieden.

Aus frisch isolierten Einzelzellen bilden sich unter bestimmten Schüttelbewegungen (Rundschütteln) sogenannte Zellaggregate aus Hunderten von Einzelzellen, welche sich spontan zu dreidimensionalen, gewebe-ähnlichen Strukturen zusammenfinden. Sie wurden schon in den Fünfzigerjahren zu Forschungszwecken in der Entwicklungs- und Zellbiologie hergestellt. Zellaggregate sind außerordentlich lange in Kultur haltbar, und die Differenzierungsleistungen von embryonalem zu adultem Gewebe sind verblüffend. So können verschiedene Neurotransmittersysteme während der Kulturdauer von Aggregatkulturen auf Differenzierung und Expression hin untersucht werden. Zellbewegungen zur Schichtenbildung, elektrophysiologische Spontantätigkeit, Synaptogenese und Myelinisierung lassen im weiteren darauf schließen, daß in diesen Aggregaten alle wichtigen Hirnfunktionen angelegt sind.

Die meisten toxikologischen Arbeiten an Aggregatkulturen werden mit Hirnzellen aus 14-17 Tagen alten Rattenembryonen durchgeführt (ATTERWILL C.K., 1989). Kürzlich wurde das Modell auch zum Screening für potentielle Teratogene vorgeschlagen (HONEGGER P. et al., 1988). Eine erste Validierungsstudie im Vergleich mit Embryo-Kulturen von Ratte und Huhn steht kurz vor ihrem Abschluß (KUCERA P. et al., 1991; SCHILTER B. et al., 1991; ZIJILSTRA J.A. et al., 1991).

Methodisches zu Flach- und Aggregatkulturen aus Hühnerembryonen

Bei der Entwicklung unseres Modells wurde darauf geachtet, daß alle Zelltypen in vitro erhalten bleiben. In Aggregatkulturen ist diese Voraussetzung gegeben, da alle Zellen spontan aneinander haften und sich selbst reorganisieren. In Flachkulturen muß dies durch eine spezielle Petrischalen-Behandlung (Kollagen und Polylysin) simuliert werden. Die Astrozyten unter den Gliazellen werden dabei speziell durch Polylysin in ihrer Wachstumsgeschwindigkeit auf ein verträgliches Maß gebremst (REINHARDT C.A., 1991a). Die Nervenzellen sind aber für eine volle Entwicklung vom Vorhandensein der Astrozyten abhängig.

Käufliche Standard-Kulturmedien (MEM:MCDB 201 = 1:1) wurden im wesentlichen mit drei Hormonen (Progesteron, T3, Putrescin) und 5% foetalem Kälberserum ergänzt. Die Hirnzellen wurden aus dem ganzen Gehirn von 168 Stunden lang bebrüteten Hühnereiern (37,2°C) gewonnen. Durch mechanische Dissoziation und Filtrierung erhält man in diesem Stadium eine Zellsuspension mit hoher Vitalität.

Flachkulturen wurden in einer Dichte von 300.000 Zellen/cm² angesetzt und erst bei Beginn der Behandlung (am 3. Tag) mit neuem Medium plus Testsubstanz versetzt. Am 6. Tag in vitro wurden neben einer morphologisch-qualitativen Auswertung die Vitalität (Neutralrot-Aufnahme, BOREFREUND E. et al., 1985) und der Proteingehalt (Biorad Kit) spektrophotometrisch auf 96er-Mikrotiterplatten bestimmt. Für die Aggregatkulturen wurden sechs Millionen Zellen mit 3 ml Medium in 25 ml Erlenmeyer-Flaschen gegeben und unter dauernder Schüttelbewegung (70-82 U/min steigend, ab 8. Tag 82 U/min) kultiviert. Für die immunozytochemische Färbung wurden die Aggregate auf beschichteten Deckgläsern 24 Stunden anhaften gelassen und dann mit der Anitkörper-PAP-Methode nach STERNBERGER (1986) gefärbt (WYLE-GYURECH G.G. et al., 1991).

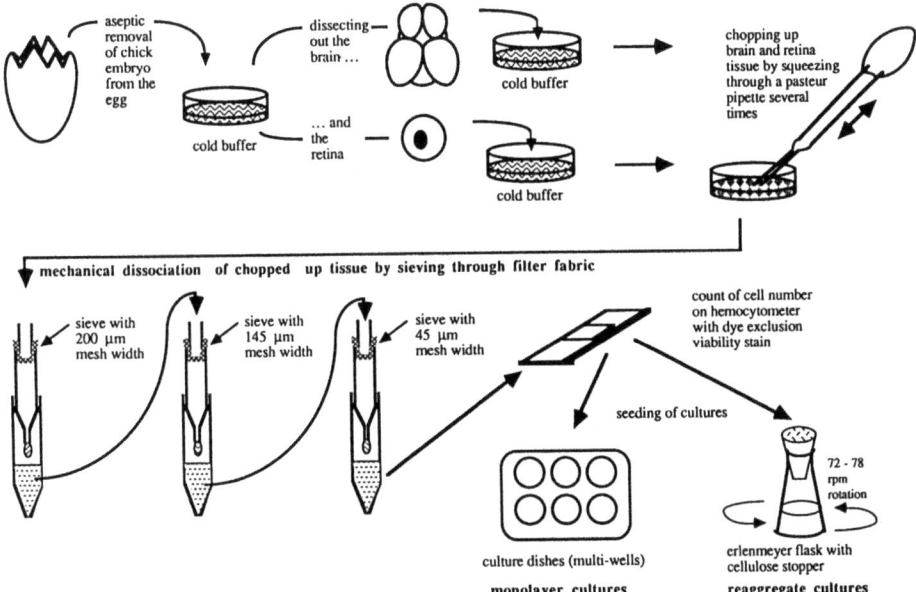

Abb. 2. Darstellung der Methode zur Gewinnung von Hirnzellen aus Hühnerembryonen (7 Tage bebrütet, Stadium29 nach HAMBURGER V. et al., 1951). Neben der Isolation von Hirngewebe wird ebenfalls Retinagewebe zu Vergleichszwecken verwendet. Zu beachten gilt, daß diese mechanische Dissoziation zu Einzelzellen führt, welche nicht durch Verdauungsenzyme geschädigt sind und somit sofort wieder spontan aggregieren können. In Flachkulturen (monolayer cultures) haften die Zellen am Kulturgefäßboden an, während in den Aggregatkulturen (reaggregate cultures) sog. Minigehirne heranwachsen, welche sich frei in der Kulturflüssigkeit bewegen

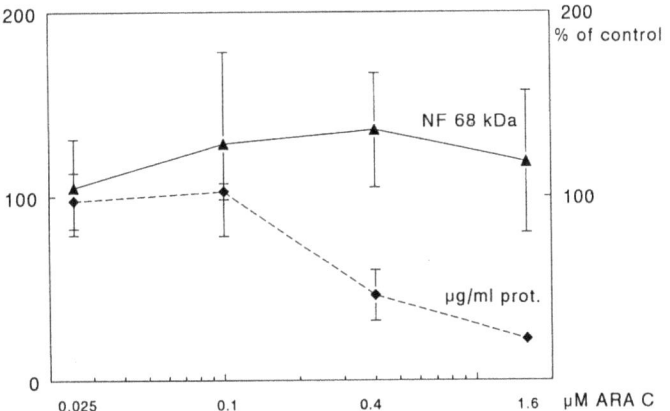

Abb. 3. Wirkung des Zellteilungsgiftes ARA-C auf Nervenzellen (gemessen mittels Neurofilament-Antikörper, NF 68 kDa) und auf Gliazellen (gemessen anhand des Proteingehaltes, g/ml prot.). Nur Gliazellen sind beeinträchtigt während die Nervenzellen intakt bleiben

Interpretation der bisherigen Resultate

Arzneimittel und eine Serie anderer Testsubstanzen wurden auf Grund ihrer bekannten Wirkung auf Entwicklungsschäden im Tier und beim Menschen ausgewählt. Einzelne neurotoxische und neuromodulierende Substanzen wurden zur Eichung der Empfindlichkeit bzw. Stabilität des Zellmodells ebenfalls mituntersucht.

Flach- und Aggregatkulturen wurden - neben optischer Beobachtung der Zelltypen - spezifischen Zellmarkern für differenzierte Astrozyten (Glia-fibrilläres saures Protein, GFAP) und Nervenzellen (68 kDa Neurofilament) im Verlaufe der Kultur untersucht. Generell ist beobachtet worden, daß speziell in den Flachkulturen diese Zellmarker schneller erscheinen als im intakten Embryo (WYLE-GYURECH G.G. et al., 1991). Aggregat-Kulturen aus Hühnerembryonen entwikkeln und differenzieren sich in Kultur im Verlauf von zwei Wochen in vitro. In Abb. 3 ist als Beispiel einer quantitativen Bestimmung die schädliche Wirkung von ARA-C, einem Zellteilungsgift, auf die Ausbildung von Nervenzellen und Gliazellen nach drei Tagen Exposition in vitro dargestellt. Eine spezifische Wirkung auf die Gliazellen kann abgelesen werden, welche im Gehirn in vivo kaum so elegant nachgewiesen werden könnte.

Auf Grund der vorderhand beschränkten Datenbasis kann erst eine vielversprechende Tendenz abgelesen werden: Hochreaktive Toxine wie MPTP, welche nur die wenigen dopaminergen Zellen schädigen, beeinflußen das System kaum auf störende Weise. Starke Gifte, welche den Grundmetabolismus aller Zellen schädigen (wie Cadmium) sprechen sensitiv, aber unspezifisch an. Toxine, welche in vivo spezifisch nur Nervenzellen oder nur Gliazellen (wie alle Zellteilungsgifte) schädigen, sind jedoch praktisch identisch mit der Klasse der Neuroteratogene, also mit Substanzen, welche das Nervensystem während der embryonalen oder foetalen Phase schädigen können.

Ausblick

Die Entwicklung, Validierung und Akzeptanz von in vitro-Methoden und im speziellen von Zellkulturmethoden in der Toxikologie ist ein vielschichtiger Evolutionsprozeß (BALLS M. et al., 1991, REINHARDT C.A., 1991b). Im Hinblick auf eine zukünftige Beschleunigung dieses bisher sehr trägen Prozesses sind vier Bereiche zu beachten:
1. Die Stufe der toxikologischen Bewertungskriterien, d.h. was soll geprüft werden?
   - direkt nachweisbare Schädigungsmuster (*inherent toxic potential*),
   - Schädigungspotential relativ zu anderen Chemikalien (*toxic potency*),
   - Gefahrenpotential unter praktischen Bedingungen (*hazard*) oder
   - Risiko für bestimmte Bevölkerungsgruppen (*risk*).
2. Die anvisierten Einsatzmöglichkeiten eines Tests, d.h. wozu soll geprüft werden?
   - Auswahlverfahren für weitere in vitro- oder in vivo-Tests (*screening test*),
   - Ergänzungsmethode zu in vivo-Tests (*complementary test*),
   - Ersatzmethode zu Tierversuchen (*replacement test*).
3. Die Art der Toxizität, welche Schädigung soll erkannt werden?
   - akute Kontaktschädigung (*topical toxicity*),
   - spezifische Zielorganschädigung wie Leber, Niere, Gehirn, Immunsystem, etc. (*target organt toxicity*) oder
   - spezielle toxikologische Fragen wie Genotoxizität, Karzinogenität, Teratogenität (*specific type of toxicity*).
4. Das anwendungsspezifische Spektrum von Chemikalien wie Antibiotika, chlorierte Kohlenwasserstoffe, Tenside (*relevant chemical spectrum*).

Zusammengefaßt bedeutet dies, daß für jede Anwendung ein bestimmter Test oder eine bestimmte Testbatterie ausgewählt werden muß. Dies entspricht natürlich kaum den bisherigen Vereinheitlichungsbestrebungen der Registrierbehörden. Ein Absprechen zwischen Anwender und Behörden sollte deshalb immer in einer frühen Phase der Registrierung geschehen, im gemeinsamen Interesse und nicht zuletzt im Interesse der immer am stärksten Betroffenen, nämlich der Versuchstiere.

Danksagung

Die vorliegende Arbeit wurde von der Stiftung *Schweizerisches Institut für Alternativen zu Tierversuchen SIAT* (Zürich), der Stiftung *Fonds für versuchtierfreie Forschung* (Zürich) und vom Schweizerischen Nationalfonds zur Förderung der Wissenschaftlichen Forschung (Projekt Nr. 8889.86) großzügig unterstützt.

Literatur

AESCHBACHER M., REINHARDT C.A., ZBINDEN G., A rapid cell membrane permeability test using fluorescent dyes and flow cytometry, Cell Biol. Toxicol. 2, 247-255, 1986

ATTERWILL C.K., Brain reaggregate cultures in neurotoxicological investigations: adaptional and neuroregenerative processes following lesions, Mol. Toxicol. 1, 489-502, 1989

AMDEM-REPORT, Report and recommendations of the CAAT/ERGATT workshop on the validation of toxicity test procedures, by: BALLS M., BLAAUBOER B., BRUSICK D., FRAZIER J., LAMB D., PEMBERTON M., REINHARDT C.A., ROBERFROID M., ROSENKRANZ H., SCHMID B., SPIELMANN H., STAMMATI A., WALUM E., ATLA 18, 313-337, 1990

BALLS M., REINHARDT C.A., SPIELMANN H., WALUM E., The developement, validation and acceptance of in vitro toxicity tests, in: Animals & Alternatives in Toxicology: Status and Prospects (BALLS M., BRIDGES J., SOUTHEE J., eds.), London: MacMillan Press, pp. 291-301, 1991

BORENFREUND E., PUERNER J.A., Toxicity determined in vitro by morphological alterations and neutral red absorption, Toxicol. Lett. 24, 119-124, 1985

BRACHER M., FALLER C., SPENGLER J., REINHARDT C.A., Comparison of in vitro cell toxicity with in vivo eye irritation, Mol. Toxicol. 1/4, 561-579, 1989

ECETOC (European Chemical Industry Ecology & Toxicology Centre), Eye irritation testing, Monograph No. 11, 65pp, Brussels, 1988

ECETOC (European Chemical Industry Ecology & Toxicology Centre), Alternative approaches for the assessment of reproductive toxicity (with emphasis on embryotoxicity/ teratogenicity), Monograph No. 36, 50pp, Brussels, 1989

ECITTS (European Research Group for Alternatives in Toxicity Testing and Swedish national Board for Laboratory Animals), The ERGATT/CFN integrated toxicity test scheme, Stockholm University (internal document), 41pp, 1991

FRAZIER J.M., Scientific criteria for validation of in vitro toxicity tests, OECD Environment Monographs No. 36, 62pp, 1990

FRAZIER J.M., GAD S.C., GOLDBERG A.M., McCULLEY J.P., A critical evaluation of alternatives to acute ocular irritation testing, in: Alternative Methods in Toxicology (GOLDBERG A.M., ed.), Vol 4., New York, Liebert M.A.,136pp, 1987

GÄRTNER K., A third component causing random variability beside environment and genotype. A reason for the limited success of a 30 year long effort to standardize laboratory animals, Lab. Anim. 24, 71-77, 1990

HAMBURGER V., HAMILTON H.L., A series of normal stages in the development of the chick embryo, J. Morphol. 88, 49-92, 1951

HONEGGER P., WERFFELI P., Use of aggregating cell cultures for toxicological studies, Experientia 44, 817-823, 1988

KHERA K.S., WAHLEN C., Detection of neuroteratogens with an in vitro cytotoxicity assay using primary monlayers cultures from dissociated foetal rat brains, Toxicol. In Vitro 4, 257-273, 1988

KUCERA P., CANO E., TAVEL D., Validation of three in vitro toxicity/ teratogenicity test systeme using identical coded compounds, II. Standardized in vitro culture of the whole chick embryo, 19th Conf. Europ. Teratol. Soc. (2-5 Sept. 1991), Antwerpen (Poster), 1991

OECD, OECD Guidelines for testing of chemicals, Paris: OECD Publications Office, 1981ff

REINHARDT C.A., Möglichkeiten von Zellkulturmethoden und von Alternativen zu Tierexperimenten in der Toxikologie, ALTEX (Alternat. Tierexp.) 8, 5-14, 1988

REINHARDT C.A., Do we find relevant parameters for in vitro cytotoxicity testing?, Mol. Toxicol. 1/ 4, 383-391, 1989

REINHARDT C.A., In vitro predictive tests for eye irritants, Toxicol. In Vitro 4/5, 242-245, 1990

REINHARDT C.A., Auf der Suche nach in vitro Modellen für die Neuroteratologie, ALTEX (Alternat. Tierexp.) 14, 25-38, 1991a

REINHARDT C.A., Wer ist der Bär? Persönliche, wissenschaftliche und gesellschaftliche Gefahren bei der Validierung von neuen Gifttests, ALTEX (Alternat. Tierexp.) 14, 73-78, 1991b

SCHILTER B., HONEGGER P., Validation of three in vitro toxicity/ teratogenicity test systeme using identical coded compounds, I. Aggregating brain cell cultures, 19th Conf. Europ. Teratol. Soc (2-5 Sept. 1991), Antwerpen (Poster), 1991

STERNBERGER L.A., Immunocytochemistry, New York: J. Wiley, pp. 90-200, 1986

VOULIAGMENI-REPORT, Promotion of the regulatory and legal acceptance of validated non-animal toxicity test procedures. By: BALLS M, BOTHAM P.H., CORDIER A., FUMERO S., KAYSER D., KOËTER H., KOUNDAKJIAN P., LINQUIST N.G., MEYER O., PIODA L., REINHARDT C.A., ROZEMOND H., SMYRNIOTIS T., SPIELMANN H., VAN LOOY H., VAN DER VENNE M., WALUM E., ATLA 18, 339-344, 1990

WYLE-GYURECH G.G., REINHARDT C.A., In vitro differentiation of embryonic chick brain cells: Development of a neurotoxicity test system., Toxicol. In Vitro (in press), 1991

ZBINDEN G., FLURY-ROVERSI M.L., Significance of the LD_{50} test for the toxicological evaluation of chemical substances, Arch. Toxicol. 47, 77-91, 1981

ZIJLSTRA J.A., SCHMID B., Validation of three in vitro toxicity/ teratogenicity test systeme using identical coded compounds, III. The postimplantation rat embryo culture, 19th Conf. Europ. Teratol. Soc. (2-5 Sept. 1991), Antwerpen (Poster), 1991

Toxikologisch-pharmakologische Prüfmöglichkeiten am bebrüteten Hühnerei

N.-P. Lüpke

1. Einleitung

Unter Berücksichtigung der Tatsache, daß in der chemischen Industrie eine Vielzahl von Stoffen im technischen Maßstab produziert und vermarktet werden (nach Schätzungen resp. Altstoffregister der nationalen Oberbehörden wie z.B. Umweltbundesamt ca. 100.000 Substanzen [nicht gerechnet etwaige Zwischen- und/oder Nebenprodukte]) und die ohne Berücksichtigung eventueller Biodegradationsprodukte auf den Menschen und seine belebte und unbelebte Umwelt, einschließlich terrestrischer, aquatischer, atmosphärischer und urbaner Ökosysteme und ihrer Übergangs- und Mischformen einwirken, stellen sich den Verantwortlichen insbesondere zwei grundlegende Aufgaben:

1. Überwachung der Belastung des Menschen und seiner Umwelt
2. Feststellung der (Un-) Bedenklichkeit für Mensch und Umwelt.

Ersteres wird seit einiger Zeit im Sinne aktueller Expositionsmessungen (Real Time Monitoring, RTM) von relativ wenigen ausgewählten, als Schadstoffe erkannten Substanzen in ausgewählten, aber ökologisch charakterisierten Proben durchgeführt; darüberhinaus werden seit fast zwanzig Jahren zur retrospektiven Bestimmung entsprechende Umweltprobenbanken (Environmental Specimen Bank, ESB) als Dauerforschungseinrichtungen des Bundesumweltministeriums (früher Bundesinnenministerium) aufgebaut. Hinsichtlich des *zweiten Punktes* (Feststellung der [Un-] Bedenklichkeit für Mensch und Umwelt) bestehen seit längerem entsprechende gesetzliche Regelungen, teils nationaler, teils supranationaler Art, in der Regel für bestimmte Verwendungszweckgruppen. In der Bundesrepublik Deutschland sind neben dem Lebensmittel- und Bedarfsgegenständegesetz und dem Bundesimmissionsschutzgesetz vor allem das Arzneimittelgesetz, das Pflanzenschutzgesetz und das Chemikaliengesetz zu nennen. Diese Regelungen wurden in den letzten Jahren durch eine Reihe von OECD-Mitgliedstaaten (z.B. USA - Tosca; BRD - Chemikaliengesetz) in einem step-to-step-Verfahren in Abhängigkeit von der in den Verkehr gebrachten Menge auf alle chemischen Stoffe ausgedehnt resp. sind andere Mitgliedstaaten im Begriff, entsprechende Rechtsvorschriften zur Überwachung chemischer Stoffe zu erlassen. Diese Gesetze schreiben vor, daß von den Herstellern oder Importeuren chemischer Stoffe einschließlich Arzneimitteln und Pflanzenschutzmitteln Nachweise über durchgeführte Prüfungen zur Gesundheitsgefährlichkeit und teilweise auch Umweltgefährlichkeit dieser Stoffe den Behörden vorgelegt werden müssen. Diese bewerten die vorgelegten Prüfnachweise und sprechen im Falle von Arzneimitteln und Pflanzenschutzmitteln Zulassungen des Inverkehrbringens aus oder haben im Falle von Chemikalien Verbots- und Anwendungsbeschränkungsrechte. Die zu einer toxikologischen Charakterisierung notwendigen Prüfdaten werden zur Zeit in der Regel im Tierversuch gewonnen. Derartige toxikologische Evaluierungen, die Prüfungen an verschiedenen Tierspecies in Kurz- und Langzeitstudien bei unterschiedlicher Applikationsweise und -höhe erfordern, sind in zeitlicher, personeller und finanzieller Hinsicht aufwendig; ferner ist die weltweit zunehmend geführte Diskussion über Tierversuche und Tierschutz zu erwähnen. Es besteht also ein Bedarf an einfach durchzuführenden, aber aussage-kräftigen ("rapid, sensitive and inexpensive") toxikologischen Versuchsmodellen, die außer-dem die berechtigten Belange des Tierschutzes berücksichtigen. Dabei muß festgehalten werden - wie auch eine Studie des Bundesgesundheitsamtes zeigte -, daß derzeit Tierversuche nicht für vollständig ersetzbar gelten, andererseits ein RRR (Refine, Reduce, Replace) anzustreben ist. Das bebrütete Hühnerei gibt eine Reihe von pharmakologisch-toxikologischen Prüfmöglichkeiten, über deren Technik und Aussage im Folgenden berichtet wird.

2. Materialien und Methodik

2.1. Testsystem

Die Fertilität und Entwicklungsfähigkeit von Hühnereiern sind abhängig von einer Reihe von Aspekten wie z.B. genetischer Hintergrund, Alter des Legevolkes, Ernährungsstatus, Haltebedingungen. Die Rasse 'White Leghorn' gilt als am besten genetisch kontrolliert und charakterisiert. Alle Untersuchungen wurden an frischen, fertilen Bruteiern aus dem Gelege von Hybriden der weißen Leghornrasse des gleichen, genetisch kontrollierten Zuchtstammes (Shaver Starcross 288 A; Lohmann Selected Leghorn, LSL) durchgeführt, die am Ablagetag von einem gewerblichen Zuchtbetrieb (J. Brinkschulte, Gut Aversfeld, Senden/Westf.) bezogen wurden. Eingesetzt wurden nur Bruteier im Gewicht von 50-60 g. Vor Versuchsbeginn wurden die Eier durchleuchtet und solche mit Schalendefekten eliminiert.

2.2. H E T (Hühner-Ei-Test)

Die Prüfsubstanz wurde in einer "sterilen Bank" (clean bench) unter aseptischen Bedingungen in entsprechender Konzentration in geeignetem Lösemittel gelöst resp. suspendiert. In die Schale der 24 Stunden mit dem stumpfen Eipol nach oben ruhig und kühl gelagerten Eier, deren spitzer Pol mit einem Alkoholtupfer desinfiziert worden war, wurde bei waagerechter Lagerung des Eies mit einem elektrischen Kronenbohrer vorsichtig ein ca. 1 mm großes Loch am spitzen Eipol, etwas seitlich versetzt, gebohrt, wobei darauf geachtet wurde, die Eihaut nicht zu verletzen. Die zubereitete Prüfsubstanz wurde mit einer Tuberkulinspritze (0,05 ml Graduierung) über eine Metallkanüle (Nr.14) vorsichtig und langsam ins Eiweiß durch diese Bohrung am spitzen Eipol instilliert. Das injizierte Volumen betrug grundsätzlich 0,1 ml/Ei; entsprechende Kontrollgruppen erhielten nur das Trägermaterial physiologische Kochsalzlösung appliziert. Das in die Eischale gebohrte Loch wurde nach der Applikation mit Spachtelmasse (Dufix^R) verschlossen. Die Prüfsubstanz wurde in zwei Untersuchungsserien an d1, d.h. vor Bebrütungsbeginn, und an d5, d.h. 96 Stunden nach Brutbeginn, appliziert. Die Bebrütung der Eier erfolgte in einer Schumacher-Bebrütungsanlage bei dauernder Luftumwälzung zunächst 17 Tage lang bei 37,5 °C (± 1,0 °C) und einer relativen Luftfeuchtigkeit von 70,0% (± 10,0 %); dies entspricht optimierten Bebrütungsverhältnissen. Die Eier wurden alle zwei Stunden automatisch gewendet. Vom 5. Bebrütungstag an wurden die Eier in ein- bis zweitägigen Abständen bis zur Umlagerung in den Schlupfbrüter am 18. Tag mit einer Quecksilberdampfquarzlampe durchleuchtet ("Schieren"). Eine gestörte Entwicklung und ein Absterben der Embryonen läßt sich beim Schieren vor allem am Zustand der Blutgefäße, sowie an den Bewegungen des Keims im Amnion frühzeitig erfassen. Alle beim Durchleuchten nicht der Norm entsprechenden Eier mit abgestorbenen Keimen bzw. Embryonen wurden geöffnet und das Entwicklungsstadium makroskopisch an Hand von Vergleichstafeln (HAMBURGER und HAMILTON) bestimmt. Besonders wurde auf makroskopisch erkennbare Mißbildungen geachtet. Im Schlupfbrüter wurden die Eier vom 18. Bebrütungstag bis zum Schlupf bei 38,5 °C (± 0,8 °C) und einer relativen Luftfeuchtigkeit von 80,0% (± 10,0%) gehalten. Der Schlupf der Küken erfolgte bei der Mehrzahl der Tiere in der Nacht vom 21. zum 22. Bebrütungstag, ein kleinerer Teil der Tiere schlüpfte bereits im Laufe des 21. oder erst im Laufe des 22. Bebrütungstages. Am Ende des 22. Bebrütungstages wurden die Eier, aus denen kein Schlupf erfolgt war, geöffnet und die Embryonen inspiziert. Das Entwicklungsstadium wurde an Hand der o.g. Ver-gleichstafeln bestimmt und auf etwaige Mißbildungen geachtet. Die Tiere wurden dem Schlupfbrüter entnommen und ihre Lebensfähigkeit und Reife bestimmt (regelmäßige Atmung, Dottersackretraktion, Standfähigkeit, Lauffähigkeit). Die Tiere wurden auf makroskopisch anatomische Mißbildungen (speziell des Schnabels, der Augen, des Schädels, der Flügel, Beine und Füße) untersucht; im Fall makroskopisch nicht klassifizierbarer Mißbildungen erfolgte eine Transparierung und Färbung. Nach Bestimmung des Schlupfgewichtes wurden die Tiere in Aethernarkose durch Dekapitierung getötet. Am Schädel wurde der größte Frontaldurchmesser mit einer Schublehre (0,1 mm Graduierung) bestimmt. Nach dem Ausbluten erfolgt eine Präparierung der oberen und unteren rechten Extremitäten und Bestimmung folgender Knochenlängen (bei 0,5 mm Graduierung): Humerus, Ulna, Femur, Tibia, Metatarsus. Nach der Eröffnung erfolgte die Besichtigung aller Körperhöhlen in situ. Zur Gewichtsbestimmung wurden die Organe Leber, Herz, Thymus und Bursa entnommen. Die Feststellung der Gewichte erfolgte auf Mikro- und Torsionswaagen.

2.3. H E T - C A M (HET-Chorionallantoismembran)

Frische, fertile Bruteier, gemäß 2.1., für die HET-Chorionallantoisprüfung wurden für 24 Stunden mit dem spitzen Eipol nach unten kühl gelagert, damit sich die Luftblase und darunter der Dotter mit dem empfindlichen Keim unter dem stumpfen Eipol einstellt. Die Bebrütung der Eier erfolgte in gleicher Lagerungsform in einer Schuhmacher-Bebrütungs-anlage bei dauernder Luftumwälzung bei 37,5 °C (± 0,5 °C) und einer relativen Luft-feuchtigkeit von 62,5% (± 7,5%); dies entspricht optimierten Bebrütungsverhältnissen. Die Eier wurden alle 2 Stunden automatisch gewendet. Vom 5. Bebrütungstag an wurden die Eier in ein- bis zweitägigen Abständen mit einer Quecksilberdampfquarzlampe durchleuchtet ("Schieren"). Eine u. U. gestörte Entwicklung und ein eventuelles Absterben lassen sich beim Schieren vor allem am Zustand der Blutgefäße, sowie an den Bewegungen des Keims im Amnion frühzeitig erfassen. Abgestorbene Bruteier wurden entfernt. Am 10. Inkubationstag wurde die Eischale um die Luftkammer mit einem rotierenden, zahnärztlichen Sägeblatt angefräst und dann entfernt. Nach vorsichtigem Abpräparieren der inneren Eimembran ist die vitale, vascularisierte, aber schmerzunempfindliche Chorionallantoismembran zur weiteren Prüfung freigelegt; dies stellt eine modifizierte Technik zu der von KEMPER 1958 beschriebenen Methodik dar. Für die Chorionallantoismembran-(CAM)-Prüfung wird die Prüfsubstanz, unter "clean-bench-Bedin-gungen" gelöst oder suspendiert, in einem Volumen von 0,2-0,3 ml auf die Membran gegeben; im Fall fester oder nicht transparenter Prüfmaterialien werden 0,1 g auf die vascularisierte Chorionallantois appliziert und nach 20 Sekunden Kontaktzeit mit 5 ml warmen Wasser abge-spült (entsprechendes Abspülungsvorgehen ist auch im Fall suspendierter oder gelöster Test-substanzen möglich). Für jede Prüfsubstanz und -konzentration werden mindestens 6 bebrütete Eier benutzt; weitere Eier, nur mit Lösungsmittel behandelt, und die unbehandelten Areale der Versuchsmembranen dienen als Kontrolle. Nach der Applikation des Testmaterials werden die Chorionallantoismembran, die Blutgefäße, einschließlich des Kapillarnetzes, und das Eiweiß beobachtet und hinsichtlich irritierender Effekte (insbesondere vasculäre Injektion einschl. Diameterzunahme, Haemorrhagien, Thrombosierung/ Coagulierung, Lysis) die absolute Startzeit gemessen und zu den Zeitpunkten 0,5, 2 und 5 Minuten p.a. graduiert (0-3) bewertet; längere Beobachtungszeiten geben keine zusätzlichen, wichtigen Informationen, bedürfen jedoch weiterer Inkubierung und einer feuchten Kammer. Zur Prüfung des Repairs leichter temporärer Reizwirkungen und zum Zwecke feingeweblicher Untersuchungen der Chorionallantois ist dies jedoch unschwer möglich. Die Bewertung der beobachteten Effekte erfolgt nach der HET-CAM-Methode, der Reaktionszeitmethode resp. der Reizschwellenmethode. Die aufgezeichneten Startzeiten werden nach folgender Formel zu einem Reizindex extrapoliert:

RI =([301 - Z] : 300) x 9 +

   ([301 - Y] : 300) x 7 +

   ([301 - X] : 300) x 5

X = Startzeit Haemorrhagie (sec)
Y = Startzeit Lysis (sec)
Z = Startzeit Coagulation (sec)

2.4. Modifizierter HET-CAM

Die Methodik entspricht der unter 2.3. beschriebenen HET-CAM-Technik. Vor der Prüfung der Membranirritation, ausgelöst durch 0,3 ml SDS (0,5%), werden jedoch Prüfsubstanzen in unterschiedlichen Zeitabständen, meist 2h vor Membranprüfung, und unterschiedlicher Konzentration systemisch in das Eiweiß (vgl. 2.2.) oder lokal auf die innere Eihaut, die vor Membranirritationstestung abpräpariert wird, appliziert. Auswertungsgrundlage bilden die Startzeiten der bekannten SDS-Irritationsphaenomene an der CAM im Verhältnis zu nicht vorbehandelten Membranen (delta-T-%); d.h. Bewertungsgrundlage ist die relative Irritationshemmung.

2.5. HET-VASA (HET-Vasculäre Aktivität)

Die Chorionallantoismembran des angebrüteten Hühnereies stellt sich stark vascularisiert (arteriell und venös) dar; die arteriellen Gefäße lassen sich prinzipiell unter der Präparationslupe (mit Mikrometerkreuz im Okular) drei Gefäßtypen zuordnen:

A   400 - 600 µm (MW 481)
B   100 - 150 µm (MW 120)
C   50 - 75 µm (MW 55).

An d10 des bebrüteten Hühnereies erfolgt die Freilegung der CAM gemäß 2.3. und Applikation von Lösungen vasoaktiver Prüfsubstanzen. Unter der Präparationslupe (mit Mikrometerkreuz im Okular) können Gefäßdurchmesser, Frequenz und Durchfluß in Abhängigkeit von Zeit, Dosis und Gefäßtyp gemessen und die vasculäre Aktivität der Prüfsubstanzen bewertet werden.

2.6. HET-META (HET-Metabolismusmodell)

Prüfsubstanzen werden gemäß 2.2. in das Eiweiß fertiler LSL-Eier appliziert. In Abhängigkeit von Zeit und Dosis können Eiweiß, CAM und Allantoisflüssigkeit fraktioniert resp. punktiert werden. In diesen Media erfolgt die entsprechende analytische Aufarbeitung und Bestimmung von Muttersubstanz und/oder Metaboliten.

2.7. Auswertung

Die Auswertung der ermittelten Prüfdaten erfolgte auf einem Multitech Acer 900 AT Rechner; als "software" wurden eingesetzt: "Statgraphics" (Summary Statistics, Two-Sample-Analysis) und "Harvard Presentation Graphics" (Bar/ Line/ Curve/ Trend - Charts).

3. Ergebnisse

3.1. HET (Hühner-Ei-Test)

In den letzten Jahren wurden in unseren Laboratorien über 100 Stoffe an ca. 25.000 Hühnereiern im HET-Test geprüft. Der HET-Prüfrahmen beinhaltet insbesondere die folgenden Prüfgebiete:
- *akute Toxizität* im Sinne der Bestimmung der Absterberate in ovo mit Abschätzung einer LD_{50}
- *Retardierung* und Wachstumsentwicklung, insbesondere durch Bestimmung von Schlupf-gewicht, diverser Knochenlängen bzw. Schädeldicke und den entsprechenden Korrelationen
- *Teratogenität* durch Prüfung auf makroskopische Fehl- und Mißbildungen, u.U. nach Klärung und Skelettfärbung
- *systemische und Organtoxizität* durch Bestimmung eines breiten Spektrums haematologischer und klinisch-chemischer Parameter sowie gravimetrische, makroskopische und mikroskopische Untersuchung von Targetorganen wie Herz, Leber, Schilddrüse, Thymus, Bursa und Innenohr
- *immunologische Aspekte*, hier ist besonders zu bemerken, daß aviane Species zwei immun-kompetente Organe in Form des Thymus und der Bursa Fabricii besitzen, so daß Effekte sowohl auf das T-System als auch auf das B-System geprüft werden können.

Die Ergebnisse und Risikoeinstufungen zeigen eine gute Übertragbarkeit bzw. Vergleichbarkeit zu den in vivo Befunden am Säugetier, ebenso konnten die Ergebnisse der Prüfungen am bebrüteten Hühnerei in eigenen Wiederholungsstudien und von Untersuchern in anderen Laboratorien reproduziert werden; dies gilt auch für die erstellten ''Norm''-Bereiche (Tabelle 1).

3.2. HET-CAM (HET-Chorionallantoismembran)

In den letzten Jahren wurden in unseren Laboratorien über 500 Prüfsubstanzen an ca. 40.000 Hühnereiern im HET-CAM-Test hinsichtlich eines Membranirritationsvermögens und im Vergleich zu tierexperimentellen, lokalen Verträglichkeitsuntersuchungen (Draize-Test) ge-prüft. Von besonderem Interesse sind hier natürlich Untersuchungen zur Reproduzierbarkeit und Validierung, wozu eine Reihe von Ringversuchen auf nationaler und supranationaler Ebene (vgl. folgende Übersicht) durchgeführt wurden.

USA
    12 Laboratorien
    interim report: positiv
Frankreich
    5 Laboratorien
    laufend
EG
    7 Laboratorien (B, D, F, F, GB, I, NL)
    interim report: positiv
Deutschland
    a) 1986/87
        2 Laboratorien
        final report: positiv
    b1) 1988/90 - Phase I
        14 Laboratorien
        interim report: positiv
    b2) 1990- - Phase II
        laufend

Die Ergebnisse zeigten eine gute Reproduzierbarkeit und Vergleichbarkeit zu in vivo Daten. Insbesondere zeigte sich im HET-CAM-Test eine geringe Zahl von falsch-negativen Ergebnissen bei Unabhängigkeit von pH-Wert und Volatilität der Prüfsubstanz (Tabelle 2).

3.3. Modifizierter HET-CAM

Eine Variante von insbesondere pharmakologischem Interesse stellt der modifizierte HET-CAM-Test, in dem in unseren Laboratorien in den letzten Jahren ca. 150 Stoffe hinsichtlich einer antiirritativen Wirksamkeit an ca. 20.000 Hühnereiern geprüft wurden. Untersuchungen zeigten, daß im bebrüteten Hühnerei resp. in der CAM ein histaminerges und arachidonsäure-cyclooxygenaseerges System besteht. Diese Systeme sind durch entsprechende Pharmaka beeinflußbar. So zeigte die vorherige Applikation von H_1-Antihistaminika eine deutliche Hemmung der SDS-induzierten Membranirritation; die Prüfergebnisse mit verschiedenen H_1-Antihistaminika (Diphenhydramin, Triprolidin, Promethazin, Mepyramin, Chlorpheniramin, Dimethinden) ergaben ein dosisabhängiges Hemmungs-Ranking, das mit in vivo Daten sehr gut korreliert; dies gilt auch für die Prüfung von Stereoisomeren (Abbildung 1). Die Prüfung bekannter Cyclooxygenasehemmer (Indometacin, Acetylsalicylsäure, Natriumsalicylat, Metamizol, Phenacetin, Paracetamol) zeigte Struktur-Wirkungsbeziehungen, die ausgezeichnet mit in vivo Daten übereinstimmen (Abbildung 2); dies gilt darüberhinaus auch für die Prüfung von Anilidderivaten (Phenacetin, Paracetamol), die in vivo praktisch keine periphere Wirksamkeit aufweisen und auch im modifizierten HET-CAM keine Hemmwirkung zeigen (Abbildung 2). Ferner konnte gezeigt werden, daß auch die Prüfung von ''predrugs'', d.h. Substanzen, die einer metabolischen Aktivierung bedürfen, möglich ist. So zeigten Salicylatvorstufen (Salicin, Salicylalkohol, Methylsalicylat) nach entsprechender zeitabhängiger Aktivierung vergleichbare Wirkungen wie Acetylsalicylsäure und Natriumsalicylat (Abbildung 3).

3.4. HET-VASA (HET-Vasculäre Aktivität)

Die Chorionallantoismembran des angebrüteten Hühnereies stellt sich stark vascularisiert (arteriell und venös) dar; die arteriellen Gefäße lassen sich prinzipiell unter der Präparationslupe (mit Mikrometerkreuz im Okular) drei Gefäßtypen zuordnen:

A   400 - 600 µm (MW 481)
B   100 - 150 µm (MW 120)
C   50 - 75 µm (MW 55).

An d10 des bebrüteten Hühnereies erfolgt die Freilegung der CAM gemäß 2.3. und Applikation von Lösungen vasoaktiver Prüfsubstanzen. Unter der Präparationslupe (mit Mikrometerkreuz im Okular) können Gefäßdurchmesser, Frequenz und Durchfluß in Abhängigkeit von Zeit, Dosis und Gefäßtyp gemessen und die vasculäre Aktivität der Prüfsubstanzen bewertet werden. Die Prüfung bekannter vasoaktiver Substanzen (Atropin, Ephedrin, Epinephrin, Etilefrin, Hydralazin, Minoxidil, Naphazolin, Nifedipin, Nitroglycerin, Nitroprussid, Norfenefrin, Orciprenalin, Oxymetazolin, Propranolol, Xylometazolin) zeigte in Abhängigkeit von Dosis, Zeit und Gefäßtyp eine gute Übereinstimmung mit in vivo Daten bei direkt gefäßwirksamen Pharmaka (Abbildungen 4, 5 und 6); von besonderem Interesse ist hier auch die direkte Beobachtbarkeit der Mikrozirkulation resp. deren Beeinflußbarkeit. Im vascularisierten System der CAM ist die experimentelle Induzierung von Thromben möglich; zur Zeit laufen Untersuchungen, ob und in welchem Maße diese Vorgänge pharmakologisch beeinflußbar sind.

3.5. HET-META (HET-Metabolismusmodell)
Wie unter 3.3. erwähnt, stellt das bebrütete Hühnerei ein metabolisierendes System dar. In einer Reihe von Untersuchungen konnte das Vorhandensein von Dehydrogenasen, Oxydasen, Esterasen,

Hydrolasen und Glucosidasen ebenso wie eine induzierbare P-450-Fraktion nachgewiesen werden. Beispielhaft sei hier der Metabolismus zu Salicylat aus verschiedenen Vorstufen dargestellt (Abbildung 7).

4. Zusammenfassung

Die experimentelle Ermittlung pharmakologischer und toxischer, einschließlich reizend-ätzender Eigenschaften von chemischen Stoffen, die auf den Menschen und seine belebte Umwelt einwirken können, ist wesentlicher Bestandteil der Prüfung zur Feststellung einer "gesundheitlichen Unbedenklichkeit".

Prüfungen am bebrüteten Hühnerei (HET, HET-CAM, modifizierter HET-CAM, HET-VASA, HET-META) sind schnelle, sensitive, kostengünstige und aussagekräftige pharmakologisch-toxikologische Experimentalmodelle und geben Informationen zu embryotoxischen, teratogenen, systemischen und immunpathologischen Effekten, metabolischen Abbauwegen und membranirritierenden und antiirritativen Potentialen chemischer Substanzen.

Die Ergebnisse und Risikoeinstufungen der genannten Prüfungen am bebrüteten Hühnerei zeigen eine sehr gute Übertragbarkeit resp. Vergleichbarkeit zu den in vivo Befunden am Säugetier, ebenso konnten die Ergebnisse der Prüfungen am bebrüteten Hühnerei in eigenen Wiederholungsstudien und von Untersuchern in anderen Laboratorien reproduziert werden.

Prüfungen am bebrüteten Hühnerei können die zur Zeit auf diesen Gebieten genutzten pharmakologischen und toxikologischen, tierexperimentellen Prüfmethoden nicht in allen Fällen in toto ersetzen; es können jedoch, auch im Screening, bei relativ geringem Aufwand, schnell vielfältige Informationen gewonnen und so im Einklang mit den gesetzlichen Regelungen zum Schutz der Gesundheit entsprechende toxikologische und Prioritätsklassifikationen gesetzt werden. Ferner können durch Prüfungen am bebrüteten Hühnerei, bei vergleichbarer Übertragbarkeit deren Ergebnisse, die Zahl der Untersuchungen an Säugetieren in einem zur Zeit noch nicht abschätzbarem Maß vermindert und besonders die Zufügung von Schmerzen und/oder Schäden während tierexperimenteller Prüfungen reduziert resp. eliminiert werden.

Literatur

KEMPER F.H., Studien zur Wirkung vom Chlorophyll; Fette, Seifen, Anstrich Mittel 60, 830, 1958

KEMPER F.H., LUEPKE N.-P., Species Specific Hepatotoxic Effects of DEHP in Rats, Chicken and Chicken Embryos, Int. Conference on Phthalic Acid Esters, Guildford (GB), 6.-7. 8. 1984

KEMPER F.H., LUEPKE N.-P., Toxicity-Testing by the Hen's Egg Test (HET), Int. Conference on Practical In Vitro Toxicology, Reading (GB), 18.-20. 9. 1985

KEMPER F.H., LUEPKE N.-P., Toxicity-Testing by the Hen's Egg Test (HET), Food Chem. Toxicol. 24, 647, 1986

LUEPKE N.-P., Embryotoxicity-Testing by HET (Hen's Egg Test) Naunyn-Schmiedeberg's Arch. Pharmcol. 319, Suppl. R 24, 1982

LUEPKE N.-P., Embryotoxicity-Testing by HET (Hen's Egg Test), Proceedings of the International Symposium on Immunology, Cairo (Egypt), 26th Febr. 1982

LÜPKE N.-P., Prüfung der Embryotoxizität mit HET (Hühner-Embryonen-Test), 23. Frühjahrstagung der Deutschen Pharmakolog. Gesellschaft, Mainz 16.-19. 3. 1982

LUEPKE N.-P., Toxicity-Testing in Avian Species, 4. Simposio de Ecologia, Porto Alegre (Brazil), 18.-23. 10. 1982

LÜPKE N.-P., Alternativen in der Dermatotoxikologie, Workshop Alternativen in der Dermatologie; Berlin, 28. 10. 1983

LÜPKE N.-P., HET (Hühner-Ei-Test, Hen's-Egg-Test) - eine Alternative in der tierexperimentellen Toxizitätsprüfung, Medical (9/10), 22, 1984

LUEPKE N.-P., HET (Hen's Egg Test) in Toxicological Research, Int. Symposium on Skin Models, Cardiff (GB), 15.-17. 03. 1984

LUEPKE N.-P., Toxicity Testing by the Hen's Egg Test (HET), Int. Workshop on 'Irritation Testing of Skin and Mucous Membranes', Ittingen (CH), 3.-5. 4. 1984

LUEPKE N.-P., HET-CAM - An Alternative to the Draize Eye Test; 3rd Annual Symp. 'In Vitro Methods in Toxicology', Johns Hopkins Center, Baltimore (USA), 23.-24. 10. 1984

LUEPKE N.-P., Hen's Egg Chorionallantoic Membrane Test for Irritation Potential, Food Chem. Toxicol. 23, 287, 1985

LUEPKE N.-P., HET-Chorioallantois-Test: An Alternative to the Draize Rabbit Eye Test, in: GOLDBERG A.M. (ed.), In Vitro Toxicology, Volume 3, New York: Mary Ann Liebert Inc., 1985

LÜPKE N.-P., Ergänzungsmethoden in der Toxikologie, GG+F - Seminar "Krebsforschung ohne Tierversuche?", Bielefeld, 19. 6. 1986

LUEPKE N.-P., Recent Developments in Alternatives, XXIII. Scientific Meeting GV-Solas, Veldhoven (NL), 17.-20. 9. 1985

LUEPKE N.-P., KEMPER F.H., HET-CAM - An Alternative to the Draize Eye Test, Int. Conference on Practical In Vitro Toxicology, Reading (GB), 18.-20. 9. 1985

LÜPKE N.-P., Hühner-Ei-Test (HET) - ein pharmakologisch-toxikologisches Experimentalmodell, 1. Deutsch-Chinesisches Ärztetreffen, Wuhan (VR China), 24.-26. 9. 1986

LUEPKE N.-P., The Hen's Egg Test (HET) - An Alternative Toxicity Test; 6th CIRD Symposium, Sophia Antipolis (F), 4.-6. 10. 1985

LUEPKE N.-P., Hen's Egg Test Modified for Use to Test Substances for Toxicology; Dermatology Times, Febr. 1986

LÜPKE N.-P., HET und HET-CAM - Beiträge zur Reduzierung von Tierversuchen, Umschau 86, 131, 1986

LUEPKE N.-P., HET (Hen's Egg Test) in Toxicological Research, in: R. MARKS, G. PLEWIG, H.I. MAIBACH (eds.), Skin Models, Berlin Heidelberg New York: Springer, pp. 282-291, 1986

LUEPKE N.-P., The hen's egg Test (HET) - an alternative toxicity test, Br. J. Dermatol. 115, Suppl. 31, 1986

LUEPKE N.-P., HOPPE U., Toxicity-Testing of Ultraviolet Filters by HET and HET-CAM. reprints 14th IFSCC Congress, Vol. II, pp. 775-794, Barcelona, IX/ 1986

LUEPKE N.-P., KEMPER F.H., HET-CAM - An Alternative to the Draize Eye Test, Food Chem. Toxicol. 24, 495, 1986

LUEPKE N.-P., WALLAT S., HET-CAM-Test - Reproducibility Studies, in: A.M. GOLDBERG (ed.), In Vitro Toxicology, Volume 4, New York: Mary Ann Liebert Inc., 1987

LUEPKE N.-P., In vitro techniques in local tolerance investigations, 4th RBM Meeting, Mailand (I), 5.-7. 10. 1988

LÜPKE N.-P., Ergänzungs- und Ersatzmethoden zur Prüfung der lokalen Verträglichkeit, 2. GKC Seminar "Toxikologie", Münster, 25.-27. 1. 1989

LÜPKE N.-P., Ergänzungs- und Ersatzmethoden zur Prüfung der lokalen Verträglichkeit, Seminar für Toxikologie, Linz (A), 30.-31. 3. 1989

LÜPKE N.-P., THEISEN N.L., Vaskuläre Effekte von O-(ß-Hydroxyethyl)-rutosiden an der Chorionallantoismembran, 13. Jahrestagung Ges. Mikrozirkulation, München, 24.-25. 11. 1989

LÜPKE N.-P., THEISEN N.L., Vaskuläre Effekte von O-(ß-Hydroxyethyl)-rutosiden an der Chorionallantoismembran; Berichtsband 13. Jahrestagung der Gesellschaft für Mikrozirkulationsforschung, München, 24./ 25. 11. 1989

LUEPKE N.-P., In vitro techniques in local tolerance investigations, Proceedings 4th RBM-Congress, Mailand (I), 1989

LUEPKE N.-P., THEISEN N.L., BARON G., Vascular Effects of Flavonol Glycosides on the Chorionallantoic Membrane, Int. J. Microcirc. 9, 102, 1990

LUEPKE N.-P., Evaluation and Standardization of Alternatives to the Draize Test in the Federal Republic of Germany, Toxicology Forum, Budapest, 18.-22. 6. 1990

LUEPKE N.-P., THEISEN N.L., BARON G., Vascular Effects of Flavonol Glycosides on the Chorionallantoic Membrane, XVI European Conference on Microcirculation, Zürich, August 26th-31st, 1990

LUEPKE N.-P., THEISEN N.L., BARON G., Vascular Effects of Flavonol Glycosides on the Chorionallantoic Membrane, Int. J. Microcirc. 9, 102, 1990

LÜPKE N.-P., THEISEN N.L., BARON G., Versuchstierfreies Modell zur Prüfung anti-inflammatorischer Aktivität, Jahrestagung DPhG, Berlin, 8-12. 9. 1990

LUEPKE N.-P., THEISEN N.L., BARON G., An animal-free model for testing antiinflammatory activity, 9th Symp CIRD, Cannes, 4.-6. 10. 1990

LUEPKE N.-P., THEISEN N.L., Vascular effects of O-(ß-hydroxyethyl)-rutosides in the chorionallantoic membrane, Int. J. Microcirc. 8, 205, 1989

PETEREIT F., NAHRSTEDT A., INNERLICH B., LÜPKE N.-P., THEISEN N.L., WINTERHOFF H., Antiphlogistische Aktivität eines traditionell hergestellten Extraktes aus Cistus ssp. im HET-CAM-Test und an der Rattenpfote, 37th Annual Congress on Medicinal Plant Research, Braunschweig, 5.-9. 9. 1989

PETEREIT F., NAHRSTEDT A., INNERLICH B., LUEPKE N.-P., THEISEN N.L., KEMPER F.H., WINTERHOFF H., Antiinflammatory activity of the traditionally used herb of Cistus incanus; Wissenschaftliche Jahrestagung Deutsche Pharmazeutische Gesellschaft, Frankfurt, 30. 9.-4.,10.,1989

PETEREIT F., NAHRSTEDT A., INNERLICH B., LÜPKE N.-P., THEISEN N.L., WINTERHOFF H., Antiphlogistische Aktivität eines traditionell hergestellten Extraktes aus Cistus ssp. im HET-CAM-Test und an der Rattenpfote, Arch. Pharmaz. 322, 750, 1989

PETEREIT F., NAHRSTEDT A., INNERLICH B., LUEPKE N.-P., THEISEN N.L., KEMPER F.H., WINTERHOFF H., Antiinflammatory activity of the traditionally used herb of Cistus incanus, Planta medica 55, Suppl., 74, 1989

SPIELMANN H., GERNER I., KALWEIT S., MOOG R., WIRNSBERGER T., KRAUSER K., KREILING R., KREUZER H., LUEPKE N.-P., MILTENBURGER H.G., MÜLLER N., MÜRMANN P., PAPE W., SIEGEMUND B., SPENGLER J., STEILING W., WIEBEL R., Interlaboratory Assessment Project of Alternatives to the Draize Eye Test in West Germany, Toxicol. In Vitro (in print), 1991

VENNE M.T.V.D., CEC Current Activities, Proceedings Toxicology Forum 1990; pp. 72-78, 1990

Anhang

Tabelle 1. "Norm"-Bereiche bei HET (White Leghorn, Lohmann Selected Leghorn, LSL)

Parameter:	Dimension	N	MW	s.d.	s.e.
Schlupfgewicht	g	416	41,7	3,6	0,2
Humerus	mm	416	17,2	1,2	0,1
Ulna	mm	416	17,0	1,2	0,1
Fermur	mm	416	22,5	1,4	0,1
Tibia	mm	416	33,2	1,6	0,1
Metatarsus	mm	416	25,5	1,6	0,1
Schädeldicke	mm	416	13,1	0,3	-
Leber	g	416	0,83	0,11	0,01
Leber	g/100 g KG	416	1,98	0,27	0,01
Herz	g	416	0,26	0,04	-
Herz	g/100 g KG	416	0,62	0,11	0,01
Na	mmol/l	130	136	7,5	0,7
Ca	mmol/l	140	2,54	0,23	0,02
Cl	mmol/l	131	106	9	0,08
PO_4	mg/dl	136	5,0	1,4	0,1
ges. Eiweiß	g/dl	140	1,8	0,4	-
Kreatinin	mg/dl	140	0,4	0,1	-
Glucose	mg/dl	132	246	25	2
Harnsäure	mg/dl	135	5,7	1,9	0,2
Cholesterin	mg/dl	135	377	60	5
Triglyceride	mg/dl	140	97	37	3
GOT	U/l	123	96	24	2
GPT	U/l	102	12,1	16,2	1,6
LDH	U/l	135	959	264	23
AP	U/l	134	1604	638	55

Tabelle 2. CEC - Interlaboratory Trial (Interim Report)
S = Severe, I = Irritant, N = No Irritant

Compound	CEC	in vivo	HET-CAM	Enucl. EYE	NRU
Acetic Acid	R41	S	S	S	N
Benzalkonium Chloride	R41	S	S	S	S
Mercury Chloride	R41	S	S	S	S
Sodium Hydroxide	R41	S	S	S	N
Acetaldehyde	R41	S	S	S	N
SDS	R41	S	S	S	S
Tributyltin	R41	S	S	S	S
Dibutylin	R36	S	S	S	S
Butanol	R36	I	S	S	N
Chloroform	R36	I	S	S	N
Silvernitrate 3%	R36	I	S	I	S

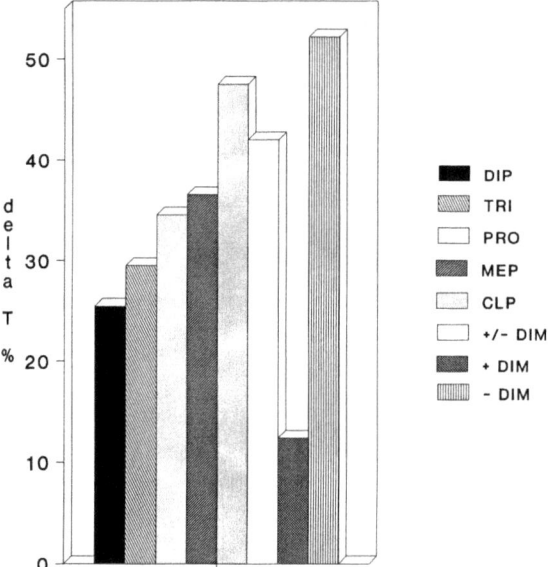

Abb. 1. Modif. HET-CAM (25 mg/egg [DIM 0,05], 2 h, Inj.)

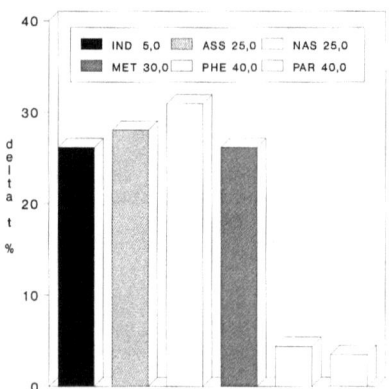

Abb. 2. Modif. HET-CAM (Cyclooxygenaschemmer; mg, 2h)

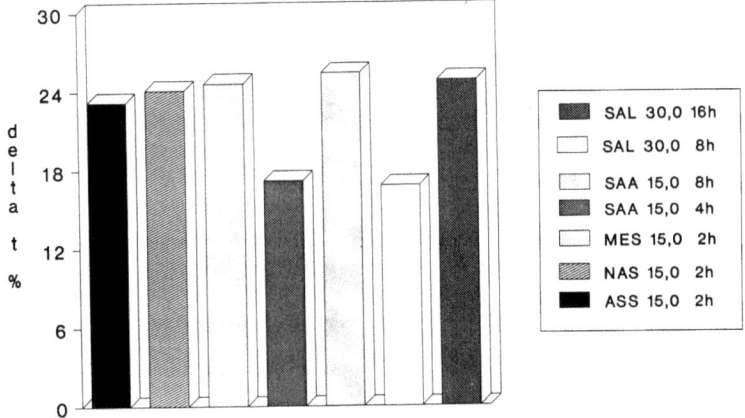

Abb. 3. Modif. HET-CAM ("Salicylate")

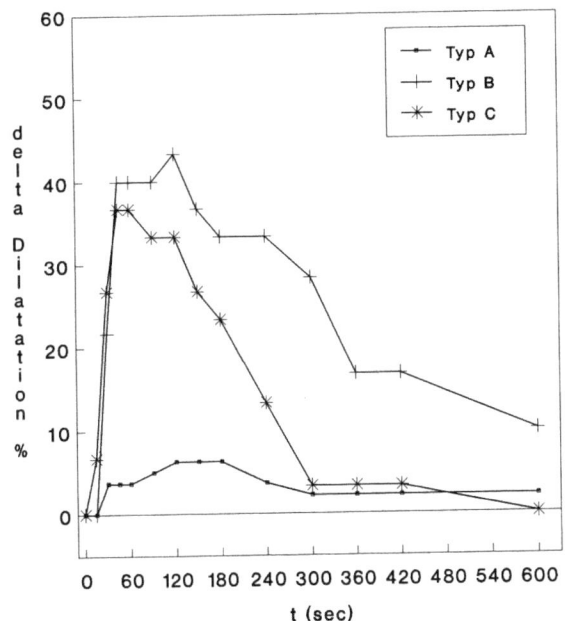

Abb. 4. HET-VASA, Nitroglycerin 0,05%)

48

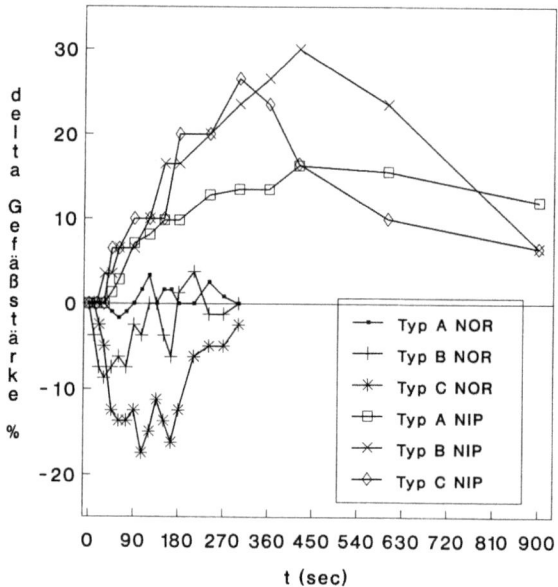

Abb. 5. HET-VASA (Nitroglycerin Typ C)

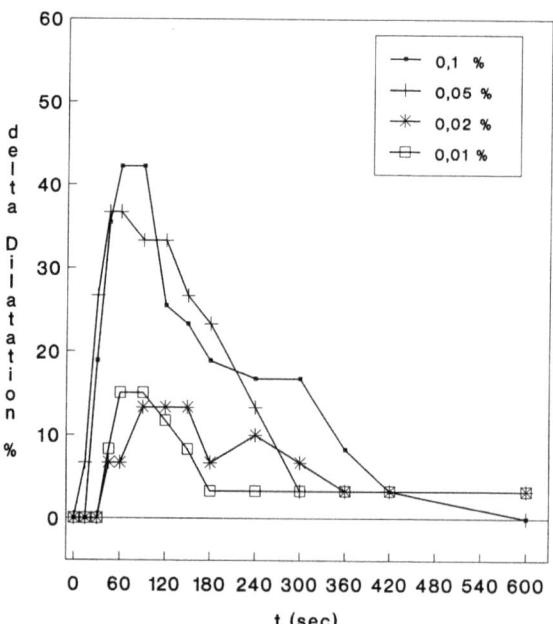

Abb. 6. HET-VASA (Norfrenefrin [NOR] 1,0%, Nitroprussid [NIP] 0,1%)

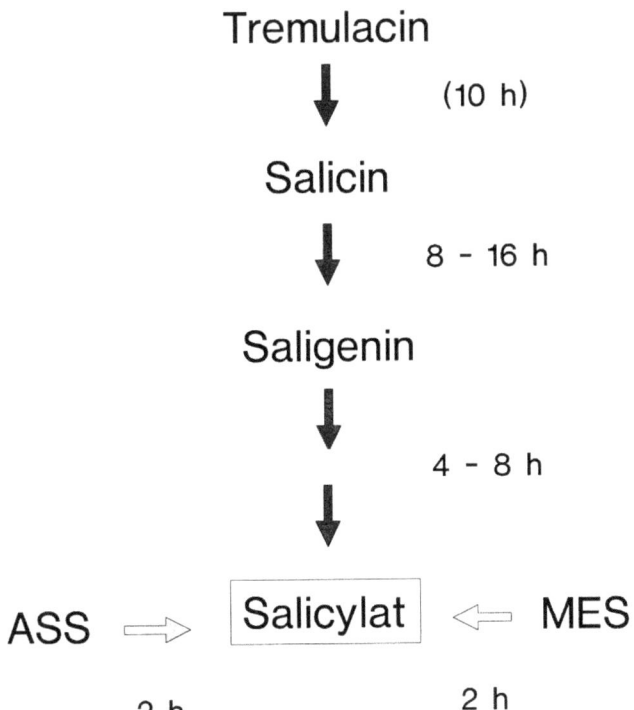

Abb. 7

Der Hefe-Test: Eine Alternativmethode zur Bestimmung der akuten Toxizität von Arzneistoffen und Umweltchemikalien

H.P. Koch

Ausgangspunkt für diese Arbeit war der dringende Bedarf nach einem Ersatz für die derzeit gebräuchliche Prüfung der akuten Toxizität von Chemikalien an Wirbeltieren (LD_{50}-Test) durch ein Versuchsmodell mit gleicher Aussagekraft, das an nicht-schmerzfähiger Materie ausgeführt werden kann. Für diesen Zweck wurde ein Testverfahren entwickelt, für das ein jederzeit leicht und in gleichbleibender Qualität zu beschaffender, einfach zu kultivierender und nicht pathogener Mikroorganismus als Testobjekt verwendet werden kann: Die gemeine Bierhefe oder Bäckerhefe (Saccharomyces cervisiae). Das Ergebnis dieses Verfahrens, das hier und im folgenden kurz als ''Hefe-Test'' bezeichnet wird, ist in seiner Aussagekraft dem herkömmlichen LD_{50}-Test an Mäusen, Ratten u.a. Labortieren äquivalent, wie die Korrelation der Daten mit den LD_{50}-Werten von Maus und Ratte belegt. Darüber hinaus bietet der Hefe-Test eine Reihe von Vorteilen: Er ist einfach und bequem auch routinemäßig auszuführen, extrem kostengünstig, ausgezeichnet reproduzierbar, und er hat eine hohe statistische Aussagekraft, weil er an einer großen Zahl von Individuen (10^7 bis 10^8 Hefezellen pro Versuch) ausgeführt wird.

Für den Test wird eine normale Hefe-Kultur hergestellt. Die Prüfung der Testsubstanzen erfolgt in der exponentiellen Phase des Zellwachstums. Die Zusammensetzung des Kulturmediums ist denkbar einfach, und die Kosten für den Hefe-Test sind minimal (einige Pfennige pro Versuch). Zur Durchführung setzt man eine Reihe von Ansätzen mit steigender Konzentration der Testsubstanz im Kulturmedium an und bebrütet sie im Wasserbad bei 30 °C 3 Stunden lang. Die Zählung der Zellen (Ausgangsdichte ca. 30 Mio/ml) erfolgt nach 30, 90 und 210 Minuten in einer Zählkammer wie sie für Blutkörperchen-Zählungen benutzt wird.

Trägt man in einem linearen Diagramm die prozentuale Hemmung des Zellwachstums in Relation zur Kontrolle gegen die Konzentration der Restsubstanz auf, dann erhält man eine exponentiell ansteigenden Kurve. Die Streuung der Meßwerte bei Wiederholung des Versuchs beträgt etwa 10%. Durch Linearisieren der Kurve im Wahrscheinlichkeits- oder Probit-Netz erhält man eine Gerade, aus der bequem die **mittlere inhibitorische Konzentration** (IC_{50}) der Testsubbstanz geschätzt werden kann.

Durch sinnvolle Experimente, die hier nicht beschrieben werden können, wurde a·'ch die von der Zellzahl abhängige Resorption der Testsubstanzen durch die Hefezellen und eine Metabolisierung der Arzneistoffe durch die Hefe, ähnlich der im tierischen Organismus, nachgewiesen. Die Hefe stellt daher ein ausgezeichnetes Modell für die entsprechenden Vorgänge im Säugerorganismus dar.

Die Vergleichbarkeit der im Hefe-Test gewonnenen IC_{50}-Werte mit den an Ratten und

Mäusen ermittelten LD_{50}-Werten an über 150 verschiedenen Testsubstanzen (Arzneistoffen, anorganischen und organischen Substanzen, Labor- und Umweltchemikalien) wird durch eine entsprechende Korrelation der vergleichbaren Werte nachgewiesen. Es besteht ein linearer Zusammenhang zwischen IC_{50} und LD_{50} bei Ratte und Maus, wobei die Korrelationskoeffizienten bei 0,76 bzw. 0,73 liegen.

Zusammenfassend kann festgestellt werden: Es gibt zur Zeit kein einfacheres, bequemeres und billigeres Verfahren zur Bestimmung der akuten Toxizität von chemischen Wirkstoffen jeglicher Art und Provenienz als den hier vorgestellten Hefetest. Wir möchten diesen daher zur allgemeinen Verwendung empfehlen.

Anmerkung

Eine ausführliche Beschreibung des Hefe-Tests mit Bibliographie wird an anderer Stelle erscheinen.

Technisch-wissenschaftliche und ethische Aspekte der Produktion monoklonaler Antikörper

T. Lindl

Einleitung

1984 erhielten zwei Immunologen für ihre Arbeiten, die sie nur 9 Jahre vorher publiziert hatten, den Nobelpreis für Medizin. Es waren dies der Engländer C. MILSTEIN und der Deutsche G. KÖHLER, die für ihre ''Entdeckung des Prinzips der Herstellung monoklonaler Antikörper'' geehrt wurden. Sie fanden durch ihre Arbeiten eine Möglichkeit, maßgeschneiderte Antikörper in beliebig großen Mengen für die Diagnostik und für die Therapie vieler Erkrankungen und vieler Vorgänge in der Zelle zu erzeugen (KÖHLER G. et al., 1975).

Frühere Versuche, Antikörper vorgegebener Spezifität zu erzeugen, waren samt und sonders fehlgeschlagen, bis MILSTEIN und KÖHLER auf den Gedanken kamen, antikörperproduzierende B-Lymphozyten mit unsterblichen Myelomzellen zu fusionieren. Sie erhielten dadurch sogenannte Hybridomzellen, die einerseits den Antikörper, gegen den z. B. die Maus immunisiert worden war, produzierten, und andererseits hatten diese Hybride die Eigenschaft, unbegrenzt als transformierte Zellen zu wachsen. In den letzten 10 Jahren hat sich nun die gesamte Diagnostik, vor allem in der Infektionsdiagnose und der Tumordiagnose, aufgrund dieser neuen Technologie rapide verändert und die monoklonalen Antikörper gegen die verschiedensten Erreger und gegen die verschiedensten Antigene werden heute zu Dutzenden auf den Markt gebracht und in Gramm- bzw sogar in Kilogrammengen produziert, um der gewaltigen Nachfrage standzuhalten (PETERS J.H., 1990)

Leider hat diese Produktion der monoklonalen Antikörper eine sehr tierschutzrelevante Seite, denn wirkliche Massenproduktion solcher Antikörper ist heute in Kultur noch nicht ''wirtschaftlich'' genug. So ist man schon bald nach der Entdeckung dieses Verfahrens darauf gekommen, diese monoklonalen Antikörper in vivo, d.h. in der Maus zu erzeugen (ABRAMS P.G., 1984).

Im Unterschied zum klassischen Verfahren der Antikörperproduktion im immunisierten Versuchstier ist es zwar möglich, durch die erzeugte Hybridzelle unabhängig von einem Versuchstier Antikörper zu produzieren und das eigentlich ohne Weiteres in vitro, doch die sogenannte Aszitesproduktion direkt im Versuchstier erbringt einen wesentlich höheren Antikörpertiter als dieses in Kultursystemen möglich ist (KENNETH R.H. et al., 1980, LINDL T., 1989, NILSSON K., 1983)

Im folgenden Abschnitt sollen zunächst die technischen Aspekte sowohl der in vitro-Produktion als auch der in vivo-Produktion diskutiert werden.

1. Produktion monoklonaler Antikörper in vitro, d. h. mit Zellkultursystemen

Hierfür ist es anfangs notwendig, die Hybridzellen in relativ großer Ausgangskonzentration zu gewinnen. Dies und die Gewinnung stabiler Klone kostet zunächst sehr viel Zeit und Entwicklungsarbeit (ca. 3-6 Monate).

Die Heranzüchtung solcher Hybridzellen wird normalerweise in Zellkulturflaschen oder in sogenannten "Rollerkulturen" durchgeführt (LINDL T., 1988). Eine größere Produktion in solchen Kulturgefäßen ist in der Regel nicht wirtschaftlich und wird auch heute nicht mehr durchgeführt. Ist die Zellzahl hoch genug, daß an die Massenkultur solcher Hybridzellen gedacht werden kann, gibt es einige Kultursysteme, die geeignet sind, relativ große Mengen an Antikörper zu gewinnen.

a) Spinner-Kulturen

In den sogenannten "Spinnergefäßen", das sind Glasgefäße von 1 l bis zu 10 l Inhalt, können max. ca. 5 l Medium enthalten sein, um eine maximale Zellkonzentration von ca. 2 bis max. 5 Millionen Zellen pro ml Kulturmedium zu erhalten. Vorteile dieser Rührkulturen sind die einfachen Konstruktionen solcher Spinnergefäße, die einfache Bedienung und die einfache Gewinnung der Kulturüberstände, die den gewünschten monoklonalen Antikörper enthalten. Allerdings hat diese Methode einen entscheidenden Nachteil: Es wird pro ml Kulturüberstand zu wenig produziert und zwar sind es ca. 2 bis 4 µg an Antikörper pro 1 Million Zellen in 24 h, so daß man mit diesem System auf höchstens 1 bis 5 g pro Ansatz an Antikörper kommt. Ferner ist es von Nachteil, daß die Zellen in vitro meist noch Fremdproteinzusätze benötigen, in der Regel Serum von fötalem Kalb, das auch noch, wenn auch in geringer Konzentration, Rinderantikörper enthält. So ist dann später eine Reinigung dieses Kulturüberstandes sowie eine Aufkonzentration notwendig, so daß insgesamt der Aufwand bei der Gewinnung zeit- und geldintensiv wird. Dies ist allerdings ein bis heute noch nicht vollständig gelöstes Problem bei jeder in vitro-Züchtung von Säugerzellen. Es gibt vielversprechende Ansätze, chemisch definierte Zellkulturmedien ohne jeden Zusatz von Serum bei der Züchtung von Hybridomazellen in vitro zu verwenden (LINDL T. et al., 1989).

Ferner haben solche Spinnerkulturen einen weiteren Nachteil: Die Zellen müssen, um optimal vom Nährmedium umgeben zu sein, dauernd in Bewegung gehalten werden. Dies geschieht meist mit Hilfe von in den Gefäßen enthaltenen Rührern, die die Zellen dauernd in Bewegung halten. Doch sind die Hybridzellkulturen relativ anfällig gegen Scherkräfte bzw. gegen jede mechanische Beanspruchung, so daß die Zellen eine geringe Vitalitätsrate (maximal 80%) aufweisen, was letzten Endes zu einer geringeren Antikörperausbeute führt.

b) Fermenter

Die heute in der Zellkultur verwendeten Fermenter sind im Prinzip wie die klassischen Fermenter in der Mikrobiologie aufgebaut, wobei die Durchmischung ähnlich wie in den Spinnergefäßen durch Rotorblätter, die zentriert aufgehängt sind, gewährleistet wird. Die Fermenter können ein Volumen bis zu 10 cm^3 erreichen, wobei die verschiedenen Parameter des Mediums, wie pH-Wert, CO_2-Partialdruck und weitere Parameter automatisch kontrolliert werden können. Proben können durch ein spezielles System, das bauartabhängig ist, steril entnommen werden und das Medium kann automatisch ergänzt bzw. ausgetauscht werden. Die Vorteile gegenüber den Spinnerkulturen liegen zunächst in der besseren und auch schon automatisierten Überwachung des Zustandes des Mediums und der Zellen und zudem kann die Suspension schonender durchmischt werden. Es kann sowohl im diskontinuierlichen Verfahren (Batch-Verfahren) gearbeitet werden als auch im kontinuierlichen Verfahren, wo das Medium in einem bestimmten Turnus ausgetauscht wird. Die Konzentration an Antikörpern pro ml Kulturmedium bleibt allerdings gering, da auch hier keine allzu hohen Zelldichten erreicht werden können. ·Sie bewegen sich im Bereich der Spinnerkulturen. Die Scherbelastung der Zellen ist auch hier groß und führt zu einem frühzeitigen Absterben der Zellen. Doch kann man hier mit großen Volumina arbeiten, so daß bei zwar beträchtlichem Aufwand Antikörper in 100 g pro Ansatz und mehr zu erzielen sind.

Die Fermentationstechnik ist in den letzten Jahren weiterentwickelt worden und man hat hier verschiedenste Ansätze erprobt, um z. B. die Scherbelastung der Zellen durch die Rotorblätter abzusenken. So hat man z. B. Rührpaddel aus Seide konstruiert, die aufgrund spezieller Anordnung die Zellen bei der Durchmischung kaum mehr schädigen können. Weiterhin hat man sogenannte Airliftfermenter konstruiert, die eine Durchmischung des Mediums nur alleine mit Sauerstoffblasen gewährleisten, die perlende Luft durchmischt die Zellen immer optimal im Medium. Trotz aller konstruktionsbedingten Verbesserungen ist immer noch eine erhebliche mechanische Belastung der Zellen durch den Durchmischungsprozeß selbst festzustellen. Weiterhin hat man versucht, mittels gasdurchlässiger Membrane, die in den Fermenter eingebracht werden, eine optimale Sauerstoffversorgung der Zellen und eine gute Durchmischung ohne große Scherbelastung der Zellen zu gewährleisten. Diese Entwicklung scheint vielversprechend zu sein, allerdings verstopfen die Membrane leicht durch die im Medium enthaltenen Proteine und geben Anlaß zu Fehlern und Fehlfunktionen.

Um den Problemen der mechanischen Belastung in den Fermentern zu begegnen, hat man versucht, die Zellen in geeignete Kügelchen zusammen mit Medium einzuschließen. Dies ist für Hybridomazellen dadurch gelungen, daß man mit Polyamin quervernetztes Alginat zum Einschluß der Zellen verwendet. Hier ist es möglich, relativ hohe Zelldichten zu erreichen (bis zu 10 bis 15 Millionen Zellen pro ml Medium). Ferner ist die mechanische Banspruchung der Zellen nahezu ausgeschlossen, da die Zellen in den quervernetzten Alginatmikrokügelchen eingeschlossen sind. Dieses Verfahren ist aufwendig und technisch nicht leicht handzuhaben. Deshalb gibt es einige Firmen, die sich auf diese Technologie spezialisiert haben. Man schickt der Firma eine entsprechend große Menge an Hybridzellen, die sie wiederum in speziellen Fermentern einsetzt. Nach der Kultivierung ist es einfach, die eingeschlossenen Zellen vom Kulturüberstand, der die gewünschten Antikörper enthält, zu trennen und den Kulturüberstand und auch den Antikörper aufzuarbeiten (MUZIK H. et al., 1982).

Die optimale Konzentration an Antikörpern wird in diesem System, wie übrigens in allen in vitro-Systemen, erst nach Erreichen der sogenannten stationären Phase erreicht, d. h. wenn die maximale Zellzahl erreicht ist. Die Vorteile dieses Systems sind die hohen Zelldichten und die guten Ausbeuten, allerdings kann man mit diesem System nur im diskontinuierlichen Betrieb arbeiten. Es können jedoch mit diesem Verfahren aus einem Ansatz midestens 100 bis 500 g an reinem Antikörper gewonnen werden und so bietet sich dieses System durchaus zur Produktion größerer Mengen an monoklonalen Antikörpern in vitro an.

Kapillarreaktoren

Der Aufbau dieser Reaktoren sieht folgendermaßen aus:
Als Wachstumsgefäß wird ein geschlossenes Filtermodul verwendet, in der die Zellen in einer Röhre wachsen, die im Inneren ein ganzes Filtersystem enthalten (LINDL T,, 1988). Dieses semipermeable Filtersystem wird kontinuierlich von Medium durchströmt und hat eine Ausschlußgrenze für Moleküle mit einem Radius von 10.000 bis 100.000 Dalton. So kann das Medium ungehindert die Filter kontinuierlich durchströmen und die Zellen optimal versorgen, da alle erforderlichen Nährstoffe die Membran durchdringen können, während die Antikörper und alle

anderen hochmolekularen Proteine bei den Zellen konzentriert werden. Dies resultiert in einer sehr guten Zelldichte, es werden hier bei kontinuierlichem Betrieb 200 Millionen Zellen pro ml erreicht. Die Antikörper werden ebenfalls kontinuierlich in einem separaten Behälter (Ernte-Reservoir) aufgefangen und können dann direkt weiter verarbeitet werden.

Nachteile dieser Technik sind allerdings ebenfalls vorhanden:

1) Es können fertigungstechnisch bedingt nicht beliebig große Filtermodule gebaut werden, so daß sich die maximal erreichbaren 500 ml an extrakapillarem Volumen gegenüber den Fermentern von 1000 Litern oder mehr sehr bescheiden ausnehmen. Dementsprechend müssen die Zellen relativ lange gehalten werden (ca. 3 Wochen), um eine optimale Dichte und Ausbeute zu erlangen.

2) Die Zellen können für eine weitere Verwendung im Modul nicht wieder verwendet werden, da auch das Modul nicht mehr regenerierbar ist. Der Preis für ein derartiges Modul liegt bei ca. 500 bis 800 DM, so daß der Ansatz doch wieder relativ teuer wird.

3) Der technische Aufwand an externen Tanks und Gefäßen sowie an Manipulationen ist hoch, dabei kann es leicht zu Kontaminationen mit Bakterien oder Pilzen kommen, so daß hier ein hohes Risiko vorliegt. Allerdings ist die Zellausbeute bei geringer mechanischer Beanspruchung relativ gut, so daß für die Gewinnung kleinerer Mengen an Antikörpern diese Module durchaus geeignet sind. Es ist wohl in Zukunft kaum zu erwarten, daß sich diese Methode zur großtechnischen Produktion durchsetzen wird. Zudem kann man davon ausgehen, daß sich in der nächsten Zeit bei den Großfermentern Entwicklungen ergeben, die geeignet sind, bessere Zelldichten zu erreichen, um das Verhältnis von Zelldichte, Antikörperausbeute und eingesetztem Medium zu optimieren.

Der Dialysefermenter

Eine derartige Entwicklung stellt der sog. Dialysefermenter dar, der eine Kombination des Kapillarmoduls mit den normalen Fermentereigenschaften erbringt (ADAMSON S.R. et al., 1983). Die Grundeinheit stellt einen normalen Fermenter dar, wie er für Zellkulturen schon beschrieben wurde (s. o.). Abweichend davon wird bei diesem Typ von Fermenter das verbrauchte Medium durch eine interne Dialysestation kontinuierlich ausgetauscht, wobei die Porengröße der Filtrationsmodule der Dialysestation so gewählt werden, daß nur die niedermolekularen Bestandteile des Mediums, wie Salz, Aminosäuren etc. die Membran passieren können, während die hochmolekularen Bestandteile, wie die Antikörper, fötale Kälberserumproteine oder andere von den Zellen ausgeschiedene Proteine, zurückbleiben und so angereichert werden. Dadurch ist gewährleistet, daß die Zellen immer mit frischen Mediumkomponenten niedermolekularer Art in Berührung kommen und gleichzeitig können die hochmolekularen Antikörper sich optimal anreichern. Dies bedeutet, daß nach kurzer Zeit nur mehr mit proteinfreiem Medium durchgespült werden muß, ein großer Vorteil gegenüber bisherigen Methoden. Darüberhinaus können die Mediumparameter automatisch überwacht und konstant gehalten werden (FAZEKAS DE ST. GROAT S., 1983). So können hier Zelldichten von maximal 15 Millionen Zellen pro ml Medium erreicht werden und die Antikörperkonzentrationen erreichen Werte von bis zu 50 bis 75 µg/ml Medium und 24 h bei 10^6 Zellen. Allerdings ist bis heute auch hier nur das sogenannte diskontinuierliche Verfahren möglich, so daß immer nur eine begrenzte Zeit gearbeitet werden kann. Danach muß der Fermenter neu aufbereitet, sterilisiert und erneut mit Zellen und mit Medium beschickt werden. Es ist jedoch möglich, bei diesen Dialysefermentern die Zellen mittels Zentrifugation nach der Inkubationsphase zu gewinnen, wobei dann wieder eine lebende Population erhalten wird, die später wieder im Fermenter eingesetzt werden kann.

An einer kontinuierlichen Version eines solchen Dialysefermenters wird derzeit fieberhaft gearbeitet und es gibt heute schon Prototypen, die es ermöglichen, wenigstens über drei Monate eine kontinuierliche Produktion monoklonaler Antikörper in vitro mit guter Ausbeute durchzuführen. Diese Verfahren in Kombination mit der Mikroverkapselung stellt wohl heute die vielversprechendste Entwicklung dar, um in vitro monoklonale Antikörper in größerem Maßstab zu gewinnen. Die Vorteile liegen auf der Hand:

a) Erreichen hoher Zelldichten
b) Laufende Überwachung des Zustands der Zellen und automatische Kontrolle des Mediums
c) Abtrennung und Konzentrierung der Antikörper vom Medium
d) Wiederverwendung der eingesetzten Zellen
e) Produktion über längere Zeit möglich

2. Gewinnung monoklonaler Antikörper in vivo

Diese Methode wird heute üblicherweise benützt, um größere Mengen monoklonaler Antikörper aus der Maus zu gewinnen. Dabei werden ca. 10^6 bis 10^7 Zellen einer pristanvorbehandelten Maus oder in eine Nacktmaus (athymische Mäuse; dies sind Mäuse ohne intaktes Immunsystem) intraperitoneal gespritzt und es entwickelt sich jetzt innerhalb einer Woche ein Tumor in der Bauchhöhle. Die Pristanbehandlung beschleunigt erfahrungsgemäß die Aszitesproduktion und wirkt auch leicht immunsuppressiv, so daß die Tumorzellen (um solche handelt es sich ja bei den Hybridomazellen) relativ schnell unter optimalen Bedingungen heranwachsen können. Auf diese Weise können bis zu 1 g Antikörper pro Tier gewonnen werden. Die Gewinnung erfolgt durch Punktion der Bauchhöhle, wobei die Aszitesflüssigkeit gewonnen wird.

Diese Punktion kann ca. 3 bis 5 mal wiederholt werden, wobei sich bald ein solider Tumor in der Bauchhöhle des Versuchstiers entwickelt, der dann allerdings für die Produktion der Antikörper wertlos ist.

Dieses Verfahren hat - abgesehen von der Belastung der Versuchstiere, die gesondert (s. u.) behandelt wird - für den Hersteller große Vorteile:

a) Es kann für die Produktion solcher monoklonaler Antikörper Personal genommen werden, das wenig ausgebildet werden muß. Außer einem Tierstall und einem Operationstisch zur Aszitesentnahme ist nicht allzuviel Ausrüstung notwendig, um eine Produktion durchzuführen.

b) Ferner ist es in vielen Fällen nicht mehr notwendig die Aszitesflüssigkeit zu reinigen, da es keine spezifischen Antikörper in der Bauchhöhle der Mäuse gibt, und die Immunreaktion der Versuchstiere ist ja entweder unterdrückt oder nicht vorhanden.

c) Selbst wenn nachgereinigt werden muß, ist das Verhältnis des Aufwandes und der Investitionen zum Ertrag (1 mg eines monoklonalen Antikörpers aus Aszitesflüssigkeit kann bis zu DM 500,- bringen) immer noch um eine Größenordnung besser als mit den bisherigen in vitro-Produktionssystemen.

Doch auch hier gibt es Nachteile, die einerseits in der Belastung der Versuchstiere und andererseits in der möglichen Veränderung der Antikörper in der Bauchhöhle der Maus liegen:

3. Belastung der Versuchstiere

Zunächst muß davon ausgegangen werden, daß die Herstellung von monoklonalen Antikörpern an sich eine drastische Reduktion des Versuchstierbedarfs mit sich brachte, setzt man voraus, daß pro Antikörper früher über Jahre hinweg mehrere Dutzend Kaninchen, Mäuse oder Schafe ihr Blut und letzten Endes auch ihr Leben lassen mußten, um die gewünschten polyklonalen Antikörper zu erhalten. Hier ist der Bedarf an Mäusen pro Antikörper vielleicht auf drei bis maximal zehn bei der direkten Herstellung gesunken, wobei auch immer nur einmal die Versuchstiere (bei der Immunisierung) benötigt und vor Entnahme der Zellen getötet werden. Im Laufe der letzten fünf Jahre ist die Zahl der produzierten monoklonalen Antikörper von jährlich 100 auf ca. 5.000 bis 10.000 gestiegen und damit nicht nur die absolute Zahl der Tiere, die zur Herstellung der Antikörper herangezogen wurden, sondern parallel dazu ist die Zahl der Mäuse, die zur Aszitesproduktion herangezogen wurden, um ein Vielfaches gestiegen. So hat sich letzten Endes eine Technologie, die zu einer drastischen Reduktion von Tierversuchen bzw. Versuchstieren führen sollte, in ihr Gegenteil verkehrt: Es sind mehr Tierversuche durchgeführt worden, und die Belastung der Versuchstiere hat in diesem Bereich zumindest nicht abgenommen - von der Aszitesproduktion her betrachtet - sogar drastisch zugenommen.

So steht in der Neufassung des Deutschen Tierschutzgesetzes vom 22. 8. 1986 im § 9 Abs. 2: "Tierversuche sind auf das unerläßliche Maß zu beschränken. Bei der Durchführung ist der Stand der wissenschaftlichen Erkenntnisse zu berücksichtigen" (GEROLD H., 1987).

Ferner ist im gleichen Abschnitt Ziffer 3 vermerkt: "Leiden oder Schmerzen dürfen den Tieren nur in dem Maß zugefügt werden, als es für den Zweck unerläßlich ist; insbesondere dürfen sie nicht aus Gründen der Arbeits-, Zeit- oder Kostenersparnis zugefügt werden."

Dies bedeutet zumindest für die deutsche Rechtssprechung, daß eigentlich eine Produktion monoklonaler Antikörper nur in vitro durchgeführt werden dürfte (und nicht in vivo, wie es heute in den meisten Fällen praktiziert wird), da im gleichen Tierschutzgesetz (§ 7 Abs. 2) folgende Passage steht: " Bei der Entscheidung, ob Tierversuche unerläßlich sind, ist insbesondere der jeweilige Stand der wissenschaftlichen Erkenntnisse zugrunde zu legen und zu prüfen, ob der verfolgte Zweck nicht durch andere Methoden oder Verfahren erreicht werden kann."

Eine Expertenanhörung der Zentralstelle zur Erfassung und Bewertung von Ersatz- und Ergänzungs-methoden beim BGA (ZEBET/BGA) im Jahre 1989 erbrachte letzlich eine Empfehlung, daß grundsätzlich eine Aszitesproduktion in Deutschland verboten ist, doch kann dieses Verbot bei bestimmten Fragestellungen, die sehr vage formuliert sind, umgangen werden. Dennoch ist eine Kontrolle in Zukunft in Deutschland gegeben, da die Ausnahmen als Tierversuche definiert sind und deshalb beantragt werden müssen.

So stellt sich die Aszitesproduktion eigentlich, wenn man das neue Deutsche Tierschutzgesetz betrachtet, als ein Verfahren dar, das ungesetzlich ist, und jeder, der jetzt ohne Beantragung eine in vivo-Produktion monoklonaler Antikörper in der Bundesrepublik Deutschland vornimmt, macht sich nach dem Tierschutzgesetz strafbar. Hier erwies es sich, daß der Gesetzestext zwar besteht, doch die zuständigen Behörden waren und sind auch weiterhin sowohl mit der Materie als auch personell absolut überfordert.

An dieser Stelle ist generell die Frage nach der Effektivität und nach dem Sachverstand der prüfenden Behörde zu stellen. Dieses Problem, bei jeder Novellierung eines Tierschutzgesetzes - gleich in welchem Land - taucht immer wieder auf. Diese Effektivität ist immer dann gefährdet, wenn die unteren Behörden, die letzten Endes dem Gesetz zur Durchführung verhelfen müssen, nicht das sachverständige Personal haben und nicht die Bereitschaft zeigen, sich zu informieren oder aber es fehlen die notwendigen Verwaltungsvorschriften, ohne die komplexe biologische Sachverhalte nicht in den Gesetzesrahmen eingebunden werden können.

4. Technische Mängel der Aszitesproduktion

Die Produktion von monoklonalen Antikörpern in der Maus hat neben der oben genannten tierschutzrelevanten Seite auch technische Nachteile, die nicht unerwähnt bleiben dürfen:

a) In der Aszitesflüssigkeit herrscht zwar ein optimales Wachstumsmilieu für die Zellen, doch die Anitkörper werden in das Innere der Bauchhöhle sezerniert und diese Antikörper sind Veränderungen ausgesetzt, die zu einer Verringerung der Affinität führen können. Es können in der Aszitesflüssigkeit proteolytische Enzyme enthalten sein, die Veränderungen am Antikörper vornehmen, die nicht kontrollierbar sind.

b) Mit dem Antikörper können unerwünschte Nebenprodukte, wie unspezifische Mausproteine, mit in die Aszitesflüssigkeit sezerniert werden. So sind z. B. die Makrophagen des Tieres in der

Lage, Lymphokine auszuscheiden, die spezifische Veränderungen im Stoffwechsel der Tiere zusammen mit Antikörpern hervorrufen.

c) Es ist bisher nicht möglich, monoklonale Antikörper aus anderen Spezies, wie z. B. aus der Ratte oder vom Menschen, in der Bauchhöhle von Mäusen zu produzieren, da die Reaktion des Tieres auf das Fremdprotein doch noch stark genug ist, Antikörper gegen die Zellen bzw. gegen die artfremden Eiweiße zu erzeugen oder aber die Zellen können von vornherein nicht in der Bauchhöhle gedeihen.

d) Weiterhin ist es nicht auszuschließen, daß eine Modifikation durch proteolytische oder andere Enzyme der Maus an den Antikörpern stattfindet, die z. B. einen Einsatz in der Humantherapie von menschlichen monoklonalen Antiköpern unmöglich machen (BARON D. et al., 1987).

e) Es können in der Maus endogene Moleküle enthalten sein, die geeignet sind, die entstehenden Antikörper zu neutralisieren oder die sich an die Antikörper binden können. Solche Antikörper sind für die weitere Verwendung nutzlos.

Ausblick

Die Technik der Herstellung und der Produktion monoklonaler Antikörper stellen sich als ein Janusgesicht dar. Auf der einen Seite ist der unbestreitbare Vorteil dieser neuen Technologie zu sehen, die sich eines Tages auch auf den Sektor der Therapie segensreich auswirken könnte (Einsatz von humanen monoklonalen Antikörpern ohne jeden Tierversuch), andererseits ein zumeist profitorientiertes, billiges Verfahren zur Massenproduktion dieser Antikörper unter Zuhilfenahme Tausender von Mäusen, die doch wieder Schmerzen und Leiden erdulden müssen, obwohl es eigentlich Alternativmöglichkeiten hierzu ausreichend gibt, wie Dialysefermenter zeigen. Sie sind allerdings heute noch teurer und weniger gewinnbringend als Tierversuche. Doch es scheint sich auch hier - wie in anderen Bereichen der modernen Biologie - ein Trend abzuzeichnen: Abkehr von den unkontrollierbaren, mit vielen Fehlern behafteten, billigen Tierversuchsmodellen hin zu definierten, kontrollierten Systemen. Dies heißt aber bei der Produktion von monoklonalen Antikörpern weg vom Tier als unkontrollierbares Produktionsvehikel und zunehmende Benutzung von in vitro-Systemen, in denen die Versuchsbedingungen überschaubar sind und weiter entwickelt werden können. Vielversprechende Ansätze im Hinblick auf Neuentwicklungen in der Fermentertechnik gibt es zwar auch in Deutschland, doch in den USA und in Großbritannien geht der Trend in die richtige Richtung: Es werden immer mehr Fermentertypen für diese spezielle Aufgabe angeboten, und im besonderen Maße sind hier solche für die automatische und kontinuierliche Produktion von monoklonalen Antikörpern in der Entwicklung.

Literatur

ABRAMS P.G., OCHS J.J., GIARDINI S.L., MORGAN A.C., WILBURN S., WILT A.R., OLDHAM R.K., FOON A.K., Production of large quantities of human immunoglobulin in the ascites of athymic mice: implications for the development of antihuman idiotypic monoclonal antibodies, J. Immunol. 132, 1611-1613, 1984

ADAMSON S.R., FITZPATRICK S.L., BEHIE L.A., In vitro production of high titre monoclonal antibody by hybridoma cells in dialysis culture, Biotechnology Letters 5, 537-578, 1983

BARON D., HARTLAUB U., Humane monoklonale Antikörper, Stuttgart, G. Fischer Verlag, 1987

FAZEKAS DE ST. GROAT S., Automated production of monoclonal antibodies in a cytostat, J. Immunol. Methods 57, 121-136, 1983

GEROLD H., Tierversuche, Berlin: Vistas Verlag, 1987

KENNETH R.H., MCKEARNT.J., Monoclonal Antibodies, New York: Plenum Press, 1980

KÖHLER G., MILSTEIN C., Continuous culture of fused cells secreting antibody of predefined specificity, Nature 256, 495-497, 1975

LINDL T., Monoklonale Antikörper: In vitro- und in vivo-Produktion sowie tierschutzrelevante Aspekte, Forum Mikrobiologie 11, 310-317, 1988

LINDL T. und BAUER J., Zell- und Gewebekultur, 2. Auflage, Stuttgart: G.Fischer Verlag, 1989

MUZIK H., SHEA M.E., LIN C.C., JAMRO H., CASSOL S., JERRY L.M., BRYANT R., Adaption of human long term B-lymphoblastoid cell lines to chemically defined serumfree medium, In Vitro 18, 512-524, 1982

NILSSON K., SCHEIRER W., MERTEN O.W., ÖSTERBERG L., LIEHL E., KATINGER H.D.W., MOSBACH K., Entrapment of animal cells for production of monoclonal antibodies and other biomolecules, Nature 302, 629-630, 1980

PETERS J.H., BAUMGARTEN H., SCHULZE M., Monoklonale Antikörper, 2. Aufl., Berlin: Springer, 1990

RICHMOND C., Die optimale Nutzung monoklonaler Antikörper, BioEngineering 1, 62-63, 1986

Computer-Aided Drug Design: Eine Alternative zu Tierversuchen im pharmakologischen Screening

A. Vedani

Einleitung

Die Philosophie des "Computer-Aided Drug Design" (CADD), beruht auf dem schon 1894 (!) vom Chemiker/Nobelpreisträger EMIL FISCHER (1852-1919) formulierten Schloß-Schlüssel-Prinzip. In die Pharmakologie übertragen, besagt es, daß ein Pharmakon (eine pharmakologisch wirksame Substanz, z. B. ein Medikament) in seinen Rezeptor passen muß, wie ein Schlüssel ins Schloß. Pharmaka werden in diesem Zusammenhang auch Schlüsselsubstanzen bzw. Schlüssel-moleküle genannt. Rezeptoren, die Empfangsstellen der Schlüsselmoleküle im Organismus, sind meist sehr große Moleküle (100-500 mal größer als Schlüsselmoleküle) und gehören zur Klasse der Makromoleküle; Enzyme oder DNS sind Beispiele von Makromolekülen. Computer-Aided Drug Design versucht mit Hilfe leistungsfähiger Computer, Zusammensetzung und Struktur pharmakologisch wirksamer Schlüsselsubstanzen bzw. -moleküle zu finden, welche optimal an einen vorgegebenen Rezeptor passen.

Das "Schloß-Schlüssel-Prinzip" ist natürlich ein sehr vereinfachtes Modell für Schlüssel-molekül und Rezeptor, denn 1. sind diese viel komplexere Gebilde als ihre mechanischen Analoga und 2. sind Schlüsselmolekül und Rezeptor keine starren Gebilde sondern verändern ihre Form laufend. Diese molekulare Dynamik kann mit dem Computer simuliert werden und zeigt, welche Teile eines Moleküls beweglich und welche relativ starr sind.

Molekulare Dynamik ermöglicht es, daß sich Rezeptor und Schlüsselmolekül gegenseitig anpassen. Das gegenseitige Anpassen hat zur Folge, daß ein Schlüsselmolekül nicht ausschließ-lich an seinen natürlichen Rezeptor paßt, sondern (wenngleich in unterschiedlichem Maß) auch an andere Rezeptoren. Nebenwirkungen gewisser Medikamente lassen sich beispielsweise so erklären. Die aus der Flexibilität von Schlüsselmolekül und Rezeptor resultierende Vielfalt an Kombinationsmöglichkeiten ist der Hauptgrund, warum CADD leistungsfähige Computer be-dingt.

Prinzipiell können zwei Arten des Computer-Aided Drug Design unterschieden werden, je nachdem, ob die Struktur des Rezeptors bekannt ist oder nicht. Bei bekannter Rezeptorstruktur wird mit sog. direktem CADD versucht, Pharmaka zu finden, welche optimal an diesen Rezeptor passen. Ansonsten muß versucht werden, die Rezeptorstruktur vorgängig aus anderen Daten zu rekonstruieren. Dieses Vorgehen ist als indirektes CADD oder "Receptor Mapping" bekannt.

Direktes CADD

Beim direkten CADD wird also versucht, Schlüsselmoleküle zu finden, welche optimal an einen vorgegebenen Rezeptor passen. Dazu muß natürlich die Struktur des Rezeptors zur Verfügung stehen. Derzeit stehen die Strukturen von 688 Makromolekülen zur Verfügung. Verglichen mit den Millionen Rezeptoren des menschlichen Organismus ist dies nur ein sehr kleiner Anteil. Daher ist auch der Einsatz des direkten CADD in der Pharmaforschung beschränkt.

Die Generierung der Struktur von Schlüsselmolekülen aus molekularen Fragmenten gehört heute zum Standard-CADD: Einzelne Molekülfragmente werden einer Strukturdatenbank (derzeit über 70.000 Moleküle) entnommen und zum gewünschten Molekül zusammengesetzt. Dies ist der entscheidende Vorteil des CADD: Das zu untersuchende Schlüsselmolekül muß als Substanz gar nicht existieren; es genügt vielmehr die Generierung seiner Struktur im Computer und die Analyse mit dem gewünschten Rezeptor. Ein weiterer Vorteil des CADD ist, daß nur jene Substanzen synthetisiert werden müssen, welche eine pharmakologische Aktivität erwarten lassen; alle anderen werden gar nie hergestellt (Beitrag des CADD an den Umweltschutz!).

Liegen Struktur von Rezeptor und Schlüsselmolekül vor, wird das Schlüsselmolekül in einem ersten Schritt am Computerbildschirm visuell an den Rezeptor angedockt (Abb. 1). Das Schlüsselmolekül kann dabei im Computer so lange physikalisch und chemisch verändert werden, bis es optimal an den Rezeptor paßt. Anschließend übernehmen komplexe Computerprogramme die Feinarbeit des Andockens. Dabei wird die Beweglichkeit von Schlüsselmolekül/Rezeptor simuliert und versucht, die optimalste gegenseitige Anpassung zu finden.

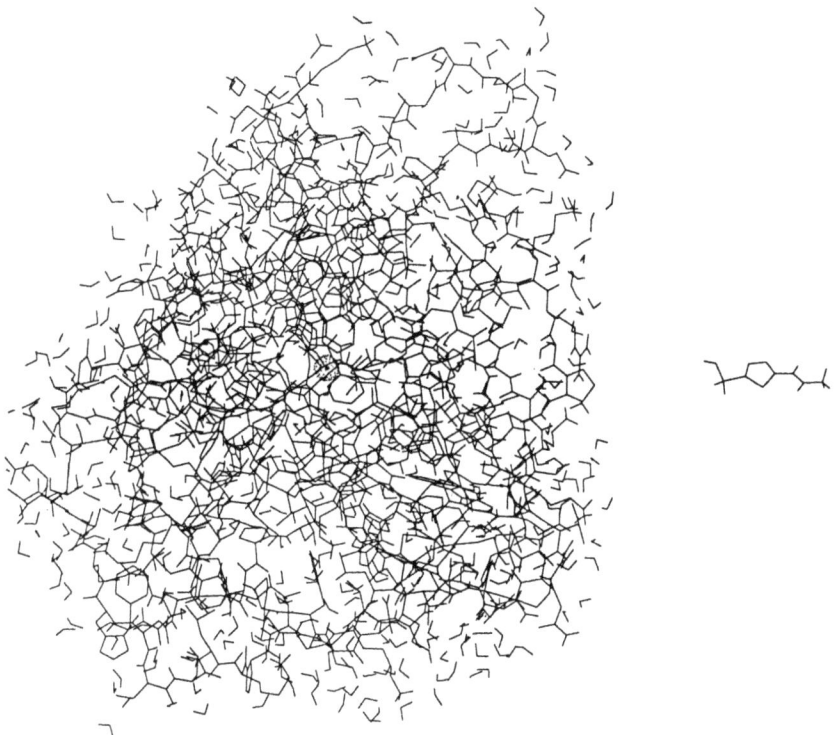

Abb. 1. Schlüsselmolekül (ein Sulfonamid) und Rezeptor (menschliche Carboanhydrase I). Das Zink in der aktiven Stelle der Carboanhydrase ist hervorgehoben

Das Hauptkriterium zur Erkennung potenter Pharmaka ist ihre Bindungsenergie bezüglich des untersuchten Rezeptors. Weitere Kriterien schließen zu erwartende Nebenwirkungen, Toxizität, Pharmakokinetik sowie technische Probleme bei der Herstellung ein. Wo ersetzt bzw. spart direktes CADD Tierversuche ein? Die Stärke des direkten CADD bezüglich der 3R ist das Erkennen schwacher oder unwirksamer Schlüsselmoleküle, so daß diese aus dem Evaluationsverfahren ausgeschieden werden können, bevor "in vivo"-Versuche notwendig werden. Andererseits selektioniert die Methode nur einige wenige, dafür potente Schlüsselmoleküle, welche synthetisiert und am ganzen Tier getestet werden müssen.

Indirektes CADD (Receptor Mapping)

Steht die Rezeptorstruktur nicht zur Verfügung, erscheint CADD zunächst nicht anwendbar. Die Tatsache, daß sich Schlüsselmolekül und Rezeptor gegenseitig anzupassen vermögen, und daß daher zu jedem Rezeptor mehrere Schlüsselmoleküle existieren, kann zum Vorteil genutzt werden: Indirektes CADD versucht, die Struktur des Rezeptors aus denjenigen all seiner Schlüsselmoleküle zu rekonstruieren - daher auch der englische Name "Receptor Mapping".

In der Pharmaforschung ist die Struktur eines Rezeptors meist unbekannt, während Daten über Aktivitäten verschiedener Schlüsselmoleküle oft zur Verfügung stehen. Es ist daher sinnvoll, ein Modell für den Rezeptor zu erstellen, das darauf basiert, welche Schlüsselmoleküle an diesen passen und welche nicht.

Das indirekte CADD befindet sich noch in einer Pilotphase, ethische und ökonomische Vorteile sind jedoch offensichtlich: Der ethische Wert der Methode im Sinne der 3R liegt in der massiven Reduktion von Tierversuchen im pharmakologischen Screening, wo bei unbekannter Rezeptorstruktur bisher keine eigentlichen Alternativen zum Tierversuch bestanden. Ökonomische Vorteile, weil es kaum je gelingen wird, einen signifikanten Anteil an Rezeptoren strukturell zu charakterisieren, so daß direktes CADD möglich wird.

Test von Receptor Mapping-Programmen

Eine Herausforderung jedes Receptor-Mapping-Programms ist die Reproduktion eines bekannten Rezeptors aufgrund der Strukturen seiner Schlüsselmoleküle. Für das am SIAT entwickelte Programm "Yak" © soll dies anhand des Atmungsenzyms Carboanhydrase gezeigt werden. Hemmung der Carboanhydrase, d. h. medikamentöse Beeinflussung ihrer Funktion, ist beim Glaucom, gewissen Formen der Epilepsie und bei akuter Höhenkrankheit angezeigt. Auf der Struktur von vier Sulfonamiden basierend wurde versucht, die aktive Stelle (das Reaktionszentrum) dieses Enzyms zu rekonstruieren.

Aus Abb. 2 kann ersehen werden, daß das für die Bindung der Sulfonamide verantwortliche Zink und die angrenzenden Aminosäuren räumlich korrekt verausgesagt wurden. Etwas weiter (10 - 12 Å) vom aktiven Zentrum entfernt ist die Übereinstimmung noch nicht zufriedenstellend, doch hat diese Region des Enzyms nur wenig Einfluß auf die Stärke der Bindung. Der hier bindende aliphatische bzw. aromatische Teil der Sulfonamide bestimmt vielmehr ihre Verteilung im Körper, also beispielsweise, ob sie die Blut-Hirn-Schranke passieren können oder nicht.

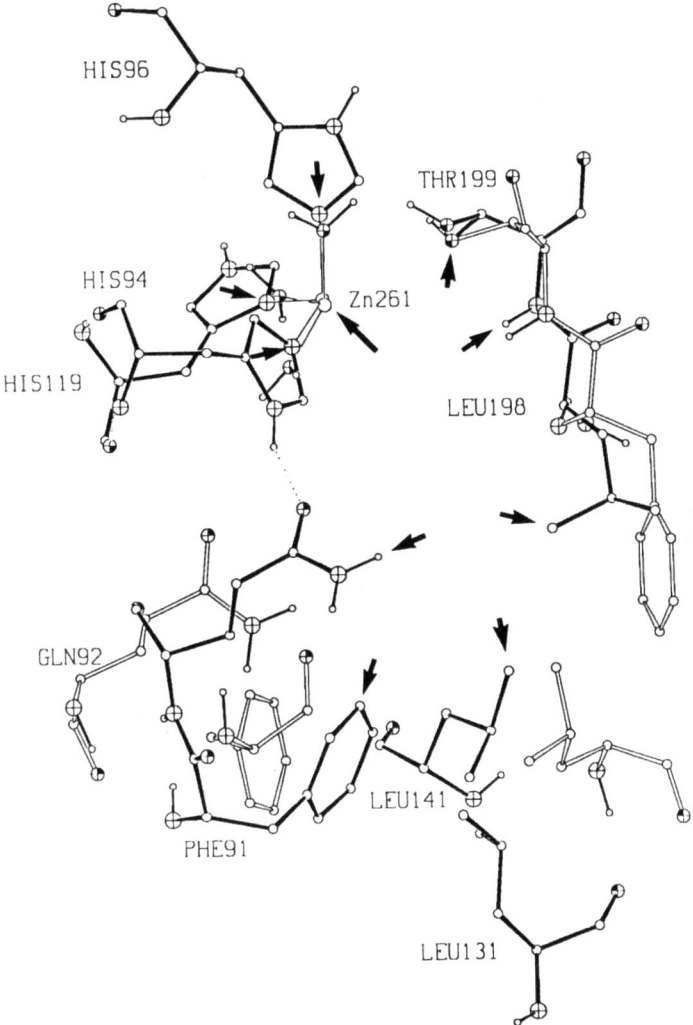

Abb. 2. Vergleiche des mit "Yak" © generierten Modelles für die aktive Stelle des Enzyms Carboanhydrase: Experimentelle Struktur (ausgezogene Linie); Receptor Mapping (offene Linie). Für die Bindung von Sulfonamid-Inhibitoren wesentliche Ankerpunkte sind durch Pfeile gekennzeichnet

Aktuelle Anwendungen des Programms "Yak"

1. Herbizide

Ein erstes Beispiel soll eine Anwendung von "Yak" in der Pharmaindustrie zeigen: Der amerikanische Pharmakonzern G. D. Searle & Co. versucht in Zusammenarbeit mit dem SIAT-Biographik-Labor, für Mensch und Tier weniger schädliche Herbizide zu entwickeln. Der Rezeptor für diese Herbizide ist nicht bekannt, so daß direktes CADD ausscheidet. Zur Rekonstruktion des Rezeptors wurden vier Herbizide als Schlüsselmolekül eingesetzt. Das Programm hat drei grundsätzliche verschiedene Rezeptor-Modelle gefunden, an das die vier Herbizide mit der ihr charakteristischen Stärke zu binden vermögen. Interessant erscheint, daß in zwei Modellen ein

Calcium-Ion als Teil des Rezeptors generiert wird. Dies könnte einen Hinweis geben, daß diese Herbizide den Calcium-Haushalt stören.

Derzeit wird nun versucht, neue Herbizide zu entwickeln, die nicht (oder nur sehr schlecht) an diese Rezeptor-Modelle passen, so daß die direkte Schädlichkeit für Mensch und Tier reduziert werden kann.

2. Süße-Rezeptor

Als zweites Beispiel sei eine Zusammenarbeit mit der Technischen Hochschule Darmstadt vorgestellt. Dort wird mit Molecular Modelling versucht, künstliche Süßstoffe zu entwickeln, die keinen bitteren Nachgeschmack mehr aufweisen. Zunächst muß dafür aber der sog. Süße-Rezeptor rekonstruiert werden.

Auf der Struktur von drei Süßstoffen (Saccharin, Cyclamat und Nutrasweet) basierend, haben wir am SIAT versucht, Modelle für den Süße-Rezeptor zu finden. Aufgrund dieser Modelle versucht nun die Gruppe in Darmstadt, neue Süßstoffe ohne bitteren Nachgeschmack zu entwickeln.

3. Integrine

Als letztes Beispiel seien Ergebnisse aus der Zusammenarbeit mit der Technischen Universität München angeführt. Hier wird versucht, die aktive Stelle von membranständigen Zelloberflächen-proteinen (sogenannte Integrine) zu charakterisieren und Pharmaka zu entwickeln, welche die Verbreitung von Tumorzellen (Metastasierung) verhindern.

Es handelt sich um sog. RGD-Peptide (also Peptide, die immer die Sequenz <Arginin-Glycin-Aspartat> enthalten) und die in der Lage sind, Integrin-Matrixprotein-Interaktionen kompetitiv zu hemmen. Diese Tripeptid-Sequenz scheint in allen Matrixproteinen (wie Fibronectin, Vitronectin, Laminin, von Willebrand Faktor u. s. w.) eine universelle Zellerkennungssequenz zu sein, die für die Bindung an die Integrine verantwortlich ist.

Calcium-Ionen sind für die Bindung von RGD-Peptiden an Integrine essentiell. Außerdem weist die Aminosäuresequenz von Integrinen eine gewisse Homologie zu derjenigen des Cal-modulins (eines Ca-bindenden Proteins, welches die Ca^{2+} Pumpe in Zellen reguliert) auf. Es wird daher vermutet, daß Integrine eine Calcium-Bindungsstelle ähnlich jener im Calmodulin aufweisen.

Das mit "Yak" generierte Modell für das wirksamste RGD-Peptid wurde in starker Analogie zur Ca-Bindungsstelle des Calmodulins generiert. Receptor Mapping ist hier dadurch erschwert, daß die wenigen bekannten Schlüsselmoleküle strukturell sehr verschieden sind. Dies könnte auf einen enorm flexiblen Rezeptor hinweisen, der verschiedene Arten von Schlüsselmolekülen zu binden vermag.

Möglichkeiten und Grenzen des CADD

Obschon Computer-Aided Drug Design in den letzten zehn Jahren vor allem in der Pharmaindustrie einen regelrechten Boom erlebt hat, sind der Methode klare Grenzen gesetzt. Diese, aber auch ihre Möglichkeiten, seien hier angeführt:

MÖGLICHKEITEN UND GRENZEN DES CADD

Allgemein:	+ Reduktion von Tierversuchen/ Umweltbelastung
	+ Arbeiten an Humanrezeptoren
	+ Keine vorgängige Synthese der Parmaka
	+ Kosten im Vergleich zu "in vivo"-Experimenten
	- Pharmakokinetik wird nicht berücksichtigt
	- Metabolismus wird nicht berücksichtigt
	- Toxizität kann nicht abgeschätzt werden
Direktes CADD:	+ Zuverlässigkeit
	+ Schnelligkeit
	- Nebenwirkungen werden nicht erfaßt
Indirektes CADD:	+ CADD auch bei unbekannter Rezeptorstruktur
	+ Massive Reduktion von Tierversuchen
	+ Nebenwirkungen können erfaßt werden
	- Sehr rechenaufwendig
	- Weniger zuverlässig als direktes CADD
Zukunft:	* Koppelung mit Pharmakokinetik-Programmen
	* Koppelung mit Metabolismus simulierenden Programmen
	* Gleichzeitige Analyse mehrerer Rezeptoren
	* CADD-Datenbanken (Hochschulen und Industrie)

Der wissenschaftliche Wert des CADD besteht vor allem darin, daß potentielle Pharmaka ohne vorgängige chemische Synthese und ohne ''in vivo''-Versuche auf einen bestimmten Rezeptor maßgeschneidert werden können. Ist das prinzipielle Bindungsmuster eines Rezeptors einmal erkannt, so kann die Bindungsstärke weiterer Pharmaka sehr schnell (innerhalb von Stunden) abgeschätzt werden.

Als Nachteil des direkten CADD ist anzuführen, daß es sich nur mit der Analyse eines spezifischen Rezeptors begnügt. Nebenwirkungen (d. h. das Verhalten von Schlüsselmolekülen gegenüber anderen Rezeptoren), Toxizität und Metabolismus (die chemische Reaktivität des Pharmakon auf dem Weg zum Rezeptor und während seines Ausscheidens aus dem Körper) werden nicht direkt berücksichtigt.

Indirektes CADD hat den Vorteil, daß es nicht auf die Rezeptorstruktur angewiesen ist, welche in den allermeisten Fällen ohnehin nicht zur Verfügung steht. Im Gegensatz zum direkten CADD ist es auch nicht auf einen bestimmten Rezeptor fixiert. Wegen der indirekten Methodik und der großen Anzahl möglicher Kombinationen ist ''Receptor Mapping'' jedoch nicht so zuverlässig wie direktes CADD.

Ein weiterer Vorteil des Computer-Aided Drug Design ist, daß (zumindest auf der molekularen Ebene) mit Human-Rezeptoren gearbeitet werden kann. Daher entfällt auch die Frage nach der Übertragbarkeit der gewonnenen Resultate vom Tier auf den Menschen.

CADD und <3R> Philosophie

Abschließend seien die Möglichkeiten des CADD bezüglich der Reduktion von Tierversuchen im Sinne der 3R zusammengefaßt:

ERSATZ VON TIERVERSUCHEN MIT CADD	
Direktes CADD:	- Elimination unnötiger Tierversuche
	- Reduktion "notwendiger" Tierversuche
Indirektes CADD	
(Receptor Mapping):	- Massive Reduktion von Tierversuchen

Der Einsatz von CADD hat zur Folge, daß im pharmakologischen Screening nur die aussichtsreichsten Substanzen weiterverfolgt (präklinische Phase II, klinische Phase) werden müssen, während die größte Anzahl aus dem Evaluationsverfahren ausscheidet, bevor ''in vivo''-Versuche notwendig werden.

Bei unbekannter Rezeptorstruktur bestanden bisher keine eigentlichen Alternativen zum Tierversuch. Daher mußte im klassischen Screening-Verfahren eine besonders große Anzahl potentiell in Frage kommender Substanzen ''in vivo'' getestet werden. Receptor Mapping verspricht hier zu einer leistungsfähigen Alternative zu werden. Die Entwicklung entsprechender Software ist derzeit am SIAT-Biographik-Labor denn auch Forschungsschwerpunkt.

Verdankung

Für Entwicklung, Erprobung und Anwendung der verschiedenen CADD-Programme bin ich meinen ehemaligen Studenten an der University of Kansas (DAVID W. HUHTA, STEVEN P. JACOBER, Dr. TOMI JOSEPH) zu Dank verpflichtet. Professor MAX DOBLER von der ETH Zürich, Stiftungsrat des SIAT, steht uns seit Jahren mit kritischer und kompetenter Beratung zur Seite. PETER ZBINDEN, Mitautor unseres Posters, ist seit dem 1. Juli 1991 dank eines Stipendiums des FFVFF (Zürich) für das SIAT tätig.

Finanziert wurde die Forschung maßgeblich von der University of Kansas, dem Pharma-Unternehmen G.D. Searle & Co. in Chicago, der Stiftung ''Fonds für versuchstierfreie Forschung'' FFVFF und seit Beginn dieses Jahres vom ''Schweiz. Institut für Alternativen zu Tierversuchen'' SIAT.

Literatur

A. Übersicht/Review

BURGEN A.S.V., ROBERTS G.C.K., TUTE M.S., Eds., Molecular Graphics and Drug Design, Topics in Molecular Pharmacology, Vol. 3, Amsterdam: Elsevier, 1986

McCAMMON J.A., HARVEY S.C., Dynamics of Proteins and Nucleic Acids, Cambridge, Cambridge: University Press, 1987

PERUN T.J., PROBST C.L., Eds., Computer-Aided Drug Design: Methods and Applications, New York: Dekker, 1989

RAMSSEN C.A., Ed., Quantitative Drug Design, Comprehensive Medicinal Chemistry, Vol. 4, Oxford: Pergamon Press, 1990

Trends in Medicinal Chemistry, Proceedings of the 10th International Symposium on Medicinal Chemistry, Budapest (Hungary), 15-19 August 1988, Amsterdam: Elsevier, 1986

VAN GUNSTEREN W.F., WEINER P.K., Eds., Computer Simulations in Protein Engineering and Drug Design, Proceedings on Computer Simulations of Biomolecular Systems, Amsterdam (The Netherlands), 20-23 April 1988, Leiden, ESCOM, 1989

B. Direktes CADD

VEDANI A., HUHTA D.W., A New Force Field for Modelling Metalloproteins, J. Am. Chem. Soc. 112, 4759-4767, 1990

WEINER S.J., KOLLMANN P.A., CASE D.A., CHANDRA SINGH U., GHIO C., ALAGONA G., PROFETA JR. S., WEINER P., A New Force Field for Molecular Mechanical Simulation of Proteins and Nucleic Acids, J. Am. Chem. Soc. 106, 765-784, 1984

C. Indirektes CADD

VEDANI A., Computer-Aided Drug Design - Eine Alternative zu Tierversuchen im Pharmakologischen Screening, ALTEX (Alternat. Tierex.) 14, 39-60,1991

VEDANI A., SNYDER J.P., Receptor Mapping: The Reconstruction of a Macromolecular Recepter Site based on the Directionality of Ligand-Receptor Interactions, in Vorbereitung für J. Comput. Aided Mol. Des.

YEH J., VEDANI A., BORCHARDT R.T., A Molecular Model for the Active Site of S-Adenosyl-L-Homocystein Hydrolase, J. Comput. Aided Mol. Des. 5, 213-234, 1991

Videomikroskopie als Weg zur Reduzierung von Tierversuchen in Pharmakologie und Toxikologie

W. Maile, D.G. Weiss

Zusammenfassung

Die Videomikroskopie, die Kombination der modernen Lichtmikroskopie mit der digitalen Echt-zeit-Bildverarbeitung, entwickelt sich zum idealen Meßinstrument für die Vorgänge in der leben-den Zelle. Mit verschiedenen Techniken lassen sich zerstörungsfrei zahlreiche Parameter grund-legender Lebensvorgänge, bzw. deren Veränderungen nach Zugabe einer Substanz, erfassen. Dazu zählen z B. die Feinstruktur von Zellen und Zellorganen, das Bewegungsverhalten der Organellen oder biochemische Parameter wie die intrazelluläre pH-Wert-Verteilung oder Ionen-konzentrationen. Die neuen Verfahren erlauben Messungen am lebenden Objekt über längere Zeit, sie geben Auskünfte über die Abläufe in der gesunden und geschädigten Zelle und erlauben damit direkte Aussagen über die Wirkorte und Wirkmechanismen von Giftstoffen und Pharmaka. Ein ausgereiftes multiparametrisches Meßsystem auf der Basis der Videomikroskopie bietet demnach zahlreiche Vorteile gegenüber Tierversuchen und eröffnet einen Weg zum Ersatz von Tierversuchen in der Toxikologie und Pharmakologie.

1. Einleitung

In der modernen biomedizinischen Forschung steigt der Bedarf an empfindlichen und präzisen Messungen der Wirkungsweise chemischer Verbindungen auf den lebenden Organismus. Der-zeit stehen weltweit über 100.000 verfügbare Substanzen zur Testung an. Bis jetzt wurden dafür fast ausschließlich Tierversuche angewandt. Diese liefern zwar Informationen darüber, wie der Organismus als Ganzes auf die getestete Substanz reagiert, in der Regel geben sie jedoch keinen Aufschluß über den Wirkungsmechanismus der Substanz oder ihren Angriffsort in der lebenden Zelle. Es ist jedoch allgemein anerkannt, daß die Ursachen der an Mensch und Tieren beo-bachteten Effekte von Wirkstoffen auf zellulärer und molekularer Ebene liegen. In vitro-Test-systeme eignen sich daher besonders gut für Untersuchungen zur Wirkungsweise von Substan-zen, vor allem, wenn zerstörungsfreie Techniken angewandt werden, die eine kontinuierliche Beobachtung der lebenden Zelle vor und nach der Wirkstoffexposition erlauben. Eine relativ neue Technologie, die bildverarbeitende Videomikroskopie, bietet sich hier geradezu an (ALLEN R.D., 1985, INOUÉ S., 1986). Mit der Vielfalt der damit auswertbaren Parameter gewinnt man ein umfassenderes Bild vom Zustand der lebenden Zelle als jemals zuvor (GIULIANO K.A. et al., 1990, LENMASTERS J.J. et al., 1990, WEISS D.G., 1987, WEISS D.G. et al., 1989, WEISS D.G. et al., 1991).

2. Material und Methoden

2.1 Technische Voraussetzungen

Bei der kontrastverstärkten Videomikroskopie (= VEC; video-enhanced contrast) wird ein Hochleistungsmikroskop (mit differentieller Interferenzkontrast-Einrichtung) mit einem Echtzeit-Bildrechner verbunden. Das mikroskopische Bild wird von einer regelbaren, hochauflösenden Videokamera aufgenommen, im Rechner digitalisiert (512x512 Bildpunkte mit jeweils 256 Graustufen), verschiedenen Verarbeitungsschritten unterzogen und auf einem hochauflösenden SW-Monitor sichtbar gemacht (WEISS D.G. et al., 1989, 1992) (Abb. 1). Zur besseren Hervorhebung bestimmter Strukturen ist es zudem möglich, die 256 Graustufen des Bildes in Falschfarben darzustellen. Mit einem 100x-Ölimmersionsobjektiv und zusätzlicher optischer Nachvergrößerung erhält man eine Gesamtvergrößerung von 10.000x-20.000x auf einem 25cm-Monitor (Abb. 2). Dabei können im Extremfall biologische Strukturen bis zu einer Größe von ca. 20 nm, z. B. Mikrotubuli (WEISS D.G., 1986), sichtbar gemacht werden, Goldpartikel, z. B. an Antikörper gekoppelt als Marker für zelleigene Proteine, sogar bis 5 nm (DE BRABANDER M. et al., 1988). Dies erfolgt an lebendem Material mit sichtbarem Licht, also unter Konditionen bei denen die theoretische Auflösungsgrenze bei ca. 250 nm liegt (INOUÉ S., 1986, WEISS D.G. et al., 1989, 1992).

Die Restlicht-Mikroskopie VIM (= video-intensified microscopy) erlaubt mit SIT- (= silicon-intensifier target) oder "photon-counting"-Kameras Aufnahmen sogar bei einer Lichtintensität, die sechs Größenordnungen geringer ist als die Wahrnehmungsgrenze des Auges (WEISS D.G. et al., 1989, WICK R.A., 1987).

Die Aufnahmen können auf Videoband (u. U. mit einem Zeitrafferrekorder) oder auf Bildplatte gespeichert und mit Hilfe eines Personalcomputers und entsprechender Software ausgewertet werden. Für die Feinstrukturanalyse (z. B. Form, Größe und Anzahl der Mitrochondrien; s. Abb.3) stehen handelsübliche Formerkennungsprogramme zur Verfügung. Ein geeignetes Bewegungsanalyseprogramm (WEISS D.G. et al., 1990) wurde von unserer Arbeitsgruppe entwickelt (Abb. 4, 5).

2.2 Verschiedene Verfahren der Bildverarbeitung

Die Videomikroskopie umfaßt eine Gruppe nahe verwandter Techniken, die zusammen eine große Bandbreite an Meßverfahren abdecken. Bei der VEC-Mikroskopie wird das mikroskopische Bild zuerst durch die regelbare Videokamera analog verstärkt. Treten dabei Hintergrund oder ungleichmäßige Ausleuchtung störend in Erscheinung, können diese "Bildfehler" nach der Digitalisierung eliminiert werden, indem man das unscharfe Hintergrundbild (das alle Bildfehler enthält) im Rechner speichert und in Echtzeit von den folgenden Szenen subtrahiert. Falls nötig, schließt sich eine zweite, jetzt digitale, Kontrastverstärkung an.

Störendes Bildrauschen kann durch verschiedene Arten der Mittelung über eine variable Anzahl von Bildern eliminiert werden. Dies ist besonders wichtig bei extremer Kontraststeigerung oder beim Mikroskopieren lichtschwacher Objekte (z.B. Fluoreszenz, Lumineszenz) mit SIT- oder "photon-counting"-Kameras (INOUÉ S., 1986, WEISS D.G. et al., 1989, WEISS D.G. et al., 1990, WICK R.A., 1987).

Zusätzlich können spezielle Verfahren der Bildverarbeitung angewandt werden, um Bewegungen bzw. bewegliche Objekte besonders hervorzuheben, ihre Bahnen darzustellen, oder auch um Bewegungen zu eliminieren (WEISS D.G. et al., 1990).

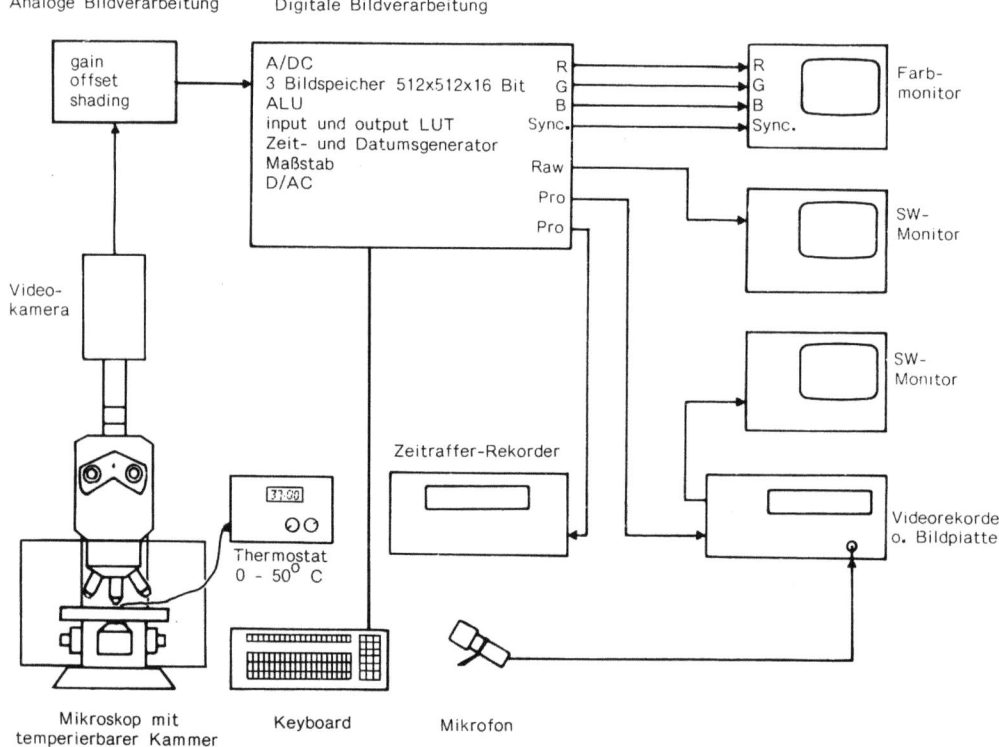

Analoge Bildverarbeitung   Digitale Bildverarbeitung

gain
offset
shading

A/DC
3 Bildspeicher 512x512x16 Bit
ALU
input und output LUT
Zeit- und Datumsgenerator
Maßstab
D/AC

R
G
B
Sync.
Raw
Pro
Pro

R
G
B
Sync.

Farb-
monitor

SW-
Monitor

SW-
Monitor

Video-
kamera

Zeitraffer-Rekorder

Videorekorder
o. Bildplatte

Thermostat
0 - 50° C

Mikroskop mit
temperierbarer Kammer

Keyboard

Mikrofon

Abb. 1. Die Videomikroskop-Anlage besteht aus folgenden Komponenten: Hochleistungsmikroskop mit steuerbarer Videokamera, analoge und digitale Bildverarbeitung, Betrachtungs- und Aufzeichnungseinheit. Der Farbmonitor, der SW-Monitor für das Rohbild und der Zeitraffer-Rekorder sind nicht unbedingt erforderlich, aber hilfreich. Raw, bzw. Pro: Ausgang für das Rohbild bzw. verarbeitete Bild; A/DC: Analog/digital-Wandler; ALU: arithmetic logic unit (Recheneinheit); LUT: look up table (Kontrastmanipulation und Falschfarben-Erzeugung); D/AC: Digital/ analog-Wandler; R, G, B, Sync: Rot-, Grün-, Blau-(Farb-) Videosignale und Bildsynchronisationssignal.

2.3 Zellmaterial

In videomikroskopischen Testsystemen verwendete Zellen müssen bestimmte Voraussetzungen erfüllen. Sie sollten allgemein zur Verfügung stehen und leicht zu kultivieren sein (z. B. adhärente Dauerzellinien). Beste Ergebnisse liefern flach ausgebreitete Zellen mit gut sichtbaren Organellen (u. U. nach Fluorochromierung, s. Abb. 3) und einer ausgeprägten Motilität des Cytoplasmas. Nach Möglichkeit sollen die Zellen ihre differenzierten Funktionen nicht verloren haben.

Folgende Zellinien erwiesen sich in unseren Studien als besonders günstig:
- humane Fibroblasten WI-38 für ein Testsystem mit leichtzugänglichen menschlichen Zellen,
- SHE-Zellen (Goldhamster) für die allgemeine Toxikologie und Pharmakologie, da diese Zellen noch ihre Differenzierung besitzen und sich sehr gut für optische Meßverfahren eignen,
- verschiedene Zellen für spezielle Anwendungen z. B. Neurone (Maus) für neurotoxikologische Tests, embryonale Herzmuskelzellen (Huhn) in der Kardiotoxikologie (Messung der Kontraktionsfrequenz, -dauer, -amplitude) oder Astrogliazllen für Phagocytose-Versuche.

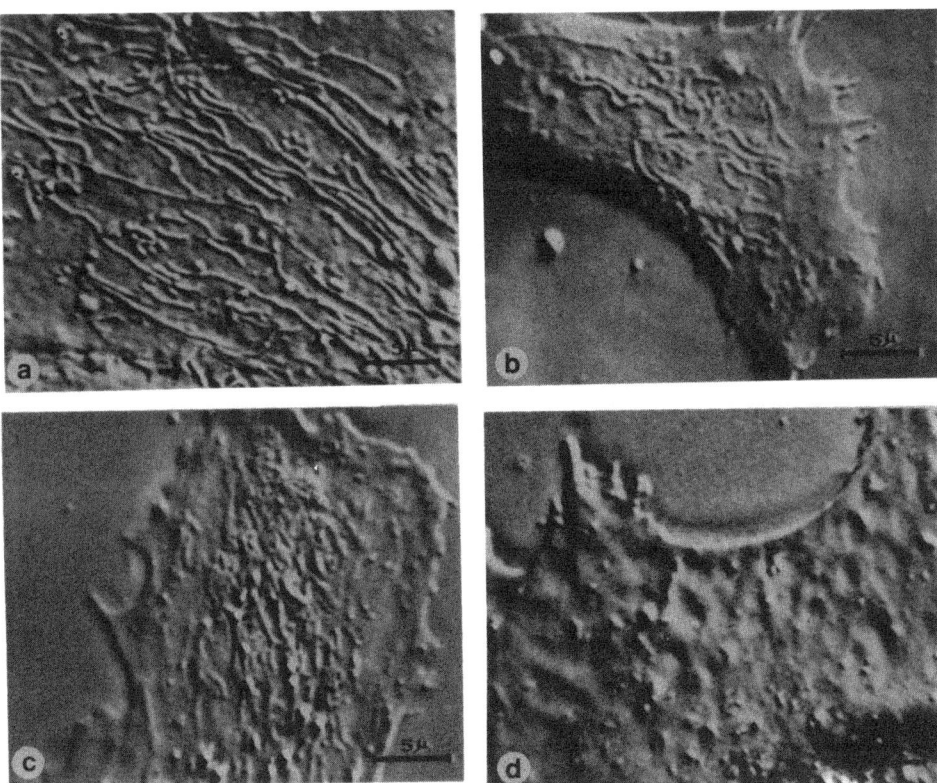

Abb. 2. Änderung der intrazellulären Morphologie innerhalb von 48 Stunden nach Zugabe verschiedener Konzentrationen von Acetylsalicylsäure (ASS). a) Kontrolle; b) 0,01% ASS; c) 0,05% ASS; d) 0,1% ASS. Besonders deutlich ist der Zerfall der Mitochondrien (langgestreckte Strukturen) zu erkennen. VEC-Aufnahmen von PG-Zellen (Hecht)

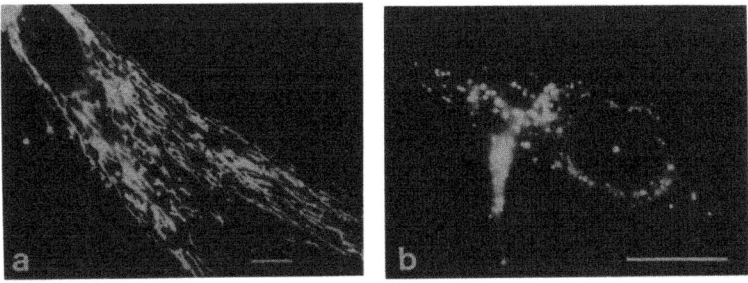

Abb.3. Einfluß von 2-Hydroxyethylmethacrylat (HEMA) auf Mitochondrien in menschlichen Fibroblasten (F5). Die Zellen wurden mit dem mitochondrienspezifischen Vitalfarbstoff Rhodamin 123 gefärbt. a) Unbehandelte Zellen mit langgestreckten, parallel ausgerichteten Mitochondrien. b) Nach 1-stündiger Inkubation mit 0,1% HEMA haben sich die Mitochondrien abgerundet (Formfaktor —> 1,0). Maßstab jeweils 20 μm

3. Ergebnisse und Diskussion

3.1. Geeignete Meßparameter

In der in vitro-Toxikologie werden heute hauptsächlich biochemische Endprodukte zur quantitativen Erfassung von Wirkungen der eingesetzten Substanzen verwendet. Andere Tests berücksichtigten nur den Anteil absterbender bzw. überlebender Zellen. Die computergestützte Videomikroskopie erlaubt es jedoch aufgrund der gesteigerten Auflösung, auch geringe Veränderungen der Zellmorphologie (Abb. 2) oder des intrazellulären Bewegungsverhaltens (Abb. 4, 5) qualitativ und quantitativ zu erfassen (MAILE W. et al., 1987, WEISS D.G. et al., 1992). Mit neuentwickelten Fluoreszenzfarbstoffen sind inzwischen selektive Darstellungen der wesentlichen Organellen-Klassen oder sogar zerstörungsfreie Messungen z. B. von Ionen-Konzentrationen in der lebenden Zelle möglich. Tabelle 1 gibt einen Überblick über geeignete Parameter, die sich für toxikologische und pharmakologische Untersuchungen anbieten und die mit dem bisherigen Stand der Bildanalyse auswertbar sind. Viele der aufgeführten Parameter können überhaupt nur mit der Videomikroskopie erfaßt werden.

Tabelle 1. Mit der Videomikroskopie nach Zugabe von Schadstoffen quantitativ auswertbare Parameter (LEMASTERS J.J. et al., 1990, WEISS D.G., 1987, WEISS D.G. et al., 1989, 1990, 1991, 1992)

Feinmorphologie der Zelle

(VEC-Mikroskopie und/oder VIM nach selektiver Fluoreszenz-Vitalfärbung)

- Form der Mitochondrien (Abb. 3) und anderer globulärer Organellen
- Anzahl (Dichte) und Verteilung von Mitochondrien und anderer globulärer Organellen
- Anordnung, Maschengröße und Dynamik des endoplasmatischen Reticulums (ER) in der Zelle
- Cytoskelett-Verteilung (z. B. Actin-Filamente, Mikrotubuli) und deren Ordnungsgrad
- Chromosomendefekte (z. B. Mikrokerne)

Zellphysiologie

(VEC-Mikroskopie; Bewegungsanalyse-Programm, Abb. 4)

- Anteil der Zellen mit intrazellulärer Motilität
- Prozentsatz der Organellen mit gerichteter Bewegung pro Zelle
- Mittlere Geschwindigkeiten der Lysosomen und Mitochondrien
- Geschwindigkeitshistogramme für die verschiedenen Organellenklassen
- Geradlinigkeit der Organellenbewegung (Abb. 5)
- Länge der Bewegungsepisoden bzw. der Pausen
- Apparente Viskosität des Cytoplasmas (Brown'sche Bewegung der Organellen)
- Zellteilung (zeitlicher Ablauf der einzelnen Phasen; Chromosomenverteilung)
- Zellproliferation (Zunahme der Trockenmasse; automatische Erfassung großer Zellzahlen)
- Membranpotential (VIM)
- Exo-/Endocytose-Tests (z.B. VIM nach Aufnahme von Lumineszenzmarkern)

Biochemie

(VIM nach Vital-Fluoreszenzfärbung; ''photon-counting'' für biolumineszenz-gekoppelte Tests)

- Intrazelluläre Ionenkonzentration (Ca^{2+}, Mg^{2+}, Zn^{2+}, Na^+, K^+, Cl^-)
- Intrazelluläre pH-Wert-Verteilung und -Dynamik
- Bestimmung von Metaboliten (z.B. ATP, Lactat) (Lumineszenz)
- Berührungsfreie Bestimmung der Trockenmasse von Einzelzellen im Subpicogramm-bereich (Interferenz-Mikroskopie).

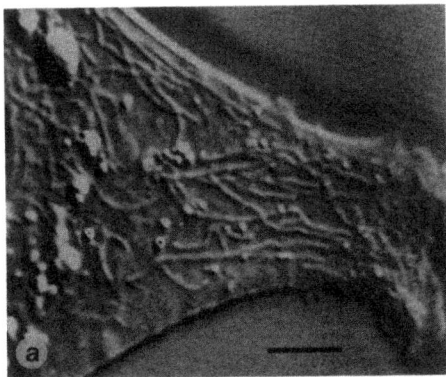
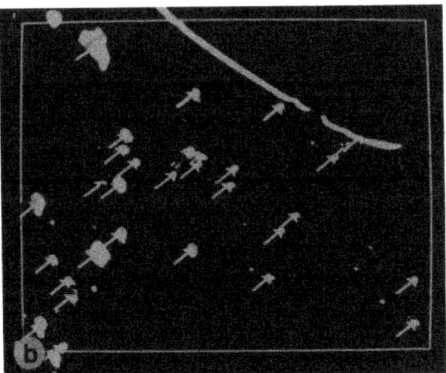

Abb. 4. Beispiel einer Partikelauswertung mit dem Bewegungsanalyseprogramm. a) VEC-Aufnahme eines Ausschnitts einer PG-Zelle mit den typischen sehr langen Mitochondrien und vielen intrazellulären Partikeln (meist Lysosomen). Im laufenden Videobild bewegen sich viele der Partikel gerichtet. b) Binäres Bild des gleichen Ausschnitts bei Schwellenwert 190, d. h. die Grauwerte 1-190 sind auf Schwarz abgesenkt, die Werte 191-256 auf Weiß angehoben. Das Auswerteprogramm erfaßt gleichzeitig bis zu 250 Objekte im laufenden Videobild, d. h. in Echtzeit, und speichert deren Koordinaten. Maßstab 5 µm

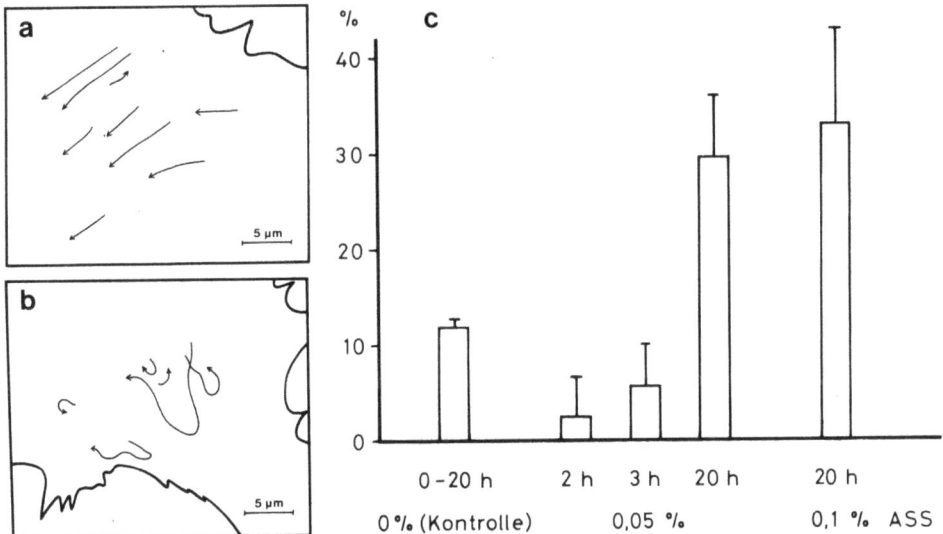

Abb. 5. Veränderungen des Bewegungsmusters von Lysosomen in PG-Zellen nach Behandlung mit Acetylsalicylsäure (ASS). a) Unbehandelte Zelle (Peripherie): geradlinige Bewegung der Lysosomen über längere Strecken, meist einheitliche Bewegungsrichtung. b) Nach 20-stündiger Behandlung mit 0,01% ASS ist keine bevorzugte Bewegungsrichtung mehr festzustellen. c) Prozentualer Anteil aller Zellorganellen mit nichtlinearer Bewegung nach verschieden langen Inkubationszeiten mit 0,05% bzw. 0,01% Acetylsalicylsäure im Medium. Der Wert für die Kontrolle ist unabhängig von der Zeit nach Zugabe des Mediums. N = 70-80 je Gruppe

3.2. Anwendungen und Vorteile der Videomikroskopie

Tests an Zell- oder Gewebekulturen sind Tierversuchen darin überlegen, daß sie die direkte Analyse der grundlegenden zellulären und molekularen Lebensvorgänge (Veränderung der Genexpression, Enzymaktivität, Membranerregbarkeit, usw.) ermöglichen. Da Giftstoffe in der Regel auf zellulärer Ebene angreifen, lassen sich an Zellen am besten die Mechanismen der Wirkung von Substanzen auf den Organismus verstehen.

Die *allgemeinen Vorteile* der Videomikroskopie gegenüber anderen in vitro-Testsystemen oder Tierversuchen sind daher: Es werden völlig neue Parameter (von zellulärer, subzellulärer und molekularer Dimension) erfaßt, die im Tierversuch nicht zugänglich sind. Dabei sind Messungen auf allen drei Ebenen möglich, auf denen zelluläre Vorgänge untersucht werden können (Morphologie, Physiologie und Biochemie). Die Meßverfahren selbst sind zerstörungsfrei, bildgebend (d. h. ortsaufgelöst) und können sich bei Bedarf über Stunden oder Tage erstrecken (d. h. sie sind auch zeitaufgelöst). Durch die Kombination verschiedener Methoden und die Bestimmung komplexer Parameter verringert sich das Risiko von falsch-negativ-Aussagen. Die Beobachtung der gleichen Probe vor und nach der Behandlung dient als zusätzliche interne Kontrolle. Insgesamt sind die neuen Testsysteme oft ökonomischer (schneller und billiger), dazu meist präziser und besser quantifizierbar als Tierversuche. Außerdem sind sie ethisch unbedenklich.

Für *spezielle Anwendungsbereiche* bietet die computergestützte Videomikroskopie folgende Vorteile:

In der Toxikologie:
- Man erhält detaillierte Informationen über die *Wirkungsweise* von Substanzen.
- In Langzeitstudien können auch subakute Effekte *und* die eventuelle Regeneration untersucht werden. Dadurch bestimmt man die maximal tolerierbare bzw. maximal reversible Dosis.

In der Pharmakologie:
- Vorgeschädigte oder kranke Zellen oder Gewebe (Biopsie) können verwendet werden, um therapeutische Einflüsse potentieller Pharmaka und deren Wirkungsweise zu analysieren.
- Das Screening therapeutisch wirksamer Substanzen ist möglich.
- Auf der Basis der Kenntnis der Wirkungsweise und der Angriffspunkte vieler untersuchter Substanzen bzw. ganzer Substanzklassen ist gezieltes Design von Wirkstoffen möglich, was die Zahl der zu testenden Substanzen im Tierversuch und in in vitro-Tests drastisch reduzieren wird.

In der Pathologie:
- Biopsien von krankem und gesundem Gewebe können direkt verglichen werden, um Gründe für funktionelle Abweichungen zu erkennen.
- Die Differentialdiagnostik kann verbessert werden.
- Die Ursachen mancher Erkrankungen könnten verstanden werden.

Ein voll ausgebautes, vielparametrisches videomikroskopisches Testssystem, das eine repräsentative Anzahl verschiedener organspezifischer Zellarten umfassen müßte, könnte nach entsprechenden Vorarbeiten und seiner Validierung u. a. bei der Ermittlung der akuten Toxizität, die an erster Stelle der toxikologischen Versuchsreihen steht, eingesetzt werden. In diesen Bereich fallen etwa 50% aller und z. T. besonders schmerzhafte Tierversuche. Außerdem lassen sich (z. B. in der Pharmaka-Entwicklung) beim Screening neuer Substanzen, bei denen bekannt ist, in welcher Zellart sie wirken, hochtoxische, schädliche bzw. unwirksame Substanzen in Vorversuchen abtrennen, so daß diese dann nicht mehr in Tierversuchen getestet werden müssen. Ähnlich ist es bei Unbedenklichkeitsprüfungen (Cytotoxizitätstest) von Materialien und Substanzen wie z. B. Implantatmaterial, Kontaktlinsen oder Kosmetika.

Die Videomikroskopie stößt (wie auch andere in vitro-Methoden) dort noch an ihre Grenzen, wo es um die Erforschung von Substanzeinwirkungen auf Organsysteme geht, z. B. beim Nervensystem oder Hormonhaushalt. Hier sind Versuche mit Co-Kultivierung verschiedener Zellen sehr erfolgversprechend (z. B. GROSS G.W. et al. 1991). Auch in den anderen Fällen können sich Tierversuche und in vitro-Tests sinnvoll ergänzen, um den Mechanismus einer Substanzwirkung, die am Tier entdeckt wurde, mit der Videomikroskopie näher einzukreisen, oder um nur noch die wenigen Substanzen eingehend im Tierversuch zu testen, über deren Unschädlichkeit der vorausgegangene in vitro-Test Zweifel ließ. Ein validiertes und evaluiertes Testsystem auf der Basis der Videomikroskopie könnte auf diese Weise zu einer erheblichen Reduzierung der Tierversuche vor allem in der Pharmakologie und Toxikologie beitragen.

Danksagung

Diese Arbeiten wurden gefördert durch die Bayrischen Staatsministerien für Landesentwicklung und Umweltfragen und für Wissenschaft und Kunst, den Präsidenten der Technischen Universität München, die Zentralstelle zur Erfassung und Bewertung von Ersatzmethoden zum Tierversuch (ZEBET) beim Bundesgesundheitsamt (BGA) und durch Hamamatsu Photonics K.K., Japan. Wir danken PETRA FEGERT für ausgezeichnete technische Mitarbeit.

Literatur

ALLEN R.D., New observations on cell architecture and dynamics by video-enhanced contrast optical microscopy, Ann. Rev. Biophys. Chem. 14, 256-290, 1985

DE BRABANDER M., NUYDENS R., GEERTS H., HOPKINS C.R., Dynamic behavior of the transferrin receptor followed in living epidermoid carcinoma (A431) cells with nanovid microscopy, Cell Motil. Cytoskeleton 9, 30-47, 1988

GIULIANO K.A., NEDERLOF M.A., DEBIASIO R., LANNI F., WAGGONER A.S., TAYLOR D.L., Multimode light microscopy, in: B. HERMAN, K. JACOBSON (eds.) Optical Microscopy for Biology, New York: Wiley-Liss, pp. 543-558, 1990

GROSS G.W., KOWALSKI J., Experimental and theoretical analysis of random nerve cell network dynamics, in: P. ANTOGNETTI, V. MILUTINOVIC (eds.) Neuronal Networks: Concepts, Applications and Implementations, Vol. 4, N.J., Prentice Hall: Englewood Cliffs, pp 47-110, 1991

INOUÉ S., Video Microscopy, New York: Plenum Press, p. 582, 1986

LEMASTERS J.J., NIEMINEN A.L., GORES G.J., DAWSON T.L., WRAY B.E., KAWANISHI T., TANAKA Y., FLORINECATEEL K., BOND J.M., HERMAN B., Multiparameter digitized video microscopy (MDVM) of hypoxic cell injury, in: B. HERMAN, K. JACOBSON (eds.) Optical Microscopy for Biology, New York: Wiley-Liss, pp. 523-542, 1990

MAILE W., LINDL T., WEISS D.G., New methods for cytotoxicity testing: quantitative video microscopy of intracellular motion and mitochondria-specific fluorescence, Mol. Toxicol. 1, 427-437, 1987

WEISS D.G., Visualization of the living cytoskeleton by video-enhanced microscopy and digital image processing, J. Cell Sci., Suppl. 5, 1-15, 1986

WEISS D.G., Videomicroscopic measurements in living cells: dynamic determination of multiple end points for *in vitro* toxicology, Mol. Toxicol. 1, 465-488, 1986

WEISS D.G., GALFE G., Videomicroscopic techniques to study the living cytoplasm, Chapter 8, in: D.-P. HÄDER (ed.) Image Analysis in Biology, Boca Raton: CRC Press, in press

WEISS D.G., GALFE G., GULDEN J., SEITZ-TUTTER D., LANGFORD G.M., STRUPPLER A., WEINDL A., Motion analysis of intracellular objetcs: trajectories with and without visible tracks, in: W. ALT, G. HOFFMANN (eds.) Biological Motion, Lecture Notes in Biomathematics, Vol. 89, Berlin Heidelberg New York: Springer, pp. 95-116, 1990

WEISS D.G., MAILE W., Principles, practice and applications of video-enhanced contrast microscopy, in: D. SHOTTEN (ed.) Electronic Light Microscopy: The Principles and Practice of Video Enhanced Contrast, Digital Intensified Fluorescence and Confocal Laser Scanning Microscopy, New York, Wiley-Liss, in press, 1992

WEISS D.G., MAILE W., WICK R.A., Video microscopy, Chapter 8, in: A.J. LACEY (ed.) Light Microscopy in Biologiy. A Practical Approach, Oxford: IRL Press, pp. 221-278, 1989

WICK R.A., Quantum-limited imaging using microchannel plate technology, Applied Optics 26, 3210-3222, 1987

SST-EKG: Eine mögliche Alternative für Katheterexperimente am narkotisierten Hund

H.A. Tritthart, U. Stark, G. Stark, E. Hofer

Einleitung

Die Erfassung der Herzwirksamkeit von Pharmaka, seien es erwünschte therapeutische Effekte oder unerwünschte Nebenwirkungen, ist ein zentraler Faktor bei der Entwicklung neuer Medikamente. Bevor eine neu synthetisierte Substanz in die Phase 1 der klinischen Prüfung (Erprobung an gesunden Probanden) gelangt, unterliegt sie vielen eingehenden Untersuchungen in in vitro- oder in vivo-Systemen. Untersuchungen in in vitro-Experimenten werden zumeist an isolierten Herzmuskelzellen, Teilen von Herzen, wie Sinus-, AV-Knotenpräparaten oder isolierten Vorhöfen oder Papillarmuskeln durchgeführt. So kann die Beeinflussung der elektrischen Aktivität der einzelnen Abschnitte des Herzens bestimmt werden. Bislang wurden an dem isolierten Ganzherz zumeist nur die Herzfrequenz, der Koronarfluß und die linksventrikuläre Kontraktionskraft bestimmt. Zur Beurteilung der Beeinflussung der elektrischen Aktivität des gesamten Herzens, liefert das konventionelle EKG wenig Information und es muß deshalb schon in einem sehr frühen Stadium der Enwicklung neuer Substanzen auf Katheteruntersuchungen am narkotisierten Großtier (Hund, Schwein) übergegangen werden. Nur so können auch die Änderungen der Erregungsleitungsgeschwindigkeit im Bereich niederamplitudiger Signale, wie z. B. His-Bündel, beurteilt werden. Dies bedeutete großen experimentellen Aufwand bei gleichzeitiger Unsicherheit über das Wirkungsspektrum der Substanz auf die intrakardiale elektrische Aktivität.

Ein sehr wesentlicher Teil der in diesen Experimenten enthaltenen Information über die elektrophysiologischen Kenngrößen im Herzen unter Pharmakoeinfluß könnten auch am isolierten und nach Langendorff perfundierten Myokard gewonnen werden (LANGENFELD H. et al., 1984, LOGAN M.E. et al., 1982, ONUAGULUCHI G. et al., 1983, TANZ R. et al.,1978). Dazu wäre nur eine schmerzlose Tiertötung mit Organentnahme erforderlich.

Die Nachfrage nach einem solchen in vitro-Meßsystem, das zusätzlich zur Erfassung von großamplitudigen EKG-Signalen wie Atrium und Ventrikelsignal auch die Erfassung von Signalen mit geringer Amplitude wie Sinusknoten und His-Bündel-Signal erlaubt, war daher groß.

In einem Forschungsauftrag des österreichischen Bundesministeriums für Wissenschaft und Forschung wurde am Institut für Med. Physik und Biophysik in Graz ein Meßsystem, genannt SST-EKG, entwickelt, das oben genannten Anforderungen entspricht. Zusätzlich zur Beurteilung der Erregungsleitungszeiten aller Abschnitte des Reizleitungssystems ist es auch möglich, Stimulationsprotokolle, wie sie auch im klinischen Katheterlabor zur Anwendung kommen, am isolierten, nach der Methode von Langendorff perfundierten, Säugetierherzen durchzuführen.

Methode

Kleinnager wie Meerschweinchen oder Ratte werden möglichst schmerzfrei, z. B. durch Genick-schlag, getötet. Anschließend wird der Thorax rasch eröffnet und das noch schlagende Herz ent-nommen und an einer modifizierten Langendorff-Apparatur befestigt, wo es retrograd über die Aorta perfundiert wird. Durch freie Regulierbarkeit von Perfusionsdruck und Perfusionsvolumen ist es möglich die Herzen über einen Zeitraum von mindestens 2 Stunden rhythmisch schlagend in allen Grundfunktionen und in den Leitungszeiten stabil zu erhalten. Zur Ableitung der elek-trischen Signale werden chlorierte Silberdrahtelektroden verwendet, die, auf die epikardiale Oberfläche aufgesetzt, sich frei mit den Kontraktionen des Herzens bewegen. Bei der Konzeption des elektronischen Aufbaues wurde darauf geachtet, daß eine hohe Verstärkung ohne Filterung erreicht wurde, um das Signal weitgehend in seiner ursprünglichen Form zu belassen und nicht einen wesentlichen Teil der Informationen zu verlieren. Die so verstärkten Signale werden auf einem digitalen Speicheroszilloskop vermessen und digital gespeichert.

Durch systematische Studien wurde die optimale Elektrodenposition ermittelt, die eine hun-dertprozentige Erfolgsrate in der Erfassung der früh-atrialen- und His-Bündel-Aktivität gewähr-leistet. Diese befindet sich in der Ventilebene. Die bipolaren Elektroden werden gegenüberlie-gend, eine an der Vorderseite, nahe dem Abgang der Arteria interventricularis anterior, und die zweite zwischen den beiden Herzohren positioniert. Nachdem sich die Methode als brauchbar er-wies, die gewünschten, niederamplitudigen Signale kontinuierlich, langzeitstabil und jederzeit reproduzierbar zu detektieren, wurde in einem weiteren Schritt die Möglichkeit untersucht, an diesen isolierten Präparaten programmierte Stimulation durchzuführen. Mittels bipolarer Reizelek-troden wurden zuerst durch kontinuierliches Verkürzen des Stimulusintervalls (alle 10 sec um 10 ms) die maximalen Reizfolgefrequenzen (i. e. die frequenzabhängigen effektiven Refraktärzeiten) der sino-atrialen-, AV-Knoten-, His-Bündel-Leitung und von Atriums- und Ventrikelmyokards bestimmt. Im weiteren wurde auch die Sinusknotenerholungszeit vermessen. Dazu wurde das Herz bei einer Frequenz von 300 Schlägen pro Minute über 20 sec stimuliert und anschließend die Stimulation gestoppt. Das Zeitintervall zwischen dem Beginn der letzten Stimulus-induzierten und der ersten spontan erscheinenden P-Welle ist die Sinusknotenerholungszeit. Die so gewon-nenen Meßergebnisse zeigten eine so gute Reproduzierbarkeit, daß der Stimulationsgenerator weiter entwickelt wurde (Fa. Anton Paar KG). Anschließend wurden auch Stimulationspro-gramme mit ein bis mehreren vorzeitig zum Grundrhythmus einfallenden Extrastimuli durchge-führt, um so die effektiven Refraktärzeiten zu bestimmen. Details zu dieser Methode wurden bereits in wesentlichen Teilen veröffentlicht (STARK G. et al., 1989a). Eine Zusammenstellung aller an diesem System ermittelbaren elektrophysiologischen Parameter findet sich in der Tabelle.

Weiters können zusätzlich zu den elektrophysiologischen Parametern mittels eines im Perfusionssystem integrierten Drucksensors Aussagen über Änderungen der linksventrikulären Druckamplitude, dies entspricht der linksventrikulären Kontraktionskraft, gemacht werden. Mit diesem Drucksensor können auch Änderungen des Perfusionsdrucks registriert werden. Aus diesem Parameter und der Perfusionsrate läßt sich der koronare Widerstand (R=U/I) errechnen.

Ergebnisse und Diskussion

S-EKG-Signal

Werden EKG-Signale von der epikardialen Oberfläche mit hoher Verstärkung abgeleitet, so bein-halten sie die Information über die Erregung aller Teile des Reizleitungssystems (Abb. 1). Der P-Welle (P), die der Vorhoferregung entspricht, geht eine kleine Deflektion (S) voran, die der

Impulsbildung im Sinusknotenareal entspricht. Die Auflösung des Meßsystems geht sogar soweit, daß eine vektorielle Darstellung des Sinusknotensignals nach Schellong (x-y-Ebene) möglich ist. Treten Irregularitäten in der Impulsbildung auf (alternierende Schrittmacherzentren im Sinusknoten) und folglich auch eine geänderte Übertrittsart der Erregung an der Crista terminalis auf den Vorhof, so ändert der Hauptvektor seine Richtung. Auch die Leitungszeit vom Sinusknoten auf das Atrium (SA-Intervall) ist verlängert (Abb. 1).

Sinusknotenschleife

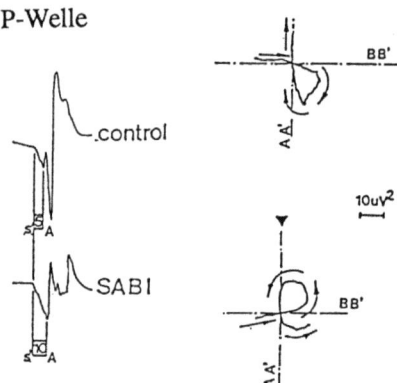

Abb.1. Änderung der Ausbreitungsrichtung des Hauptvektors des Sinusknotensignals bei Leitungsblockierungen vom Sinusknoten auf das Atrium (SABi)

Anders als in konventionellen EKG-Registrierungen ist die P-Welle in mehrere Anteile aufgesplittert, die die Erregungsausbreitung über die beiden Atrien repräsentiert.

Die auf die P-Welle nachfolgende, in S-EKG positive, Deflektion entsteht durch die Erregungsleitung durch das His-Bündel (His in Abb. 2). Die Amplitude dieses Signals beträgt 5-50 µV und liegt in einem Frequenzbereich von etwa 3 KHz. Mit konventionellen EKG-Registriertechniken ist dieses Signal ohne intrakardiale Katheter nicht zu erfassen, da die Verstärkung zu gering ist und es durch Filter, die benötigt werden, um die Störsignale (Brumm, Muskelfibrillationen, etc.) zu eliminieren, herausgefiltert wird.

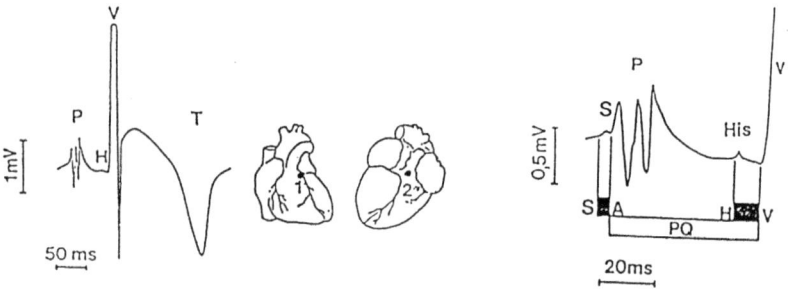

Abb. 2. Das S-EKG Signal von der epikardialen Oberfläche isolierter Herzen (S = Sinusknotensignal; P = Vorhoferregung; H = His-Bündel-Signal; V = Ventrikelerregung; T = Repolarisationsphase). 1 = Elektrodenposition an der Vorderseite des Herzens, nahe dem Abgang der Arteria interventrikularis anterior. 2 = Elektrodenposition an der Rückseite des Herzens

Bei substanzinduzierten atrio-ventrikulären Leitungsblockierungen ist aber die Unterscheidung, ob die Blockierung im Bereich des AV-Knotens oder des His-Bündels gelegen ist, wichtig, da die Erregungsleitung im AV-Knoten und im His-Bündel von unterschiedlichen Ionenströmen abhängig ist. Ca-antagonistisch wirksame Substanzen führen zu einer Reduktion der Leitungsgeschwindigkeit im AV-Knoten, während die His-Bündel-Leitung durch Na-Antagonisten beeinflußt wird.

Die Kenntnis dieser Effekte läßt auf das therapeutische Einsatzgebiet, vor allem auf erlaubte Substanzkombinationen oder auf zu erwartende unerwünschte Nebenwirkungen schließen.

Ähnlich wie in konventionellen EKG-Registrierungen stellen sich im S-EKG der QRS-Komplex (Ventrikelerregung) als hochfrequentes Signal mit großer Amplitude und die T-Welle (Repolarisationsphase) als langsames Signal dar. Die oft negativ erscheinende Form der T-Welle ist stark von der Elektrodenposition abhängig, keinesfalls aber Zeichen eines abgelaufenen Infarktgeschehens. Geringe Anhebungen der S-T-Strecke sind durch Grundliniendrifts, die durch filterfreies Arbeiten entstehen, bedingt.

ST-EKG-Signale

Von der epikardialen Oberfläche isolierter Herzpräparate ist es nicht nur möglich, hochaufgelöst EKG-Signale abzuleiten, es können auch durch die leichte Zugänglichkeit aller Teile des Reizleitungssystems Stimulationsprotokolle ausgeführt werden, die den Protokollen von klinischen Katheterlabors ähnlich sind. So können die Refraktärzeiten der sino-atrialen-, AV-Knoten- und His-Bündel-Leitung und auch des Atrium- und Ventrikelmyokards bestimmt werden. Durch die Unabhängigkeit isolierter und perfundierter Herzpräparate von der eigenen Kreislaufsituation, können auch die frequenzabhängigen effektiven Refraktärzeiten aller Teile des Myokards bestimmt werden. Derartige Stimulationsprotokolle gestalten sich am Ganztier relativ schwierig, sind aber zur Beurteilung bestimmter Substanzwirkungen unerläßlich.

Die antiarrhythmische Wirksamkeit von Magnesiumionen (Mg^{++}) bei durch Digitalisintoxikation auftretenden Tachyarrhythmien ist seit langem bekannt. Eine Bestätigung dieses Effekts von Seiten der Grundlagenforschung war aber noch ausstehend, da in konventionellen elektrophysiologischen Untersuchungen keine Änderung der Ventrikelrefraktärzeit durch Mg^{++} detektierbar war. In unseren SST-Experimenten zeigte sich ebenfalls kein Enfluß von Magnesium auf die Refraktärzeit des Ventrikelmyokards, ermittelt mit vorzeitigem Extrastimulus. Dagegen war aber die frequenzabhängige Refraktärzeit stark verlängert (STARK G. et al., 1989c), die Wahrscheinlichkeit von ventrikulären Tachyarrhythmien deshalb vermindert.

Vergleich von Substanzeffekten evaluiert mit herkömmlichen in vitro- und in vivo-Methoden und mit dem SST-EKG

Ca-Antagonisten wie Verapamil, Nifedipin und Diltiazem bewirken eine Abnahme der spontanen Sinusknotenfrequenz und eine Zunahme der Leitungszeit durch den AV-Knoten und der AV-Knoten Refraktärzeit.

Diese Daten wurden in zahlreichen Experimenten sowohl an isolierten Herzteilen als auch am Ganztier erhoben und immer wieder bestätigt. So zeigten WIT und CRANEFIELD (1974) am isolierten Sinusknotenpräparat, daß unter 0,5 mg/l Verapamil die spontane Sinusknotenfrequenz von 110 Schlägen/min auf 30 Schläge/min abnahm. Von ZIPES und FISCHER (1974) wurde gezeigt, daß im Tierexperiment am narkotisierten Hund 10 µM Verapamil die spontane Sinusknotenfrequenz auf unmeßbare Werte reduzierte. Dies bestätigte sich auch in ähnlichen Experimenten von GARWEY (1969), in denen 18 µg/kg/min einen Ventrikelrhythmus induzierten. Vergleicht man diese Ergebnisse mit den im SST-EKG gewonnenen Meßdaten, so zeigte sich auch eine dosisabhängige Reduktion der spontanen Sinusknotenfrequenz, bis nach Zugabe von 10 µM die

Sinusknotenaktivität sistierte und ein Ventrikelrhythmus auftrat. Eine vergleichbare Übereinstimmung wurde auch für Effekte von Nifedipin und Diltiazem gefunden (STARK G. et al., 1989a,b).

Die Wirkungen von Verapamil am AV-Knotenpräparat zeigten wiederum eine vergleichbare Verlängerung der AV-Knoten Leitungszeit und der effektiven Refraktärzeit, wie sie auch am intakten isolierten Herzen gefunden wurden (WIT A. et al., 1974). Selbst im blutperfundierten AV-Knotenpräparat des Hundes, wo pro Experiment zwei Versuchstiere benötigt wurden, nur um die Änderungen der AV-Leitungszeit unter dem Einfluß von Verapamil zu bestimmen, zeigten sich dem SST-EKG vergleichbare Ergebnisse (TAIRA N. et al., 1975, STARK G. et al., 1989). Vergleicht man die Leitungsverzögerung am AV-Knoten narkotisierter Hasen unter der Wirkung von Verapamil, Diltiazem und Nifedipin, so fanden KAWAI und Mitarbeiter (1981) eine Verlängerung um 21% durch Verapamil und im wesentlichen keinen Einfluß durch Nifedipine. Am isolierten Langendorffpräparat war das AH-Intervall durch Verapamil um 14%, durch Diltiazem um 7% und durch Nifedipin nicht verändert. Der etwas geringere Effekt der Substanz am isolierten Präparat ist durch die stärker hervortretende Abnahme der spontanen Sinusknotenfrequenz (Fehlen der vegetativen Gegenregulation) und der starken Frequenzabhängigkeit der AV-Knoten Wirkung bedingt.

Dieser Vergleich der Meßdaten soll beispielhaft veranschaulichen, daß die SST-EKG Meßmethode am isolierten Herzpräparat eine sehr brauchbare Alternative für Experimente an narkotisierten Tieren zur Ermittlung von Substanzeffekten auf die kardiale elektrische Aktivität darstellt. Weiters können auch in vitro-Experimente an isolierten Herzteilen (Sinusknoten, AV-Knoten) eingespart werden, da mit dem SST-EKG die Aktivität aller Teile des Reizleitungssystems einfach und mit hoher Reproduzierbarkeit zu beurteilen ist, der Vergleich der Wirkungen in verschiedenen Herzteilen deshalb einfach ist.

Tabelle (Normwerte)

HR = Herzfrequenz (225±6); Zahl der Ventrikelerregung; nicht immer ident mit der Sinusknotenfrequenz.

SR = Sinusknotenfrequenz (225±6); Zahl der vom Sinusknoten ausgehenden Erregungen.

SNRT = Sinusknotenerholungszeit (sinus node recovery time) (336±14); das ist jene Zeit, die der Sinusknoten nach hochfrequenter Stimulation benötigt, um sich zu erholen. Sie wird bei einer Stimulationfrequenz von 300 Schlägen/min für 20 sec bestimmt. Danach wird die Stimulation gestoppt. Das Intervall zwischen der letzten stimulusinduzierten und der ersten spontan auftretenden P-Welle ist die SNRT.

SA-ERPe = effektive Refraktätperiode der sino-atrialen Leitung (55±4); bestimmt durch Stimulation mit einem vorzeitigen Extrastimulus. Es ist das längste S_1-S_2 Intervall, bei dem eine 1:1 Überleitung vom Sinusknoten auf das Atrium nicht länger gewährleistet ist.

SA-ERPc = frequenzabhängige effektive Refraktärperiode der sino-atrialen Leitung (58±2); es ist das längste S_1-S_1 Intervall, bei dem eine 1:1 Überleitung vom Sinusknoten auf das Atrium nicht mehr gewährleistet ist.

A-ERPe = effektive Refraktärperiode des Atriummyokards (45±2), bestimmt durch Stimulation mit einem vorzeitigen Extrastimulus. Es ist das längste S_1-S_2 Intervall, bei dem durch S_2 wiederholt keine Reizantwort auszulösen ist.

A-ERPc = frequenzabhängige effektive Refraktärperiode des Atriummyokards (44±3); bestimmt durch kontinuierliche Zunahme der Stimulationsfrequenz. Es ist das längste S_1-S_1 Intervall, bei dem nicht auf jeden Stimulus eine Aktivität des Atriums folgt.

AV-ERPe = effektive Refraktärperiode der AV-Knoten-Leitung (112±3); bestimmt durch Stimulation mit einem vorzeitigen Extrastimulus. Es ist das längste S_1-S_2 Intervall, bei dem eine 1:1 Überleitung vom Atrium zum Ventrikel nicht länger gewährleistet ist.

AV-ERPc = frequenzabhängige effektive Refraktärperiode der AV-Knotenleitung (148±5); bestimmt durch kontinuierliche Zunahme der Stimulationsfrequenz. Es ist das längste S_1-S_1 Intervall, bei dem eine 1:1 Überleitung vom Atrium zum Ventrikel nicht länger gewährleistet ist.

AH-Intervall = Intervall zwischen dem Beginn der P-Welle und dem Beginn des His-Bündel-Signals (57±3).

HV-Intervall = Intervall zwischen dem Beginn des His-Bündel-Signals und dem Beginn der Ventrikelaktivität (10±0.3).

QRS-Intervall = Intervall zwischen dem Beginn und Ende der Ventrikelaktivität (22±1).

V-ERPe = effektive Refraktärperiode des Ventrikelmyokards (104±3); bestimmt durch Stimulation mit einem vorzeitigen Extrastimulus. Es ist das längste S_1-S_2 Intervall, bei dem durch S_2 wiederholt keine Reizantwort auszulösen ist.

V-ERPc = frequenzabhängige effektive Refraktärperiode des Ventrikelmyokards (98±2); bestimmt durch kontinuierliche Zunahme der Stimulationsfrequenz. Es ist das längste S_1-S_1 Intervall, bei dem nicht auf jeden Stimulus eine Ventrikelaktivität folgt.

QT-Zeit = Intervall zwischen dem Beginn der Ventrikelaktivität und dem Ende der Repolarisationsperiode (T-Welle) (153±3).

QTc-Zeit = Herzfrequenz korrigierte QT-Zeit.

Literatur

ANGUS J.A., RICHMOND D.R., DHUMMA-UPAKORN P., COBBIN L.B., GOODMAN A.H., Cardiovascular action of verapamil in the dog with particular reference to myocardial contractility and atrioventricular conduction, Cardiovasc. Res. 10, 623-632, 1976

GARVEY H.L., The mechanism of action of verapamil on the sinus and AV nodes, Eur. J. Pharmacol. 8, 159-166, 1969

KAWAI C., KONISHI T., MATSUYAMA E., OKAZAKI H., Comparative effects of three calcium antagonists, diltiazem, verapamil and nifedipine, on the sinoatrial and atrioventricular nodes, Circ. Res. 63, No. 5, 1981

LANGENFELD H., HAVERKAMP V., ANTONI H., Electrophysiological profile of the antiarrhythmic compound asocainol studied on perfused guinea-pig hearts and on isolated cardiac preparations, Naunyn-Schmiedeberg's Arch. Pharmacol. 326, 155-162, 1984

LATHROP D.A., VALLE-AGUILLERA J.R., MILLARD R.W., GAUM W.E., HANNON D.W., FRANCIS P.D., NAKAYA H., SCHWARTZ A., Comparative electrophysiologic and coronary hemodynamic effects of diltiazem, nisoldipine and verapamil on myocardial tissue, Am. J. Cardiol. 49, 613-620, 1982

LOGAN M.E., GREENBAUM L.M., Effects of pepstatin on reducing hypoaxia induced injury in the isolated guinea-pig heart, Res. Commun. Chem. Pathol. Pharmacol. 37, 2, 243-258, 1982

MITCHELL L.B., SCHROEDER J.S., MASON J.W., Comparative clinical electrophysiologic effects of diltiazem, verapamil and nifedipine, A review, Am. J. Cardiol. 49, 629-635, 1982

NING W., WIT A.L., Comparison of the direct effects of nifedipine and verapamil on the electrical activity of the sinoatrial and atrioventricular nodes of the rabbit heart, Am. Heart J. 106, 345, 1983

ONUAGULUCHI G., TANZ R.D., MC CAWLEY E., Electrocardiographic changes induced by Amrinone in the isolated perfused guinea-pig Langendorff heart preparation, Arch. Int. Pharmacodyn. 264, 263-273, 1983

STARK G., STARK U., TRITTHART H.A., Modulation of cardiac impulse generation and conduction by nifedipine and verapamil analyzed by a refined surface ECG technique in Langendorff perfused guinea-pig hearts, Basic. Res. Cardiol. 83, 202-212, 1988

STARK G., STARK U., PILGER E., HÖNIGL K., BERTUCH H., TRITTHART H.A., The influence of elevated Mg^{2+} concentrations on cardiac electrophysiologic parameters, Cardiovasc. Drugs and Therapy 3, 183-189, 1989a

STARK G., STARK U., TRITTHART H.A., Assessment of the conduction cardiac impulse by a new epicardiac surface and stimulation technique (SST-ECG) in Langendorff perfused mammalian hearts, J. Pharmacol. Methods 21, 195-209, 1989b

STARK G., STARK U., NAGL S., BERTUCH H., PILGER E., HÖNIGL K., TRITTHART H.A., The effects of nifedipine, verapamil and diltiazem on the cardiac electrophysiological parameters, evaluated using a new ECG recording and stimulation technique in Langendorff perfused guinea-pig hearts, Proceedings of the congress, 71, 1989c

TAIRA N., NARIMATSU A., Effects of nifedipine, a potent calcium-antagonistic coronary vasodilator, on atrioventricular conduction and blood flow in the isolated atrioventricular node preparation of the dog, Naunyn-Schmiedeberg's Arch. Pharmacol. 290, 107-112, 1975

TANZ R., OPIE L., Effect of drug or electrically induced tachyarhythmias on the release of lactate dehydrogenase (LDH) in isolated perfused guinea-pig-hearts, 1. Comparison of the effects produced by ounbain, calcium, epinephrine and aconitine, J. Pharmacol. Exp. Ther. 206, 2, 320-330, 1978

WIT A., CRANEFIELD P.F., Effect of verapamil on the sinoatrial and atrioventricular nodes of the rabbit and the mechanism by which it arrests reentrant atrioventricular nodal tachycardia, Circ. Res. 35, 413-425, 1974

ZIPES D.P., FISCHER J.C., Effects of agents which inhibit the slow channel on sinus node automaticity and atrioventricular conduction in the dog, Circ. Res. 34, 184-192, 1974

Charakterisierung von antisekretorischen Substanzen in zellulären Testsystemen

K.-F. Sewing

Die Therapie peptischer Läsionen des oberen Gastrointestinaltrakts stützt sich nach wie vor im wesentlichen auf Maßnahmen, die zu einer Reduktion der Säuremenge im Magen führen und da auf Hemmstoffe der Magensekretion. Die Entwicklung solcher Hemmstoffe, an deren Verbesserung hinsichtlich der Nutzen-Risiko-Analyse nach wie vor intensiv gearbeitet wird, wurde in der Vergangenheit weitgehend im Tierexperiment durchgeführt. Die folgenden Darlegungen sollen demonstrieren, daß die pharmakologische Charakterisierung von Hemmstoffen der Magensekretion auch in vitro möglich ist. Als Modell dazu dienen isolierte und angereicherte Belegzellen der Magenschleimhaut verschiedener Spezies. Die Isolierung erfolgt durch Digestion mit Enzymen wie Collagenase und Pronase und die Anreicherung mit Hilfe der Zonalzentrifugation (= Elutriation), bei der die Zellen entsprechend ihrer Größe und Dichte getrennt werden. Die Belegzellen erscheinen, da sie am größten sind, am Ende der Elutriation und lassen sich leicht auffangen. Diese Zellen lassen sich wie folgt nutzen: Messung der Säuresekretion, Isolierung und Charakterisierung von Rezeptoren, Messung der intrazellulären signalverarbeitenden Systeme, enzymatische Untersuchungen der Protonenpumpe sowie Messung des Protonentransports an sekretorischen Vesikeln.

Die Verfahren zur Messung der Säuresekretion der isolierten Zellen sowie des Protonentransports bedürfen einer kurzen Erklärung. Da die isolierten und angereicherten Zellen in einem gepufferten Medium gehalten werden müssen, ist eine direkte Messung der Protonensekretion nicht möglich. Daher bedienen wir uns eines indirekten Verfahrens, bei dem radioaktiv markiertes Aminopyrin dem Medium zugesetzt wird. Wenn die Zellen Säure produzieren und diese in dem tubulo-vesikulären Apparat sezernieren, dann wird das dort befindliche Aminopyrin protoniert, dort festgehalten und läßt sich somit nach Entfernung des Mediums dort messen. Die jeweilige Menge an Radioaktivität ist ein Maß für die Säureproduktion. Die Messung des Protonentransports an isolierten Vesikeln erfolgt mit Hilfe des fluoreszierenden Farbstoffs Acridinorange, das in Abhängigkeit vom pH seine fluoreszierenden Eigenschaften verändert.

Paradigmatisch seien hier einige Prozesse herausgegriffen, die geeignet sind, Hemmstoffe der Säuresekretion zu identifizieren und zu charakterisieren.

1. Interaktionen am Histamin-H_2-Rezeptor

Mit Hilfe von Histamin läßt sich die Säureproduktion isolierter Belegzellen konzentrationsabhängig stimulieren. In Anwesenheit von Histamin-H_2-Rezeptor-Antagonisten wie z. B. Ranitidin, wird die Konzentrations-Wirkungs-Kurve von Histamin konzentrationsabhängig parallel nach rechts verschoben, ohne daß das Maximum reduziert würde. Mit Hilfe der sogenannten Schild-Analyse lassen sich Wirkungsstärke und -typ (kompetitiv oder nicht kompetitiv) eines Antagonisten ermitteln. Der Histamin-H_2-Rezeptor ist über ein stimulatorisches G-Protein an eine Adenylatzyklase gekoppelt, mit deren Hilfe aus ATP der second messenger zyklisches Adenosin-3',5'-monophosphat entsteht. Als Ergänzung oder Ersatz kann auch die Adenylatzyklase unter den gleichen Kriterien gemessen und ausgewertet werden und führt zu identischen Resultaten.

2. Interaktionen am Prostaglandin E-Rezeptor

Die Parietalzelle trägt an ihrer basolateralen Membran Bindungsstellen für E-Prostaglandine. Radioaktiv markiertes Prostaglandin E_2 läßt sich von diesen Bindungsstellen durch zahlreiche Eicosanoide mit unterschiedlicher Potenz verdrängen. In gleicher Weise wie die verschiedenen Eicosanoide das radioaktiv markierte Prostaglandin E_2 von seiner Bindungsstelle verdrängen, hemmen sie auch die durch Histamin stimulierte Säuresekretion isolierter und angereicherter Belegzellen. Daraus läßt sich schließen, daß es sich bei der Bindungsstelle für E-Prostaglandine um einen Rezeptor handelt, der eine inhibitorische Funktion für die Säuresekretion des Magens ausübt. Nach den heutigen Vorstellungen ist dieser Rezeptor über ein inhibitorisches G-Protein mit der Adenylatzyklase gekoppelt, die auch für den Histamin-H_2-Rezeptor die Untereinheit darstellt. In diesem System lassen sich die antisekretorischen Eigenschaften von Eicosanoiden quantitativ charakterisieren.

3. Interaktionen an der Protonenpumpe

Die Protonenpumpe ist in der tubulo-vesikulären Membran der Belegzelle lokalisiert und besteht aus einer Mg^{2+}-stimulierbaren und K^+-aktivierbaren ATPase (H^+/K^+-ATPase), die im Austausch gegen K^+-Protonen (H^+) in die Tubulovesikel pumpt. Interaktionen von Hemmstoffen mit der Pumpe lassen sich auf drei verschiedenen Wegen untersuchen:

1. Durch Messung der Säuresekretion intakter Zellen.
Um von vornherein ausschalten zu können, daß ein Hemmstoff am Histamin-H_2-Rezeptor angreift, muß für diese Untersuchung ein Stimulans der Säuresekretion verwendet werden, das jenseits des Rezeptors angreift. Dazu sind zellgängige Derivate des second messengers zyklisches Adenosin-3',5'-Monophosphats geeignet.
2. Durch enzymatische Messung der H^+/K^+-ATPase und
3. durch Messung des Protonentransports an isolierten Tubulovesikeln der Belegzelle.

Nach dem bisherigen Kenntnisstand hat die Protonenpumpe zwei Bereiche, die einer Blockade und damit der Hemmung des Protonentransports zugänglich sind: Freie SH-Gruppen und die K^+-Bindungsstelle.

Mit den SH-Gruppen reagieren Stoffe, die unter dem gemeinsamen Oberbegriff "Substituierte Benzimidazole" zusammenzufassen sind und bei denen Omeprazol als Prototyp gilt. Diese Stoffe können eine solche Reaktion nur eingehen, nachdem sie nicht enzymatisch in ein reagibles Wirkprinzip umgewandelt worden sind. Dies geschieht in Abhängigkeit vom Umgebungs-pH. Bei der Interaktion des Wirkprinzips, eines zyklischen Sulphenamids, handelt es sich um eine kovalente Bindung, woraus ein nicht kompetitiver Hemmechanismus resultiert. Dieser läßt sich für die substituierten Benzimidazole sowohl an der Säuresekretion der intakten Zelle als auch im Enzymassay nachweisen. Die Säureaktivierung läßt sich am eindrucksvollsten an isolierten sekretorischen Vesikeln demonstrieren, bei denen es zu einer Hemmung des Protonentransports erst dann kommt, wenn der pH- Wert im Inneren der Vesikel ausreichend niedrig ist.

Eine andere Gruppe von Hemmstoffen der Protonenpumpe wird repräsentiert durch den Wirkstoff SCH28080. Dieser Hemmstoff reagiert im Gegensatz zu den substituierten Benzimidazolen nicht mit freien SH-Gruppen des Enzyms, sondern reversibel mit der K^+-Bindungsstelle. Das findet seinen Niederschlag in einer kompetitiven Hemmung des Enzyms. Ebenfalls im Gegensatz zu den substituierten Benzimidazolen bedarf es bei SCH28080 auch keiner Aktivierung durch Säure.

Diese Darstellungen lassen erkennen, daß es mit Hilfe eines differenzierten Systems aus in vitro-Methoden möglich ist, Hemmstoffe der Säuresekretion qualitativ wie quantitativ zu charakterisieren und zu identifizieren. Damit hat die weitere Entwicklung von antisekretorischen Ulkustherapeutika eine Dimension bekommen, die wesentliche Teile der präklinischen Forschung in diesem Bereich vom Tierexperiment ins Reagenzglas verlagert.

Chirurgisch-gastroenterologische Grundlagenforschung: Reduktion der Tierversuche und Entwicklung von in vitro-Methoden

W. Feil

Zusammenfassung

Die gastrointestinale Schleimhaut ist im täglichen Leben beträchtlichen Noxen ausgesetzt. Den luminal einwirkenden potentiell schädigenden Substanzen steht ein System schützender Mechanismen gegenüber. Eine Störung des Gleichgewichts zwischen aggressiven und protektiven Faktoren führt zu einem Zusammenbrechen der Mukosabarriere und zu schweren Komplikationen (z.B. peptisches Ulkus, entzündliche Darmerkrankungen). In konsekutiven, thematisch aufbauenden Studien wurden die protektiven Faktoren der Mukosa des Duodenums und Kolons experimentell sowohl in vivo als auch in vitro untersucht (FEIL W. et al.,1987, 1989, 1989, SCHIESSEL R. et al., 1984, STARLINGER M. et al., 1987, VATTAY P. et al., 1988, WENZL E. et al., 1987). Dabei wurde zunächst die Bikarbonatsekretion der Duodenalschleimhaut als wichtiger Schutzfaktor gegen die Einwirkung luminaler Säure erkannt (STARLINGER M. et al., 1987, 1988, VATTAY P. et al., 1988, WENZL E. et al.,1987). In Folge wurde mit der schnellen Restitution ein weiterer protektiver Mechanismus der Zwölffingerdarmschleimhaut entdeckt (FEIL W. et al.,1987). Dabei werden oberflächliche Schleimhautläsionen durch Migration von der Nekrose benachbarten Enterozyten binnen weniger Stunden reepithelialisiert. Dieser Mechanismus basiert nur auf Zellverformung und Zellwanderung entlang der Basalmembran und steht im Gegensatz zur klassischen Defektheilung, die Zellteilung und Proliferation impliziert. Diese schnelle Restitution ist als protektiver Faktor eng an die Präsenz von Bikarbonat gebunden: Abgestoßene Mukosa nach oberflächlicher Schädigung und Schleim verbinden sich mit nutritivem Bikarbonat zu einer Schutzschicht (= alkalisches Mikromilieu) und ermöglichen den ungestörten Ablauf der schnellen Restitution (FEIL W. et al., 1987, 1989). In weiterer Folge wurde die schnelle Restitution auch an der Dickdarmschleimhaut entdeckt (FEIL W. et al., 1989). Morphologie und zeitlicher Ablauf sind mit dem Duodenum vergleichbar. Für diese Studie wurde auch erstmals humane Kolonmukosa in vitro verwendet. Die Beschreibung der schnellen Restitution im Duodenum und Kolon und vor allem auch erstmals im menschlichen Darm bestätigt die Bedeutung dieses Mechanismus zur schnellen Defektheilung als wichtiger Defensivmechanismus der Schleimhaut des Verdauungstraktes. Aus diesen Untersuchungen ergeben sich nicht nur prinzipielle Erkenntnisse zur Pathophysiologie des Verdauungstraktes sondern auch klinisch relevante Überlegungen zur Erarbeitung neuer Therapieansätze (SCHIESSEL R. et al., 1990).

Die schnelle Restitution läuft in vivo und in vitro gleich ab. Die Entwicklung und der konsequente Einsatz der in vitro-Methoden macht in den weiterführenden Forschungsprojekten in vivo-Versuche überflüssig. Da in den laufenden Projekten vor allem humane Dickdarmschleimhaut von Operationspräparaten verwendet wird, konnte die Anzahl der für die reine Gewebeentnahme geopferten Tiere deutlich gesenkt werden.

Methodik - Versuchsanordnung

Für die Versuche wurde tierisches Gewebe (Duodenum und Kolon) von Kaninchen (in vivo und in vitro) sowie humanes Kolon (in vitro) von Operationspräparaten verwendet.

In vivo-Versuche

Die Versuche wurden an weiblichen weißen, durchschnittlich 3 kg schweren Neuseeländerkaninchen durchgeführt, arterieller Blutdruck und Säure-Basenhaushalt nach dem Laborstandard monitiert. Unter tiefer Sedierung mit Vetanarcol (0.3 mg/kg i. v.) und nach Setzen von 1-2 ml 1% Scandicain 2 subcutan als Lokalanästhesie wurde die Bauchhöhle eröffnet. Je nach Versuchsprotokoll wurde ein 6 cm langes Segment des proximalen Duodenums oder Kolons ohne Beeinträchtigung der Blutversorgung zwischen Ligaturen gefaßt. Über Inzisionen an beiden Enden des Segmentes wurde die Spitze je eines Polyvinylkatheters in das Darmlumen eingebracht. Danach wurde das Darmsegment in situ mit isotoner Kochsalzlösung unter Basisbedingungen perfundiert. Mit Hilfe einer pulsierenden Rotationspumpe wurden etwa 45 ml Flüssigkeit durch den Darm und das Reservoir rezirkuliert und dabei eine konstante Perfusionsrate von 10 ml/min aufrecht erhalten. Das Perfusat wurde bei 37 °C gehalten und mit 100% Sauerstoff, der zur Exklusion eventueller Spuren von CO_2 durch 1 M KOH geleitet wurde, begast. Die transmukosale Potentialdifferenz (PD) wurde über KCl-Agar gefüllte Polyäthylenschläuche gemessen; eine Brücke wurde im Lumen des perfundierten Darmsegmentes über eine getrennte kleine Inzision positioniert, die Referenzbrücke wurde in die Ohrvene plaziert. Beide Agarbrücken wurden über konzentrierte KCl Lösungen und Kalomelelektroden an ein Voltmeter angeschlossen. Eine Korrektur für Junktionspotentiale war nicht notwendig. Die Werte wurden in milli-Volt (mV) angegeben und alle 10 Minuten registriert. Der Alkaliflux (AF) wurde nach der pH-stat Methode bei pH 7,4 durch automatische Titration mit 0,1 M HCl in das Reservoir gemessen und wurde in $\mu Val/cm^2$ in 10 Minuten ($\mu Val/cm^2 \times 10 min.$) angegeben.

In vitro-Versuche

Humanes Kolon. Die Gewebe stammen von Patienten, die wegen eines kolorektalen Karzinoms operiert wurden. Das Sigma und das linke Kolon wurden ohne Beeinträchtigung der Blutversorgung mobilisiert. Ein entsprechendes Segment (Sigma) wurde rasch exzidiert und sofort in gekühlter (4 °C) oxygenierter Euro-Collins Lösung zur Versuchsanordnung gebracht (5-10 Minuten). Die Seromuskularis wurde in einem Bad aus gekühlter Euro-Collins Lösung scharf mit einem Skalpell abpräpariert; dieser Vorgang dauerte etwa 2-3 Minuten. Die daraus resultierenden Mukosapräparationen wurden mit der luminalen Seite nach oben ($2 cm^2$ Schleimhautoberfläche) horizontal in eigens hergestellten Inkubations-Kammern eingebracht (Abbildung 1). An der luminalen Seite wurde eine isotone Kochsalzlösung, die konstant auf 37 °C gehalten und mit 100% Sauerstoff (zur Entfernung von CO_2 durch 1 M KOH geleitet) begast wurde, verwendet. die Lösung auf der nutritiven Seite (37 °C) enthielt (mMol/L): 122,0 NaCl, 5,0 KCl, 1,3 $MgSO_4$, 2,0 $CaCl_2$, 20,0 Glukose; diese Lösung wurde mit 95% O_2/5% CO_2 begast und unter Verwendung eines automatischen Titrationssystems auf einen pHN = 7,4 konstant gehalten. Die transmukosale

Potentialdifferenz (PD) und der Alkaliflux (AF) wurden wie beschrieben an der luminalen Seite gemessen.

Kaninchen. Für die in vitro-Versuche wurden Duodenum und Kolon von Kaninchen verwendet. Die Versuchstiere wurden mit 0,3 mg/kg Vetanarcol über einen Ohrvenenkatheter getötet. Die Bauchhöhle wurde eröffnet, ein entsprechend langes Darmsegment entnommen und sofort eine entsprechende Schleimhautpräparation angefertigt.

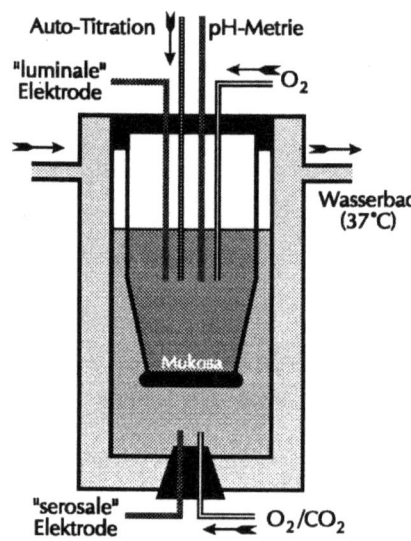

Abb. 1

Methodik - Versuchsprotokoll

Im Anschluß an die standardisierte Perfusion oder Inkubation zur Äquilibrierung einer stabilen Basissituation der Gewebe (= baseline) richtete sich die weitere Behandlung nach dem jeweiligen Versuchsprotokoll. In zahlreichen Pilotversuchen wurde unter Verwendung empirischer, aber physiologiegerechter Konzentrationen und Expositionszeiten mit den entsprechenden schädigenden Agentien (HCl, Alkohol, Gallensäure) das jeweilige Schädigungsmodell für die Schleimhaut entwickelt. Nach luminaler Exposition mit dem schädigenden Agens setzte sich eine Perfusion oder Inkubation unter Basisbedingungen für weitere 3 Minuten bis 7 (in vitro) oder 10 (in vivo) Stunden fort. Die Versuchsdauer war in vitro durch die Narkosetoleranz der Versuchstiere beschränkt.

Kaninchen-Duodenum (in vivo, in vitro)

Der Mechanismus der schnellen Restitution wurde zunächst an der Duodenalschleimhaut in vivo nach Schädigung mit 200 mM HCl für 30 Minuten untersucht. Eine dem in vivo-System vergleichbare uniforme oberflächliche Schädigung konte in vitro durch Exposition mit 10 mM HCl für 10 Minuten erreicht werden. Danach wurden die Gewebe bis zu 5 Stunden bei einem luminalen pHL= 7,4 oder 3,0 inkubiert. Um die Bedeutung von Bikarbonat für die schnelle Restitution untersuchen zu können, wurde in einer Serie von Experimenten nutritiver Bikarbonatpuffer gegen einen bikarbonatfreien HEPES-Puffer bei pHL= 7,4 oder 3,0 getauscht. In einer anderen Serie wurde die Bedeutung der Nekroseschichten für die schnelle Restitution untersucht, indem diese Schicht bei einem luminalen pHL= 7,4 oder 3,0 eine Stunde nach Ende der Säureschädigung mechanisch entfernt wurde. In einer Kontrollgruppe wurde belegt, daß diese mechanische Entfernung zu keiner zusätzlichen Schädigung der Mukosa führt.

Humanes Kolon in vitro

Eine uniforme, oberflächliche Schädigung der Dickdarmschleimhaut in vitro konnte durch Exposition mit 10 mM HCl für 10 Minuten oder 0,1 mM Na-DOC (Natrium-Deoxycholsäure) für 10 Minuten erzielt werden. Salzsäure wurde ursprünglich gewählt, um bei der vom Duodenum übernommenen Versuchsanordnung zunächst möglichst wenige Parameter zu ändern. Nach luminaler Schädigung verblieben die Gewebe für weitere 3 Minuten bis 5 Stunden unter Basisbedingungen in der Inkubationskammer.

Kaninchen-Kolon in vivo

Die Kolonschleimhaut wurde durch Exposition mit 100 mM HCl für 5 Minuten, 100 mM oder 200 mM HCl für 30 Minuten geschädigt. Danach wurden die Gewebe für weitere 15 Minuten bis 10 Stunden unter Basisbedingungen perfundiert.

Morphometrie MIPSY

Um das Ausmaß der Schleimhautschädigung feststellen und das Fortschreiten der schnellen Restitution monitieren zu können, wurden die paraffineingebetteten Gewebe morphometriert (Abbildung 2). Das analoge mikroskopische Bild wird von einer Videokamera erfaßt und in einem Frame-Grabber, der in einem Personal-Computer eingebaut ist, in ein digitales Signal umgewandelt und auf einem Monitor projiziert. Dieses Bild wird durch ein zweites Signal, das mit einem Grafik-Tablet generiert wird, überlagert. Dadurch kann die Schleimhautoberfläche in einem Echtzeit-Modus auf 0,01 mm genau vermessen werden.

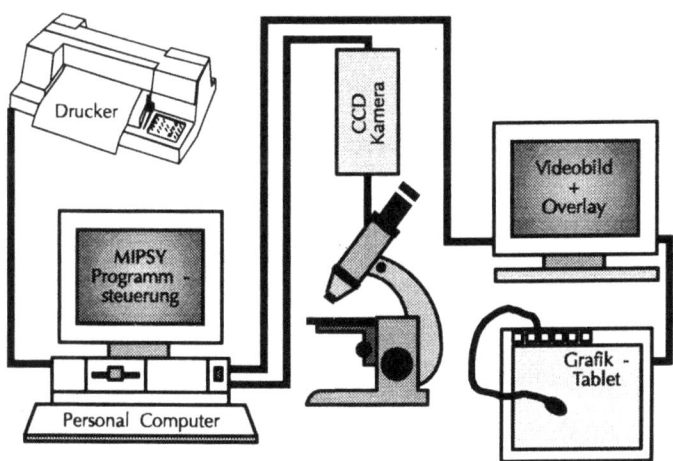

Abb. 2. Echt-Zeit Morphometriesystem MIPSY ('' The Micro-based Image Processing System'')

Ergebnisse

Duodenum (in vivo, in vitro)

Eine dem in vivo-Modell (200 mM HCl für 30 Minuten) vergleichbare oberflächliche Schleimhautschädigung konnte durch Inkubation mit 10 mM HCl für 10 Minuten in vitro erreicht werden.

Nach Abstoßen der nekrotischen Zottenanteile entsenden die benachbarten intakten Enterozyten Scheinfüßchen, die nicht nur entlang der denudierten Basalmembran wandern, sondern auch Defekte in der Kontinuität der Basalmembran überbrücken. Der Mechanismus dieser schnellen Restitution ist in vivo und in vitro gleich. Lediglich zeigt die Schleimhaut in vitro nach der Restitution eine im Vergleich zu den in vivo-Versuchen etwas differente Architektur mit plumperen, stummelförmigen Neozotten, die sich durch die zunächst in vivo verwendete Methode der Zottenzählung methodisch nicht einwandfrei quantifizieren ließen. Deshalb wurde für diese Versuche die eigens entwickelte Morphometriemethode MIPSY angewendet. Die Morphometrie zeigte, daß 2/3 (68,30%±0,66%) der Schleimhautoberfläche 30 Minuten nach der Säureexposition geschädigt waren, 67,9%±1,42% nach einer Stunde. Nach 2 Stunden wurden abgeflachte Epithelzellen in der Nähe der nekrotischen Areale als erste eindeutige Zeichen der beginnenden Restitution beobachtet. Danach migrierten die verbleibenden intakten Epithelzellen entlang der Basalmembran, um den Zottendefekt zu überbrücken und die epitheliale Kontinuität wiederherzustellen. Mit dem zeitlichen Fortschreiten der Schleimhautrestitution verringerte sich der Prozentsatz geschädigter Schleimhautoberfläche kontinuierlich. Am meisten zwischen 3 Stunden (40,45%±1,84%) und 5 Stunden (14,01%±1,41%) nach der initialen Schädigung. Schleimhautanteile, die selbst nach 7 Stunden (10,35%±0,73%) geschädigt verblieben, zeigten durchwegs Läsionen, die auch die Krypten konsumierten. In diesen Arealen war eine schnelle Restitution nicht zu erwarten. Morphometrisch war das Ausmaß der initialen Schleimhautschädigung zwischen pHL= 7,4 und 3,0 nicht unterschiedlich. Die Restitution war bei pHL= 3,0 verglichen mit pHL= 7,4 deutlich verzögert, 69,82%±1,05% der Oberfläche waren nach 2 Stunden bei pHL= 3,0 (p<0,02) geschädigt, hingegen nur 51,14%±1,52% zu diesem Zeitpunkt bei pHL= 7,4. Diese Diskrepanz zeigte sich auch nach 5 Stunden, da 29,70%±10,73% der Schleimhautoberfläche bei pHL= 3,0 geschädigt verblieben, bei pHL= 7,4 zu diesem Zeitpunkt jedoch nur 14,01%±1,41% (p<0,01). Abgesehen von dieser Verzögerung fand sich kein morphologisch erkennbarer Unterschied im prinzipiellen Mechanismus der Restitution. Die Entfernung der Nekroseschicht verursacht keine zusätzliche Schädigung, da 70,5%±1,02% der Schleimhautoberfläche in Geweben, die unmittelbar nach RNL fixiert wurden, geschädigt waren. Bei pHL= 7,4 verursachte Entfernen der Nekroseschichte keinen Einfluß auf die geschädigt verbleibende Schleimhautoberfläche nach 2 Stunden (52,30%±1,20%) oder nach 5 Stunden (14,72%±0,77%). Bei pHL= 3,0 verursachte die Entfernung der Nekroseschicht eine signifikante (p<0,01) Verzögerung der Mukosarestitution, da 75,35%±1,01% der Schleimhautoberfläche nach 2 Stunden und 65,52% ±1,04% nach 5 Stunden geschädigt verblieben. Nutritive HEPES Lösung behinderte die Schleimhautrestitution bei pHL= 7,4, da 34,72%±1,31% der Schleimhautoberfläche nach 5 Stunden geschädigt verblieben. Bei pHL= 3,0 verursachte HEPES nicht nur eine vollständige Inhibition der schnellen Restitution, sondern konnte auch eine zusätzliche Schädigung der Schleimhaut durch Säure nicht vermeiden (96,17%±0,38%).

Humanes Kolon in vitro

Sowohl Gewebe, die sofort nach Anfertigen der Mukosapräparation, als auch Schleimhäute, die 5 Stunden unter Basisbedingungen in der Ussingkammer perfundiert wurden, zeigten normale Morphologie. Luminale Exposition mit 10 mM HCl für 10 Minuten verursachte eine beinahe uniforme Schleimhautschädigung, die sich auf die oberflächliche Epithelzellage beschränkte. 15 Minuten nach Ende der Säureexposition waren 95,95%±1,06% der Oberfläche geschädigt. Nach 30 Minuten war dieser Wert praktisch unverändert (96,13%±0,17%). Nach 2 Stunden reduzierte sich die geschädigte Oberfläche auf 85,70%±2,27%. In den folgenden 60 Minuten schritt die Schleimhautresitution so schnell fort, daß nach 3 Stunden 60,27%±1,28% und schließlich nach 5 Stunden nur 16,96%±1,18% der Schleimhaut geschädigt waren.

Kolon in vivo

Unmittelbar nach luminaler Exposition mit 100 mM HCl für 5 Minuten waren 79,52%±1,44% der Mukosa geschädigt. Die Meßwerte blieben bis 30 Minuten nach Ende der Säureexposition unverändert (76,41%±1,07%). Nach einer Stunde nahm der Anteil der geschädigten Schleimhautoberfläche auf 61,35%±1,47% ab. In den nächsten 60 Minuten reduzierte sich die Schleimhautoberfläche signifikant auf nur 10,43%±0,87%. 5 Stunden nach der Säureexposition waren nur mehr 2,36%±0,34% der Kolonschleimhaut geschädigt. Diese noch geschädigt verbliebenen Schleimhautinseln zeigten durchwegs Läsionen, die die Basalmembran überschritten und auch das Propriabindegewebe betrafen und nicht durch die schnelle Restitution repariert wurden.

Diskussion

Die Ursache für das gastroduodenale Ulkusleiden ist nur in den wenigsten Fällen eine Überproduktion von Salzsäure, sondern ein gestörtes Gleichgewicht zwischen den aggressiven und protektiven Faktoren an der Schleimhaut (SCHIESSEL R. et al., 1990). Die aggressiven Faktoren sind bekannt: Säure und Pepsin. Dementsprechend hat sich das Hauptaugenmerk der klinischen Bemühungen darauf gerichtet, die aggressiven Faktoren zu eliminieren und damit das Gleichgewicht zumindest für den Zeitraum der Therapie wiederherzustellen. Die Therapie des peptischen Ulkusleidens wurde in der letzten Dekade durch die erfolgreiche Entwicklung hochaktiver Hemmsubstanzen der Säureproduktion im Magen wesentlich beeinflußt. Diese Substanzen greifen an den Rezeptoren der basolateralen Zellmembran der Belegzellen (H_2-Blocker) oder direkt an der H^+/K^+-ATPase der apikalen Zellmembran (Omeprazol) an. Mit dem Wegfall der Therapie kommt es aber zwangsläufig wieder zu einem neuerlichen Ungleichgewicht an der Schleimhaut und zum Ulkusrezidiv. Deshalb hat die Erforschung der protektiven Mechanismen an der gastroduodenalen Schleimhaut hohe Priorität erlangt. Ziel unserer Untersuchungen war es zunächst, ein Ulkusmodell für die Duodenalschleimhaut zu entwickeln und Mechanismen, die in die Pathogenese des peptischen Ulkusleidens involviert sind, zu untersuchen. In früheren Studien gelang der Nachweis, daß Bikarbonat eine zentrale Rolle als protektiver Faktor für die Duodenalschleimhaut besitzt (FEIL W. et al., 1987, 1989, SCHIESSEL R. et al., 1984, STARLINGER M. et al., 1937, 1988, VATTAY P. et al., 1988, WENZL E. et al, 1987). Luminal verfügbares Bikarbonat als Puffersubstanz gegen schädigende Säure stammt unter Normalbedingungen aus aktiver Bikarbonatsekretion der Duodenalschleirihaut (FLEMSTRÖM G. et al., 1982). Die Alkalisekretion hängt von der arteriellen Bikarbonatkonzentration und der Schleimhautdurchblutung ab (STARLINGER M. et al., 1988, WENZL E. et al., 1987). Nach oberflächlicher Schleimhautschädigung kommt dazu eine passive Alkaliflux durch das Öffnen parazellulärer Kanäle (VATTAY P. et al., 1988). Dieser Bikarbonatflux häng von der Stärke der Schädigung ab. Als weiterer wichtiger protektiver Faktor der Duodenalschleimhaut wurde die schnelle Restitution erkannt (FEIL W. et al., 1987). Die schnelle Restitution ist ein Mechanismus, durch den epitheliale Integrität und Kontinuität nach oberflächlicher Schädigung schnell wiederhergestellt wird, noch bevor Zellproliferation und andere entzündliche Reaktionen zum Tragen kommen. Dieser Mechanismus scheint eine initiale Abwehrreaktion gegen potentiell schädigende luminale Agentien zu sein und verhindert eine tiefere Schleimhautschädigung. Im Magen vollzieht sich diese Restitution binnen 60 Minuten (Ratte in vivo) bis 4 Stunden (Frosch in vitro) (ITO S. et al., 1984, LACY E.R. et al., 1984, SVANES K. et al., 1982, 1983). Im Duodenum dauert die Restitution doch wesentlich länger, wenngleich der Initialmechanismus - die Formierung von Pseudopodien - etwa gleichzeitig beginnt. Die Ursache ist in der tieferen initialen Säureschädigung zu suchen, die die Basalmembran überschritt und somit eine tiefere Gewebsnekrose verursachte. Mit dem Ablösen der nekrotischen apikalen Zottenhälften traten zahlreiche Unterbrechungen in der Kontinuität der Basalmembran auf, die von den migrierenden Zellen überbrückt werden mußten. Die schnelle Restitution der Magenschleimhaut ist säureempfindlich. Bei einem pHL= 3,0 lief die Restitution im Vergleich zu einem pHL= 7,4 verzögert ab. Während ein Entfernen der Nekroseschicht die Restitution im neutralen Umfeld nicht beeinflußte, kam es bei zusätzlicher Inkubation bei pHL= 3,0 zu einer Inhibition der schnellen Restitution. Wir nehmen an, daß die Nekroseschicht eine Diffusionsbarriere für H-Ionen aufbaut und so die geschädigte Schleimhaut schützt (Abbildung 3). Nutritives Bikarbonat unterstützte die Restitution bei pHL= 7,4, da dieser Mechanismus selbst im neutralen luminalen Milieu unter HEPES-Bedingungen verzögert war. Nutritives Bikarbonat war für die Restitution bei pHL= 3,0 essentiell notwendig, da die Restitution unter HEPES-Bedingungen hier vollständig verhindert wurde. Wir ziehen den Schluß, daß die schnelle Restitution nach säureinduzierter Schleimhautschädigung im Duodenum von der Präsenz eines alkalischen Mikromilieus, welches durch transmukosale Diffusion von Bikarbonat in die Nekroseschicht auf der Schleimhautfläche gebildet wird, abhängig ist (FEIL W. et al., 1989). Unter klinisch relevanten Bedingungen kann die Ulkusentstehung als Ergebnis von Störungen im Bereich der verschiedenen protektiven Mechanismen gesehen werden. Oberflächliche Schleimhautläsionen führen möglicherweise dann zur Ulzeration, wenn die Schleimhaut unfähig ist, dem Mikromilieu ausreichend Bikarbonat zur Unterstützung der schnellen Restitution zur Verfügung zu stellen. Die Schleimhautrestitution war in Abwesenheit einer Nekroseschicht nur unter neutralen luminalen Bedingungen möglich.

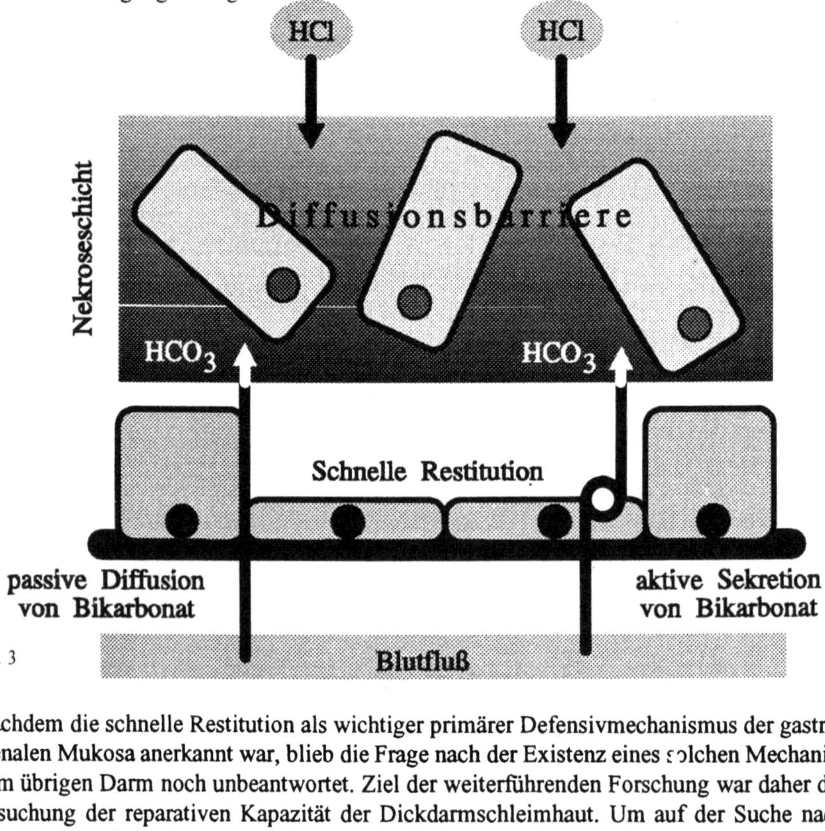

Abb. 3

Nachdem die schnelle Restitution als wichtiger primärer Defensivmechanismus der gastroduodenalen Mukosa anerkannt war, blieb die Frage nach der Existenz eines solchen Mechanismus im übrigen Darm noch unbeantwortet. Ziel der weiterführenden Forschung war daher die Untersuchung der reparativen Kapazität der Dickdarmschleimhaut. Um auf der Suche nach einem adäquaten Schädigungsmodell aus methodischen Gründen zunächst sowenig Parameter wie möglich zu verändern, wurde zunächst das erprobte in vivo-Modell vom Kaninchen direkt auf das Kolon umgelegt (FEIL W. et al., 1989). Später wurde auch das in vitro-System für das humane Kolon entsprechend angewendet und anstatt HCl Natrium-deoxycholsäure als schädigendes Agens verwendet. Luminale Exposition des Kaninchenkolons mit 100 mM HCl für 5 Minuten verursachte eine gleichförmige oberflächliche Schleimhautschädigung. Als erstes Anzeichen des Beginns der Restitution werden die der Nekrose benachbarten intakt verbliebenen Epithelzellen in rasch migrierende Epithelien transformiert. Wenn sich die nekrotischen Epithelzellagen von der Basalmembran ablösen, entsenden die intakt verbliebenen Enterozyten breite, flache Zellfortsätze (Lamellipodia) entlang der denudierten Basalmembran, beginnen über diese zu migrieren und reepithelialisieren somit die geschädigte Mukosaoberfläche. Der Mechanismus der schnellen Restitution ist derselbe wie im Magen und Duodenum, der zeitliche Ablauf ist aber verglichen mit dem Duodenum deutlich unterschiedlich. Die Mukosarestitution dauert im Duodenum beträchtlich länger, da dort die Basalmembran als wichtige Leitstruktur für die migrierenden Enterozyten im Bereiche der teilweise nekrotischen Villi an zahlreichen Stellen durchbrochen ist. Die ursprüngliche von LACY (LACY E.R. et al., 1984) geäußerte Vermutung, daß eine intakte Basalmembran eine "Conditio sine qua non" für die schnelle Restitution wäre, wurde durch die Beobachtung der Restitution im Duodenum, wo auch Lücken in der Kontinuität der Basalmembran zu überbrücken waren, prinzipiell widerlegt. Dennoch hat es den Anschein, daß eine intakte Basalmembran für den zeitlichen Ablauf der schnellen Restitution förderlich ist (FEIL W. et al., 1989, 1989).

Der Mechanismus der schnellen Restitution der gastroduodenalen Mukosa ist als wichtiger protektiver Mechanismus gegen luminale Säureschädigung generell anerkannt. Zum Unterschied von Magen und Duodenum besitzt das Kolon kein saures Umfeld, somit scheint die schnelle epitheliale Restitution ein grundlegender protektiver Mechanismus der gastrointestinalen Mukosa zu sein, der nicht an die Gegenwart eines sauren luminalen Umfeldes gebunden ist.

Die experimentellen Arbeiten wurden von der "Anton Dreher-Gedächtnisschenkung des Medizinischen Dekanats der Universität Wien" und der "Jubiläumsstiftung der Österreichischen Nationalbank gefördert.

Literatur

FEIL W., WENZL E., VATTAY P., STARLINGER M., SOGUKOGLU T., SCHIESSEL R., Repair of rabbit duodenal mucosa after acid injury in vivo and in vitro, Gastroenterology 92, 1973-1986, 1987

FEIL W., KLIMESCH S., KARNER P., WENZL E., STARLINGER M., LACY E.R., SCHIESSEL R., Importance of an alkaline microenvironment for rapid restitution of the duodenal mucosa in vitro, Gastroenterology 97, 112-122, 1989

FEIL W., LACY E.R., WONG Y.M.M., BURGER D., WENZL E., STARLINGER M., SCHIESSEL R., Rapid epithelial restitution of the human and rabbit colonic mucosa, Gastroenterology 97, 685-701, 1989

FLEMSTRÖM G., GARNER A., NYLANDER O., HURST B.C., HEYLINGS J.R., Surface epithelial HCO₃ transport by mammalian duodenum in vivo, Am. J. Physiol. 243, G348-358, 1982

ITO S., LACY E.R., RUTTEN M.J., CRITCHLOW J., SILEN W., Rapid repair of injured gastric mucosa, Scand. J. Gastroenterology 19 (Suppl 107), 87-95, 1984

LACY E.R., ITO S., Rapid epithelial restitution of the rat gastric mucosa after ethanol injury, Lab Invest 51, 573-83, 1984

SCHIESSEL R., STARLINGER M., KOVATS E., APPEL W., FEIL W., SIMON A., Alkaline Secretion of rabbit duodenum in vivo: its dependence on acid base balance and mucosal blood flow, in: ALLEN A., FLEMSTRÖM G., GARNER A., SILEN W., TURNBERG L.A. (eds.), Mechanism of mucosal protection in the upper gastrointestinal tract, New York: Raven, pp. 267-271, 1984

SCHIESSEL R., FEIL W., WENZL E., Mechanisms of stress ulceration and implications for treatment, Gastroenterol. Clin. North Am. 19, 101-120, 1990

STARLINGER M., MATTHEWS J., YOON CH., WENZL E., FEIL W., SCHIESSL R., The effect of acid perfusion on mucosal blood flow and intramural pH of rabbit duodenum, Surgery 101, 433-8, 1987

STARLINGER M., SCHIESSEL R., Bicarbonate (HCO₃) delivery to the gastroduodenal mucosa by the blood: its importance for mucosal integrity, Gut. 29, 647-54, 1988

SVANES K., ITO S., TAKEUCHI K., SILEN W., Restitution of the surface epithelium of the in vitro frog gastric mucosa after damage with hyperosmolar sodium chloride, Gastroenterology 82, 1409-26, 1982

SVANES K., TAKEUCHI K., ITO S., SILEN W., Effect of luminal pH and nutrient bicarbonate concentration on restitution after gastric surface cell injury, Surgery 94, 494-500, 1983

VATTAY P., FEIL W., KLIMESCH S., WENZL E., STARLINGER M., SCHIESSEL R., Acid-stimulated alkaline secretion in the rabbit duodenum is passive and correlates with mucosal damage, Gut. 29, 284-90, 1988

WENZL E., FEIL W., STARLINGER M., SCHIESSEL R., Alkaline secretion. A protective mechanism against acid injury in rabbit duodenum, Gastroenterology 92, 709-15, 1987

Nozizepitve sensible Neurone in Kultur - ein Modell zur Untersuchung von Schmerzmechanismen

U. Otten

Zusammenfassung

Gut charakterisierte Kultursysteme für nozizeptive sensible Nervenzellen von Spinal- und Trige-minus-Ganglien neugeborener Ratten sind etabliert worden. Die Zellkulturen erlauben primär afferente Neurone über einen Zeitraum von mehr als 8 Wochen zu züchten. Sensible Neurone in Kultur zeigen die typischen Eigenschaften nozizeptiver Neurone: 1) Synthese von Neuropeptiden mit Neurotransmitterfunktion wie Substanz P und Substanz K; 2) Expression von Capsaicin-sen-sitiven polymodalen Nozizeptoren; 3) Erregung durch Mediatorsubstanzen wie Bradykinin, Serotonin und Histamin. Diese Zellkulturen ermöglichen, Untersuchungen zur Schmerzentstehung auf zellulärer und molekularer Stufe durchzuführen. Weitere Experimente sprechen dafür, daß die vorgestellten in vitro-Systeme auch als Auswahlverfahren (Screening) für peripher wirkende Analgetika eingesetzt werden können.

Einleitung

"Schmerz ist ein unangenehmes Sinnes- und Gefühlserlebnis, das in der Regel durch eine Gewe-beschädigung ausgelöst wird" (THEWS G. et al., 1989). Die biologische Bedeutung des Schmer-zes liegt darin, den Organismus über schädliche Einwirkungen (Noxen) zu informieren und ihn vor bleibendem Schaden zu bewahren. Die Auslösung, Weiterleitung und die Verarbeitung von Schmerzimpulsen im Zentralnervensystem wird als Nozizeption bezeichnet. Neue Untersuchun-gen zeigen, daß das nozizeptive System einer Kontrolle durch hemmende Einwirkungen unter-liegt. Neben dem aufsteigenden nozizeptiven System existiert ein absteigendes schmerzhemmendes System, das die Konduktion nozizeptiver Information reguliert (Gate-control-Theorie).

Aufgrund der vielfältigen Verschaltungen des nozizeptiven Systems wird verständlich, daß ein Schmerzreiz eine Vielzahl von Reaktionen (affektive, vegetative, motorische) auslösen kann, von denen die Sinnesempfindung Schmerz nur eine ist. Wir sind gegenwärtig noch weit davon entfernt, das Schmerzgeschehen in allen seinen Aspekten zu verstehen.

Schmerz ist eines der eindrücklichsten Krankheitssymptome. Schmerzen zu lindern ist eine der wesentlichen ärztlichen Aufgaben. Optimal wäre es, den Schmerz durch Beseitigung der schmerzauslösenden Ursache zu eliminieren. Leider ist das in den meisten Fällen nicht möglich. Dann kann mit Analgetika eine symptomatische pharmakologische Schmerzbehandlung durch-geführt werden. Die Analgetika lassen sich nach Bau, Wirkungsweise und Potenz in 2 Hauptgruppen unterteilen: peripher wirkende schwache Analgetika und zentral wirkende starke Analgetika (JURNA I., 1987). Erstere reduzieren die Empfindlichkeit von Schmerzrezeptoren (Nozizeptoren) (Prototyp ist die Acetylsalicylsäure, das Aspirin), während die zentral wirkenden Schmerzmittel (Analgetika vom Morphin-Typ) im Rückenmark und Gehirn wirken. Ihr analgetischer Effekt beruht auf der Bindung an Opioid-Rezeptoren und der dadurch ausgelösten Aktivierung des endogenen Schmerzkontrollsystems. Trotz der guten analgetischen Effekte dieser Schmerzmittel wissen wir über den genauen zellulären und molekularen Wirkungsmechanismus dieser Substanzen noch relativ wenig. Hinzu kommt, daß die Analgetika beträchtliche Nebenwirkungen aufweisen. Die Anstrengungen gehen daher dahin, Pharmaka zu entwickeln, die spezifisch die Schmerzempfindung unterdrücken, ohne schädigende Nebenwirkungen (z.B. Magen-Darmtrakt, Niere) und Wirkungen auf das Zentralnervensystem (z.B. Atemdepression, psychische und physische Gewöhnung und Toleranzbildung mit Sucht) auszulösen. Die bisherige routinemäßig vorgenommene Prüfung von Stoffen auf ihre analgetische Wirksamkeit wird im Tierversuch mit sogenannten ''Analgesie''-Tests durchgeführt (JURNA I., 1987; KISTLER P., 1987). Diese Testmethoden basieren auf nozizeptiven Reflexen, motorischen Reaktionen, die durch experimentell erzeugte Schmerzreize (mechanische, thermische, chemische und elektrische) ausgelöst werden. Einer der klassischen Schmerztests, der bei Standard- und Serienversuchen eingesetzt wird, ist der Heizplatten (Hot-plate)-Test. Bei diesem Test wird die Reaktion von Versuchstieren, die auf eine heiße Metallplatte (50-55 °C) gesetzt werden, untersucht. Die Reaktionszeit zwischen dem Aufsetzen der Tiere auf die Metallplatte und der Reizantwort (Lecken der Pfote, Hochspringen) wird gemessen. Diese Reaktionszeit wird durch Analgetika teilweise erheblich verlängert. Andere ''Analgesie''-Tests sind der Rattenschwanz (Tail-flick)-Test, der Krampftest (Writhing), der Elektroschmerztest und der Oedemtest.

Die Bezeichnung ''Analgesie''-Test im Tierversuch hat nur eine begrenzte Aussagekraft, da der Test keinen unmittelbaren Aufschluß über die Hemmung der Schmerzempfindung gibt. Ein signifikanter Effekt im Analgesie-Test weist lediglich darauf hin, daß ein Stoff analgetische Wirksamkeit haben könnte. Die Bestimmung einer schmerzhemmenden Wirkung beim Menschen ist daher unerlässlich. Verschiedene Anstrengungen werden heute gemacht, das Los der Versuchstiere in der Analgesie-Forschung zu erleichtern und sie je nach Möglichkeit durch schmerzfreie Systeme (Alternativmethoden auf der Grundlage von Zellkulturen) zu ersetzen.

Nozizeptives System

Die Schmerzinformation beginnt mit der Erregung von spezifischen Rezeptoren, sog. Nozizeptoren. Histologisch, anatomisch handelt es sich bei den Nozizeptoren um freie Nervenendigungen einer bestimmten Gruppe primär afferenter Neurone, die als Schmerzfasern bezeichnet werden. Die Nozizeptoren dünner, markhaltiger A-Fasern (A) werden durch mechanische Reize hoher Intensität erregt. Nozizeptoren markloser (C-) Fasern sind dagegen polymodal, d. h. sie können sowohl auf mechanische, thermische und chemische Reize antworten.

Die Zellkörper der nozizeptiven afferenten Neurone liegen in den Spinal- und Trigeminus-Ganglien. Nozizeptive afferente Neurone enthalten verschiedene Peptide mit Neurotransmitterfunktion. Nach ihrer Synthese im Zellkörper werden die Peptide durch axonale Transportmechanismen in die zentralen und peripheren Nervenendigungen geleitet, wo sie bei Erregung der Nervenzelle freigesetzt werden. So konnte demonstriert werden, daß C-Fasern verschiedene Neuropeptide wie CGRP (Calcitonin gene-related peptide), die Tachykinine Substanz P und Substanz K, Somatostatin, VIP (Vasoaktives Intestinales Polypeptid), CCK (Cholezystokinin), Galanin und Dynorphin enthalten (HÖKFLET T. et al., 1987; DUGGAN A.W. et al., 1991). Substanz P und Substanz K sind auf einem Gen kodiert und kommen daher oft, z. B. in primär afferenten Neuronen, zusammen vor (HELKE C.J. et al., 1990).

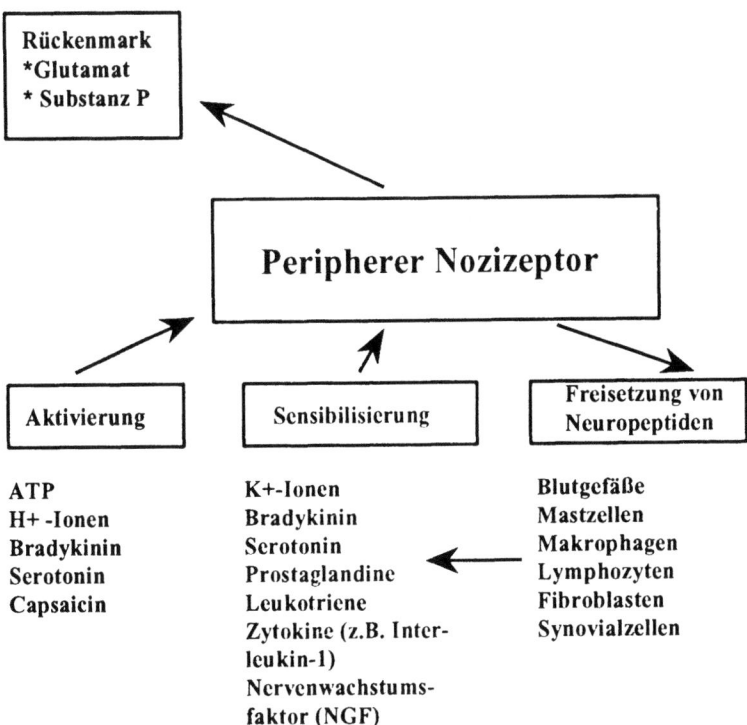

Abb. 1. Aktivierung und Sensibilisierung von Nozizeptoren

Nozizeptoren können durch endogene und exogene Faktoren direkt aktiviert und sensibilisiert werden. Die Schmerzinformation beginnt mit der Erregung polymodaler Nozizeptoren. Die dadurch ausgelösten Nervenimpulse werden durch Afferenzen (Aδ- und C-Fasern) zum Rückenmark geleitet, wo Glutamat und Substanz P Neurotransmitterfunktionen haben. Aktivierung noziceptiver Afferenzen (z.B. bei neurogener Entzündung) führt auch zur Freisetzung von Neuropeptiden aus den peripheren Endigungen. Die Peptide stimulieren verschiedene Körperzellen und induzieren die Bildung/Freisetzung von Entzündungsmediatoren. Auch bei Gewebeschädigung werden Aktivatoren und sensibilisierende Substanzen der Nozizeptoren freigesetzt.

Substanz P, das am besten charakterisierte Neuropeptid in Spinal- und Trigeminus-Ganglien, fungiert als Neurotransmitter primär afferenter noziceptiver Neurone (LEMBECK F., 1989; LECCI A. et al., 1991). Etwa 20-30% der Zellkörper in den Spinal- und Trigeminus-Ganglien, mit ihren zentralen und peripheren Fortsätzen, enthalten Substanz P. Substanz P ist dabei auf die noziceptiven Neurone (Aδ- und C-Fasern) beschränkt. Bei orthodromer Erregung des Neurons wird Substanz P gemeinsam mit Glutamat und anderen noch nicht identifizierten Transmittern im Hinterhorn des Rückenmarks freigesetzt, wodurch die noziceptive Meldung an das zweite afferente Neuron weitergegeben wird (Abb. 1). Bei antidromer Reizung noziceptiver peripherer Endigungen werden Neuropeptide wie Substanz P und Substanz K auch von den peripheren Endigungen freigesetzt (Abb. 1). Dies führt zur neurogenen Entzündung (LEMBECK F., 1991) mit Gefäßerweiterung und begleitender Exsudation und einer Sensibilisierung der Nozizeptoren. Welche Bedeutung diese efferente Funktion der Nozizeptoren bei Gelenksentzündungen und anderen Entzündungsprozessen für den Schmerz hat, ist noch unklar. Einen schematischen Überblick über die bei der Erregung von Nozizeptoren beteiligten Stoffe und Zellen gibt Abb.1. Zu den Stoffen, die Nozizeptoren erregen oder sensibilisieren, zählen die ubiquitären Zellkomponenten wie ATP, K+-Ionen und Arachidonsäurederivate, die aus geschädigten Zellen freigesetzt werden. Nach Aktivierung proteolytischer Enzyme kommt es zur vermehrten Bildung des Nonapeptids Bradykinin, das Nozizeptoren stärker als alle anderen Substanzen erregt. Schließlich können spezifische Zellen des retikuloendothelialen Systems wie Thrombozyten, Mastzellen, Makrophagen, neutrophile Leukozyten und Lymphozyten Mediatorsubstanzen, z.B. Serotonin, Histamin, Zytokine und Peptide freisetzen, die Nozizeptoren aktivieren und sensibilisieren (Abb. 1). Außerdem ist die Wirkung von Capsaicin, dem wirksamen Stoff von scharfem Paprika und Chili, dargestellt. Capsaicin, das selektiv polymodale Nozizeptoren erregt, ist ein wertvolles pharmakologisches Instrument zur Erforschung der Mechanismen der Nozizeptoraktivierung (DRAY A. et al., 1991). Schließlich wurde unter den Substanzen, die eine Sensibilisierung von Nozizeptoren bewirken, auch Nerve Growth Factor (NGF) aufgeführt (Abb. 1). Neue Untersuchungen zeigen, daß NGF neben seinen gut charakterisierten neurotrophen Wirkungen auf sensible Substanz P-enthaltende Neurone (OTTEN U., 1984) die Schmerzempfindung nach einem Schmerzreiz signifikant verändert: Die Gabe von NGF löst eine deutliche Steigerung, Behandlung mit Anti-NGF Anti-körpern dagegen eine drastische Herabsetzung der Schmerzempfindlichkeit aus (OTTEN U., 1991). Der genaue Wirkungsmechanismus von NGF ist unklar. Eine attraktive Hypothese ist, daß NGF, der an Orten von Gewebeschädigungen und Entzündungen vermehrt gebildet wird (OTTEN U, 1991), eine wichtige Rolle bei der Regulation der Empfindlichkeit von Nozizeptoren spielt (WINTER J. et al., 1988).

Bei der Analyse von Schmerzmechanismen gewinnen Zellkulturen für primär afferente Nervenzellen zunehmend an Bedeutung. Wir haben in unserem Labor ein Zellkultursystem für nozizeptive Neurone entwickelt. Mit Hilfe dieses in vitro-Systems können Untersuchungen zur Schmerzentstehung unter genau definierten Bedingungen durchgeführt werden (OTTEN U. et al., 1987; VEDDER H. et al., 1991).

Zellkulturen sensibler Neurone aus Spinal- und Trigeminus-Ganglien neugeborener Ratten

Um die spezifischen zellulären Eigenschaften primärer afferenter Neurone mit nozizeptiver Funktion besser charakterisieren zu können, haben wir gut definierte in vitro-Systeme für diese Nervenzellen etabliert (VEDDER H. et al., 1991). Dabei werden die Trigeminus- und Spinal-Ganglien von in Narkose getöteten neugeborenen Ratten unter sterilen Bedingungen entnommen. Die Nervenzellen werden dann durch enzymatische und mechanische Dissoziations-Techniken aus dem Gangliengewebe, das aus neuronalen und nicht neuronalen Zellen aufgebaut ist, herausgelöst. Die so gewonnene Neuron-reiche Zellsuspension wird in speziell beschichteten Kulturschalen (Beschichtung mit Gelatine und Poly-D,L-Lysin) verteilt. Innerhalb von 1-3 Stunden adhärieren die Zellen fest auf der Matrix der Kulturschalen. In einem Nährmedium (L-15 Medium), das mit Aminosäuren und Vitaminen angereichert ist (VEDDER H. et al., 1991), können die adhärierenden Zellen für einen Zeitraum von mehr als 8 Wochen bei 37 °C in einem Brutschrank gezüchtet werden. Die Proliferation nicht-neuronaler Zellen wird unter den speziell optimierten Kulturbedingungen fast vollständig unterdrückt. Das Überleben, das Wachstum und die Differenzierung von sensiblen Nervenzellen in Zellkulturen ist nur dann möglich , wenn das Kulturmedium Nerve Growth Factor (NGF) enthält. In Gegenwart von NGF (100 ng/ml) bildet sich ein dichtes Netzwerk von Nervenfasern, das die Neurone und Neuronengruppen miteinander verknüpft (Abb.2).

Mit unserer Technik ist es möglich, aus den Spinalganglien einer neugeborenen Ratte ca. 240.000, aus einem Paar Trigeminusganglien ca. 30.000 Nervenzellen zu gewinnen und zu kultivieren. Für eine zuverlässige Peptidmessung werden etwa 10.000 Neurone benötigt. Unsere Ergebnisse zeigen, daß primär afferente Neurone von Spinal- und Trigeminus-Ganglien unter in vitro-Bedingungen spezifische Eigenschaften sensibler Neurone aufweisen (VEDDER H. et al.,

1991) (Abb. 3). Sämtliche elektrophysiologische, neurochemische, molekularbiologische und pharmakologische Untersuchungen sprechen dafür, daß es sich bei den Nervenzellen um nozizeptive Neurone handelt, die an der Schmerzentstehung und -leitung beteiligt sind.

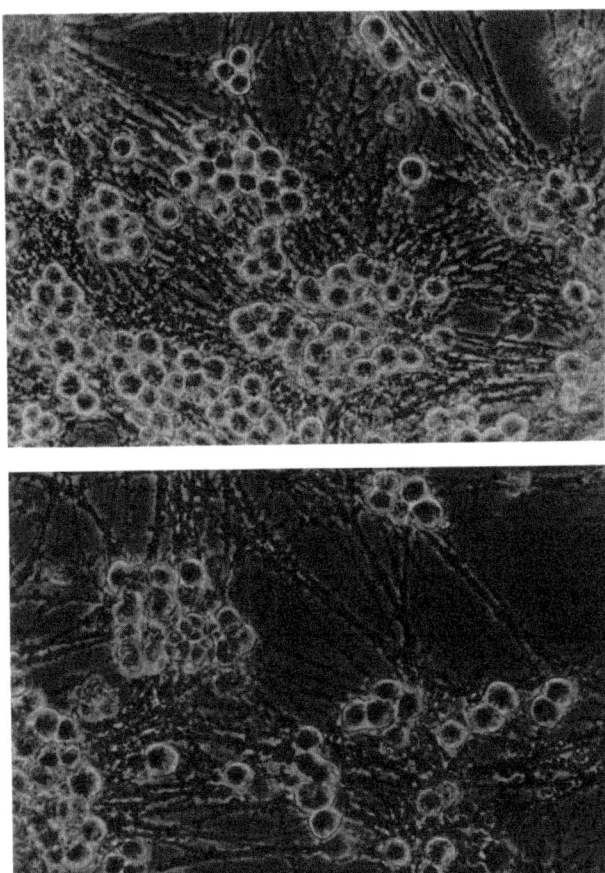

Abb. 2. Sensible Neurone von Spinal- und Trigeminus-Ganglien neugeborener Ratten nach 35 Tagen in Kultur. Gut zu erkennen sind die runden Zellkörper der sensiblen Neurone und das dichte Nervenfasernetzwerk, das die einzelnen Neurone/Neuronengruppen miteinander verbindet. Spinale Neurone (oben), Vergrößerung 125fach, Trigeminusganglien Neurone (unten) Vergrößerung 200fach

	IN VIVO	IN VITRO
Synthese von Neuropeptiden	+	+
Ca-Aktionspotentiale	+	+
Peptidfreisetzung auf Reiz	+	+
Expression von Nozizeptoren	+	+
Ansprechbarkeit auf Mediatorsubstanzen	+	+

Abb. 3. Charakteristische Eigenschaften sensorischer Nervenzellen

Synthese von Neuropeptiden

Unsere Untersuchungen mit spezifischen, hochempfindlichen Nachweismethoden für Neuro-peptide (Radioimmunoassays und Hochdruckflüssigkeitschromatographie (HPLC)-Analyse) ergaben, daß die sensiblen Nervenzellen in vitro die für die nozizeptiven Neurone typischen Neu-ropeptide Substanz P, Substanz K, CGRP und Somatostatin synthetisieren. In weiteren detail-lierten Sudien konnte gezeigt werden, daß die Entwicklung der Neuropeptidproduktion in den Zellkulturen identisch ist mit der postnatalen Entwicklung der Peptidsynthese (OTTEN U., 1991; VEDDER H. et al., 1991). Eine maximale Substanz P-Synthese konnte sowohl in 21 Tage alten Kulturen als auch in Spinal- und Trigeminus-Ganglien 21 Tage alter Versuchstiere nachgewiesen werden. In Übereinstimmung mit in vivo Experimenten (OTTEN U., 1984) konnten wir zeigen, daß NGF dosisabhängig die Tachykininsynthese (Substanz P, Substanz K) in kultivierten sensiblen Neuronen induziert (VEDDER H. et al., 1991). Diese Ergebnisse sprechen dafür, daß NGF durch Interaktion mit spezifischen Bindungsstellen an der Zelloberfläche die Neuro-peptidsynthese in nozizeptiven Neuronen reguliert. Von besonderem Interesse sind neue Resultate, daß kultivierte sensible Neurone NGF-Rezeptor mRNA (EHRHARD P. und OTTEN U., unveröffentlichte Beobachtung) exprimieren. Für die Quantifizierung der NGF-Rezeptor mRNA wurde dabei die Technik der Reversen Transkription kombiniert mit der Polymerase-Ketten-Reaktion (PCR) eingesetzt. Das Zellkultursystem eröffnet somit die Möglichkeit, die molekularen Signale zu charakterisieren, die die Synthese von NGF-Rezeptoren in nozizeptiven Neuronen beeinflussen.

Effekt der Depolarisation durch hohe Kaliumkonzentrationen

Weitere Experimente ergaben, daß die Depolarisation sensibler Neurone mit hohen Kaliumkon-zentrationen (47 mM) zu einer raschen Freisetzung der Peptide in das Kulturmedium führt. Die Tatsache, daß dieser Depolarisationseffekt strikt abhängig von der extrazellulären Calciumkon-zentration ist, spricht klar dafür, daß der Einstrom von Calciumionen in sensible Neurone eine entscheidende Rolle bei der durch Kaliumionen induzierten Peptidfreisetzung spielt. Dies wird eindrucksvoll in Experimenten mit dem spezifischen Calcium-Antagonisten Nifedipin bestätigt. Konzentrationen von Nifedipin (10^{-7} M), die das Öffnen spezifischer Calcium-Kanäle (L-Typ) in der neuronalen Membran verhindern, hemmen die durch hohe Kaliumkonzentrationen induzierte Neuropeptidabgabe (VEDDER H. et al., 1991).

Capsaicin-Wirkungen

Capsaicin, der Inhaltsstoff von Paprika und Chili, wirkt selektiv auf nozizeptive sensible Neurone und ist damit ein wichtiges pharmakologisches Instrument zur Erforschung der Mechanismen der Aktivierung von Nozizeptoren (DRAY A. et al., 1991). In Übereinstimmung mit früheren Studien konnten wir zeigen, daß Capsaicin ein potenter Stimulator der Neuropeptidfreisetzung aus sensiblen Neuronen ist. Bereits in Gegenwart von kleinen Capsaicinkonzentrationen (10^{-9} M) konnte eine signifikante Substanz P- und Substanz K-Freisetzung aus sensiblen Neuronen von Spinal- und Trigeminus-Ganglien ausgelöst werden. Interessanterweise ist die durch Capsaicin bewirkte Peptidfreisetzung nicht von extrazellulärem Calcium abhängig, denn eine maximale Substanz P-Freisetzung ist noch möglich im calciumarmen (0.22 mM) Medium. Auch durch Nifedipin war die durch Capsaicin ausgelöste Peptidabgabe unbeeinflußt. Diese Befunde zeigen, daß der Einstrom von Calciumionen nicht der entscheidende Prozeß ist, der an der durch Capsaicin ausgelösten Erregung von peripheren Nozizeptoren beteiligt ist. Neue Befunde weisen darauf hin, daß Capsaicin durch Interaktion mit einem spezifischen Membranrezeptor-

Ionenkanalkomplex die Permeabilität der neuronalen Zellmembran für Kationen (wie Na^+, K^+ und Ca^{2+}) erhöht (BEVAN S. et al., 1990). Die Charakterisierung des Capsaicin-Rezeptors mit hochpotenten Capsaicin-ähnlichen Stoffen (z.B. Resiniferatoxin) ist heute Gegenstand intensiver Forschung.

Effekte von Mediatoren

Bradykinin, das Nozizeptoren stärker als andere Substanzen erregt, stimuliert dosisabhängig die Peptidfreisetzung (VEDDER H. et al., 1991). Die Empfindlichkeit nozizeptiver Neurone auf Bradykinin wird eindrücklich durch Prostaglandin E_2 kontrolliert. Während in Abwesenheit von Prostaglandin E_2 Substanz P-Abgabe nur mit hohen Bradykininkonzentration ($>10^{-5}$ M) erreicht wird, kann in Gegenwart von Prostaglandin E_2 (10^{-7} M) ein maximaler Stimulationseffekt bereits mit 10^{-7} Bradykinin erzielt werden. Mit Hilfe der Zellkulturen für sensible Neurone eröffnet sich die Möglichkeit, den Bradykinin-Rezeptor zu charakterisieren, der an der durch Bradykinin ausgelösten Nozizeptionerregung beteiligt ist. Die Bradykininrezeptoren werden in mindestens 2 Untergruppen (B_1 und B_2) unterteilt (STERANKA L.R. et al., 1989). Erste Versuche mit selektiven Bradykinin-Antagonisten sprechen dafür, daß die B_2-Rezeptoren an den sensiblen Neuronen die Freisetzung von Tachykininen vermitteln. Die Charakterisierung spezifischer neuronaler Bradykinin-Antagonisten könnte zur Entwicklung neuer potenter Analgetika und Antiphlogistika führen.

Auch andere Mediatoren, die unter in vivo-Bedingungen Nozizeptoren erregen oder diese für andere Reize sensibilisieren, wie Serotonin und Histamin, sind wirksame Stimulatoren der Peptidfreisetzung aus sensiblen Neuronen der Spinal- und Trigeminus-Ganglien (VEDDER H. et al., 1991). Die Zellkultursysteme bieten die Möglichkeit, die Serotonin- und Histamin-Rezeptortypen zu charakterisieren (Affinitätsmerkmale, Transduktionsmechanismen), die an der Nozizeptoraktivierung beteiligt sind.

Neue Experimente zeigen, daß inflammatorische Zytokine, wie Interleukin-1 (IL-1) eine Hyperalgesie, d. h. eine gesteigerte Schmerzempfindlichkeit bei Einwirkung noxischer Reize, verursachen. Interessanterweise kann dieser Hyperalgesieeffekt durch das Tripeptid Lys-D-Pro-Thr hochwirksam unterdrückt werden (FERREIRA S.F. et al., 1988). Die Mechanismen der IL-1-induzierten Aktivierung nozizeptiver Neurone (mögliche Bedeutung der Arachidonsäurederivate) werden an Zellkulturen nozizeptiver Neurone analysiert.

An Langzeitkulturen sensibler Neurone von Spinal- und Trigeminus-Ganglien der neugeborenen Ratte können gezielte Untersuchungen zur Schmerzentstehung auf zellulärer und molekularer Stufe unter schmerzfreien Bedingungen durchgeführt werden. Außerdem eignen sich die vorgestellten Zellkulturen für das "Screening" peripher wirkender Analgetika. Damit werden Tierversuche signifikant reduziert. Die Grenzen des Nervenzell-Kultursystems liegen darin, daß nur ein Teilaspekt des Schmerzgeschehens - die Aktivierung und Sensibilisierung peripherer Nozizeptoren - analysiert werden kann. Tatsächlich kann es auf jeder Stufe des nozizeptiven Systems (peripherer Nozizeptor, afferente Nervenfasern, Rückenmark und supraspinale Zentralnervensystem) zu pathophysiologischen Veränderungen kommen, die in der Regel zu gesteigerten Schmerzempfindungen führen.

(*Unterstützt vom Schweizerischen Nationalfonds, der Deutschen Forschungsgemeinschaft (SFB 325), vom Fonds für versuchstierfreie Forschung (FFVFF), Zürich und der H. Doerenkamp-G. Zbinden Stiftung, Zürich.*)

Literatur

BEVAN S., SZOLCSÁNYI J., Sensory neuron-specific actions of capsaicin: mechanisms and applications, Trends Pharm. Sci. 11, 330-333, 1990

DRAY A., WOOD J.N., Nonopioid molecular signaling mechanisms involved in nociception and antinociception, in: BASBAUM A.I., BESSON J.M. (Eds.), Towards a New Pharmacotherapy of Pain, pp. 21-34, Chichester, New York, Brisbane, Toronto, Singapore: J. Wiley and Sons, 1991

DUGGAN A.W., WEIHE E., Central Transmission of Impulses in Nociceptors: events in the superficial dorsal horn, in: BASBAUM A.I., BESSON J.M. (Eds.), Towards a New Pharmacotherapy of Pain, pp. 35-67, Chichester, New York, Brisbane, Toronto, Singapore: J. Wiley and Sons, 1991

FERREIRA S.F., LORENZETTI B.B., BRISTOW A.F., POOLE S., Interleukin-1ß as a potent hyperalgesic agent antagonized by a tripeptide analogue, Nature 334, 698-700, 1988

HELKE C.J., KRAUSE J.E., MANTYH P.W., COUTURE R., BANNON M.J., Diversity in mammalian tachykinin peptidergic neurons: multiple peptides, receptors and regulatory mechanisms, FASEB J. 4, 1606-1615, 1990

HÖKFELT T., MILHORN D., SCROOGY K., TSURUO Y., CECCATELLI S., LINDH B., MEISTER B., MELANDER T., SCHALLING M., BARTFEI T., TERENIUS L., Coexistence of peptides with classical neurotransmitters, Experientia 43, 768--780, 1987

JURNA I., Analgetika-Schmerzbekämpfung, in: FORTH W., HENSCHLER D., RUMMEL W. (Hrsg.), Lehrbuch der allgemeinen und speziellen Pharmakologie, S. 522-546, Mannheim, Wien, Zürich: BI Wissenschaftsverlag, 1987

KISTLER P., Schmerzbekämpfung im Tierversuch, ALTEX (Alternativen zu Tierexperimenten) 7, 34-44, 1987

LECCI A., GUILIANI S., PATACCHINI R., VITI G., MAGGI C.A., Role of NK$_1$ tachykinin receptors in thermonociception: effect of CP-96.345, a non-peptide substance P antagonist, on the hot plate test in mice, Neurosci. Lett. 129, 299-302, 1991

LEMBECK F., Schmerz, in: WICK G., SCHWARZ S., FÖRSTER O., PETERLIK M. (Hrsg.), Funktionelle Pathologie, S. 324-339, Stuttgart, New York: G. Fischer Verl., 1989

OTTEN U., Nerve Growth Factor: a signaling protein between the nervous and the immune systems, in: BASBAUM A.I., BESSON J.M. (Eds.), Towards a New Pharmacotherapy of Pain, pp. 353-364, Chichester, New York, Brisbane, Toronto, Singapore: J. Wiley and Sons, 1991

OTTEN U., VEDDER H., Sensorische Nervenzellen in Kultur - ein zellbiologisches Modell zum Studium des Schmerzes, ALTEX (Alternativen zu Tierexperimenten) 7, 26-33, 1987

OTTEN U., Nerve Growth Factor and the peptidergic sensory neurons, Trends Pharmacol. Sci. 5, 307-310, 1984

STERANKA L.R., FARMER S.G., BURCH R.M., Antagonists of B$_2$ bradykinin receptors. FASEB J. 3, 2019-2025, 1989

THEWS G., MUTSCHLER E., VAUPEL P., Schmerz, in: Anatomie, Physiologie, Pathophysiologie des Menschen, S. 459-469, Stuttgart: Wiss Verl. Ges., 1989

VEDDER H., OTTEN U., Biosynthesis and release of tachykinins from rat sensory neurons in culture, J. Neurosci. Res., in press, 1991

WINTER J., FORBES C.A., STERNBERG J., LINDSAY R.M., Nerve growth factor (NGF) regulates adult rat cultured dorsal root ganglion neuron responses to the excitotoxin capsaicin, Neuron 1, 973-981, 1988

Die Untersuchung der Kanzerogenität mittels in vitro-Verfahren: Möglichkeiten und Grenzen

R. Schulte-Hermann

Einleitung

Krebserkrankungen sind in unserer Bevölkerung die zweithäufigste Todesursache. Bei ihrer Entstehung spielen exogene Faktoren eine dominierende Rolle, wobei wahrscheinlich an erster Stelle chemische Substanzen, an zweiter Viren und an dritter Strahlen stehen. Krebsauslösende chemische Stoffe wurden in der Vergangenheit - und leider manchmal noch heute - durch Beobachtungen am Menschen entdeckt. SIR PERSIVAL POTT erkannte 1775 die Auslösung von Hautkrebs durch Teer und Ruß bei Schornsteinfegern, LUDWIG REHN stellte 1895 den Zusammenhang zwischen aromatischen Aminen und dem Auftreten von Blasenkrebs bei der Fabrikation von synthetischen Farbstoffen fest. Erst 1915 gelang es den japanischen Forschern YAMAGIWA und ISHIKAWA, im Tierexperiment Krebs durch chemische Substanzen - Teer - auszulösen. Diese Beobachtung ermöglichte die Identifizierung der karzinogenen Inhaltsstoffe des Teers, so des als Leitsubstanz geltenden Benzpyren. Dies wiederum erlaubt heute die wirksame Überwachung der polyzyklischen Kohlenwasserstoffe in Lebensmitteln, in der Luft usw; die Reduktion dieser Stoffe in geräucherten Lebensmitteln z. B. dürfte zum drastischen Rückgang des Magenkarzinoms beigetragen haben.

Tierexperimente haben seit Yamagiwas Versuchen mehrere hundert verschiedene chemische Substanzen als Kanzerogene identifiziert. Inzwischen hat sich das Instrumentarium zur Entdekkung kanzerogener Chemikalien erheblich vergrößert, wobei Verfahren ohne oder mit sehr geringem Bedarf an Versuchstieren besonders stark zugenommen haben. Nachfolgend wird ein Überblick über die wichtigsten dieser Verfahren und einige ihrer jeweiligen Vor- und Nachteile gegeben; einige neue Ansätze werde ich an Hand von Arbeiten aus unserer Gruppe beschreiben.

Maligne Transformation und das Mehrstufenkonzept der Kanzerogenese

Die Erzeugung von Krebs durch chemische Substanzen ist ein langdauernder, außerordentlich komplexer Prozeß. In vielen Fällen scheint der chemischen Karzinogenese ein mehrstufiger Ablauf zugrunde zu liegen, wobei sich die normale Zelle schrittweise über mehrere intermediäre präneoplastische und neoplastische Formen zur malignen Zelle umwandelt. Im Mehrstufenkonzept bezeichnet man den ersten Schritt als Initiation, den zweiten als Promotion und die weiteren als Progression. Zumindest den ersten beiden Schritten, der Initiation und der Promotion, scheinen grundsätzlich verschiedene biologische Vorgänge zugrunde zu liegen.

Voraussetzung für den Aufbau befriedigender Testsysteme ist die Kenntnis der Wirkungsmechanismen auf zellulärer und molekularer Ebene, die den zu prüfenden Wirkungen zugrunde liegen. Als Mechanismus der Initiierung wird heute zumeist eine Schädigung des Genoms der Zelle angenommen ("gentoxische" Wirkung, Mutation). Obwohl diese Auffassung, die für einige Zeit fast als Dogma galt, wahrscheinlich nicht allgemein gültig ist, hat sie einen entscheidenden Durchbruch bei der Entwicklung von in vitro-Methoden zur Identifizierung chemischer Kanzerogene ermöglicht.

Metabolische Aktivierung chemischer Kanzerogene und Nachweis gentoxischer Wirkungen

Die weitaus meisten chemischen Kanzerogene werden im körpereigenen Stoffwechsel zunächst metabolisch aktiviert; ohne diese Umwandlung wirken sie nicht gentoxisch und kanzerogen. Wie das Beispiel Benzpyren illustriert, sind an diesen Vorgängen eine Reihe verschiedener zellulärer Enzyme beteiligt, wobei entgiftende und "giftende" Reaktionen miteinander konkurrieren können. Schließlich entsteht ein elektrophiler Metabolit, der in der Lage ist, chemisch mit der DNS im Zellkern zu reagieren. Die Bildung reaktionsfähiger elektrophiler Metaboliten ist bei sehr vielen Kanzerogenen der unterschiedlichsten Strukturen nachgewiesen worden; sie dürfte der gemeinsame Nenner in der Wirkungsweise der meisten chemischen Kanzerogene sein. Naturgemäß sind bestimmte chemische Gruppierungen leichter in elektrophile Agentien umzuwandeln als andere. ASHBY und TENNANT haben kürzlich viele solcher potentiell mutagener Strukturelemente in einer chemischen Formel zusammengestellt; die konstruierte Substanz existiert natürlich nur auf dem Papier. Ein erster Hinweis auf potentielle Mutagenität und Kanzerogenität kann somit bereits aufgrund der chemischen Struktur, ohne jedes Experiment, gewonnen werden.

Im Prinzip läßt sich die metabolische Aktivierung ohne Schwierigkeiten in vitro mit isolierten Zellen verfolgen; da jedoch jedes Organ und jeder Zelltyp eine spezifische Enzymausstattung besitzt und da zudem Zellen in vitro oft andere Stoffwechselkapazitäten aufweisen als in vivo, ist eine Voraussage über die *Stärke* einer gentoxischen Wirkung und über das *Zielorgan* aufgrund von in vitro-Versuchen in der Regel nicht sehr zuverlässig. Interessant und vielversprechend sind in diesem Zusammenhang Versuche, Zellen durch Gentransfer, etwa von Cytochrom P-450 Genen, oder durch andere Maßnahmen mit einer genau definierten Enzymausstattung zu versehen. Weitere Einzelheiten zu diesem Thema finden sich im Beitrag WIEBEL.

Gentoxische Effekte können sich grundsätzlich auf der Ebene des Genoms, des Chromosoms oder der DNS manifestieren. Zu ihrer Erfassung gibt es heute eine Vielzahl von Verfahren, die an verschiedenen Testorganismen (isolierte Zellen, Tiere oder Pflanzen) ausgeführt werden. Bei dem nach seinem Entdecker BRUCE AMES genannten Ames-Test werden Bakterien zum Nachweis von DNS-Mutationen benutzt. Da Struktur und Funktion der DNS in allen Lebewesen prinzipiell gleich sind, ist der Schluß zum Menschen grundsätzlich möglich. Der Ames-Test ist wegen seiner Einfachheit, Reproduzierbarkeit und Zuverlässigkeit zur Zeit der wohl wichtigste Gentoxizitäts-Test. Da jedoch Bakterien kein Chromosom tragen, sind gentoxische Schädigungen auf der chromosomalen oder Genom-Ebene nur an Zellen aus höheren Organismen zu erkennen. Derartige Schäden lassen sich u. a. durch morphologische Methoden (Chromosomen-Aberration, Mikrokernbildung etc.) erfassen. Ferner sind Schäden an der DNS auch direkt mit chemischen bzw. biochemischen Methoden nachweisbar sowie indirekt auch durch die Feststellung von Reparaturvorgängen.

Erwähnenswert, wenngleich kein Gentoxizitäts-Test, ist schließlich der Zelltransformations-Test, der in vitro unmittelbar die maligne Transformation der Zellen durch ein chemisches Kanzerogen anzeigen kann. Von Nachteil ist die geringe Zuverlässigkeit des Tests sein Versagen bei menschlichen Zellen und die Notwendigkeit, die erfolgreiche Transformation jeweils durch Transplantation auf lebende Versuchstiere zu belegen.

Wie hoch ist die Treffsicherheit von Tests auf Gentoxizität in vitro? Von wenigen Ausnahmen abgesehen, dürften sie gentoxische Eigenschaften in vivo qualitativ richtig voraussagen. Problematisch ist allerdings oft die quantitative Angabe, die eine Schlüsselrolle bei der Abschätzung des gesundheitlichen Risikos spielt. So gehören Aminosäure-Pyrolisate, die beim Braten von Fleisch entstehen, und die berüchtigten Nitroaromaten aus Dieselabgasen in vitro zu den stärksten Mutagenen, die überhaupt bekannt sind. In vivo ist die gentoxische Wirkung der Amino-Pyrolisate jedoch erstaunlich gering, wie Herr KNASMÜLLER in unserem Institut und andere Arbeitsgruppen zeigen konnten, und auch die kanzerogene Wirkung beider Stoffgruppen ist schwächer als ursprünglich erwartet. Hier sind also die Gentoxizitäts Tests in vitro offensichtlich nicht sehr hilfreich für die quantitative Abschätzung des kanzerogenen Risikos in vivo.

Vergleicht man die Ergebnisse aus Gentoxizitäts-Tests mit der Kanzerogenität im Tierexperiment, so zeigt sich eine relativ geringe Treffsicherheit von rund 60%. Dabei wird eine weitere Schwäche des Versuches deutlich, mit Hilfe von Gentoxizitäts-Tests Kanzerogenität vorauszusagen: Naturgemäß werden nur solche Kanzerogene erkannt, die gentoxisch wirken. Es ist jedoch in den letzten Jahren und Jahrzehnten sehr deutlich geworden, daß auch nicht-gentoxische Substanzen zur Entstehung von Tumoren führen können.

Nachweis nicht-gentoxischer Kanzerogene

Zu den nicht-gentoxischen Human-Kanzerogenen werden heute Asbest und das synthetische Hormon Diethylstilbestrol gezählt. Zahlreiche weitere Hormone, Arzneimittel und Umweltschadstoffe sind aufgrund von Tierversuchen als nicht-gentoxische Kanzerogene eingestuft.

Daher besteht seit Jahren das Bedürfnis, auch für diese Substanzengruppe Testverfahren in vitro aufzubauen. Wie wirken nicht-gentoxische Karzinogene? Soweit bisher geprüft, besitzen sie stets eine tumorpromovierende Wirkung, d. h., daß sie die Entwicklung von Tumoren aus initiierten bzw. präneoplastischen Zellen beschleunigen können. Wir haben experimentell zeigen können, daß initiierte Zellen auch spontan, d. h. ohne erkennbare gentoxische Einwirkung, entstehen können. Die Leber der Ratte wies bei allen von uns untersuchten Tieren im höheren Lebensalter präneoplastische Läsionen auf; jedoch entwickelten sich diese nur äußerst selten zu manifesten Tumoren weiter. Die Behandlung mit einem Tumorpromoter kann nun die Entwicklung so beschleunigen, daß innerhalb weniger Monate manifeste Tumoren nachweisbar werden. Da anzunehmen ist, daß auch beim Menschen präneoplastische Läsionen spontan entstehen können, ist die Einwirkung tumorpromovierender Stoffe wahrscheinlich prinzipiell als ebenso gefährlich zu bewerten wie diejenige initiierender/gentoxischer Verbindungen.

Der wesentliche Vorgang bei der Tumorpromotion scheint in einer Wachstumsbeschleunigung für die initiierten bzw. präneoplastischen Zellen zu liegen. Diese Wachstumsstimulation kann allerdings auf höchst unterschiedlichen Vorgängen beruhen.

Zur Erfassung tumorpromovierender Wirkungen in vitro erschien uns und anderen Arbeitsgruppen der Nachweis von Wachstumsvorgängen an isolierten Zellen besonders vielversprechend. Wir haben hierzu Leberzellkulturen zunächst der Ratte, dann des Menschen angelegt und haben geprüft, ob Substanzen, die im Tierexperiment als Tumorpromoter wirksam sind, in vitro erhöhte DNS-Synthese und erhöhte Zellteilungsrate induzieren können. Bei Leberzellen der Ratte zeigte sich eine recht gute, allerdings nicht vollständige Korrelation. In Zellen aus menschlicher Leber konnten wir dagegen keine Steigerung der DNS-Syntheserate mit den in der Ratte wirksamen Tumorpromotern erzielen (PARZEFALL W. et al., 1991). Dieses Ergebnis, das natürlich noch weiterer Bestätigung bedarf, spricht dafür, daß die untersuchten Substanzen für die menschliche Gesundheit ein geringeres Risiko darstellen als im Versuchstier. Derartige Untersuchungen an isolierten Zellen menschlicher Herkunft in vitro stellen heute einen vielversprechenden Weg dar, gesundheitliche Risiken für den Menschen abzuschätzen.

Eine interessante Hypothese über den Wirkungsmechanismus von tumorpromovierenden

Substanzen sagt, daß die interzelluläre Kommunikation gehemmt wird. Obwohl diese Hypothese bis heute nicht verifiziert worden ist, ist sie von verschiedenen Arbeitsgruppen zur Prüfung auf tumorpromovierende Wirkung in vitro angewandt worden. Zahlreiche in vivo wirksame Tumorpromoter zeigen eine Hemmung in vitro, jedoch gibt es wichtige Ausnahmen. So ist das 2,3,7,8-Tetrachloridbenzodioxin (TCDD), der stärkste bekannte Tumorpromoter, im Zell-kommunikations-Hemmtest negativ. Zum Nachweis der interzellulären Kommunikation sind elegante Testmethoden entwickelt worden, die im wesentlichen auf drei verschiedenen Prinzipien beruhen, nämlich 1. dem Austausch geeigneter Vitalfarbstoffe zwischen Zellen, 2. dem Nachweis einer interzellulären elektrischen Leitfähigkeit und 3. dem Austausch von Stoffwechselgiften, z. B. Thioguanin.

Ein wichtiger Wirkungsmechanismus von Tumorpromotern, den wir vor einigen Jahren entdeckt haben, beruht auf einer Verhinderung des Absterbens präneoplastischer Zellen. Untersuchungen an einem Tiermodell haben gezeigt, daß Zellen in präneoplastischen Läsionen sehr viel häufiger absterben als normale Zellen, wodurch die erhöhte Zellteilungsrate dieser Läsionen für längere Zeit kompensiert wird (BURSCH W. et al., 1984). Dabei erfolgt der Zelltod nicht durch die bekannte Nekrose, sondern durch den sogenannten ''Programmierten Zelltod'' oder Apoptose. Dabei handelt es sich um einen genetisch programmierten Suizidprozeß der Zelle, der dem Organismus die Elimination überschüssiger oder unerwünschter Zellen ermöglicht. Die Apoptose präneoplastischer Zellen scheint somit eine der Verteidigungslinien des Organismus gegen die Entwicklung von Tumoren zu sein. Unglücklicherweise ließ sich die Apoptose in epithelialen Organen bisher nur im lebenden Organismus induzieren und nachweisen. Es ist uns vor kurzem gelungen, einen endogenen Signalfaktor aufzufinden, der Apoptosen auch in vitro auslöst, und zwar den Transforming Growth Factor ß1 (TGFß) (OBERHAMMER F. et al., 1991). Damit ist nun der Weg offen, Versuchsprotokolle zur Prüfung auf Apoptose-hemmende Wirkungen in vitro zu entwickeln und die bisher unzureichenden in vitro-Tests auf promovierende Wirkungen zu erweitern.

Zum Schluß möchte ich noch auf einen ganz anderen Ansatz zur Erfassung kanzerogener Risikofaktoren hinweisen. Schon seit längerem hat es Versuche gegeben, den mehrstufigen Prozeß der Kanzerogenese mathematisch zu erfassen. Neuere Modelle, wie etwa das von MOOLGAVKAR und KNUDSON entwickelte Konzept, basieren auf der Verwendung jener 3 Variablen in mathematischen Prozessen, die oben als die wesentlichen Determinanten der Kanzerogenese herausgestellt wurden, nämlich 1. der Transformationsrate (Wahrscheinlichkeit der Umwandlung eines Zelltyps in die nächst stärker entartete Zelle), 2. der Proliferations- und 3. der Apoptose-Rate des neu entstandenen Zellklons. Diese 3 Variablen sind im Prinzip der Bestimmung zugänglich, jedenfalls in vivo; ihre präzise Erfassung in vitro ist derzeit nicht möglich, erscheint für die Zukunft jedoch nicht unerreichbar. Ein Ersatz von Tierversuchen durch Computersimulation zur Abschätzung kanzerogener Risiken unbekannter Substanzen scheint mir utopisch, jedoch sind ohne Zweifel wichtige Teilinformationen auf diesem Weg zu erwarten, die zur Einsparung von Tierversuchen beitragen werden.

Schlußfolgerung

Versuche am lebenden Tier und in vitro sind in der Krebsforschung sowohl im Grundlagenbereich als auch zur Prävention keine Alternativen; vielmehr ist das eine ohne das andere heute nicht mehr sinnvoll einzusetzen. Mit dem weiteren Zuwachs an Kenntnissen über den komplexen Prozeß der Kanzerogenese wird seine Zerlegung in die relevanten Einzelschritte zunehmen und deren Erfassung in vitro ermöglichen. Es ist daher zu erwarten, daß der derzeitige Trend, zunehmend mehr in vitro-Verfahren in der Krebsforschung zu verwenden, sich fortsetzen wird. Bis heute ist jedoch eine Synthese der Einzelbefunde aus Tests in vitro und die quantitative Abschätzung des Risikos für die menschliche Gesundheit nur möglich, wenn Ergebnisse auch in vivo gewonnen wurden.

Literatur

ASHBY J., TENNANT R.W., ZEIGER E., STASIEWICZ S., Classification according to chemical structure, mutagenicity to Salmonella and level of carcinogenicity of a further 42 chemicals tested for carcinogenicity by the U.S. National Toxicology Program, Mutation Res. 223, 73-101, 1989

BURSCH W., LAUER B., TIMMERMANN-TROSIENER I., BARTHEL G., SCHUPPLER J., SCHULTE-HERMANN R., Controlled death (apoptosis) of normal and putative preneoplastic cells in rat liver following withdrawal of tumor promoters, Carcinogenesis 5, 453-458, 1984

KNASMÜLLER S., KIENZEL H., HUBER W., SCHULTE-HERMANN R., Organspecific genotoxic effects in mice treated with cooked food mutagens, Mutagenesis, eingereicht

MASON J.M., LANGENBACH R., SHELBY M.D., ZEIGER E., TENNANT R.W., Ability of short-term tests to predict carcinogenesis in rodents, Annu. Rev. Pharmacol. Toxicol. 30, 149-168, 1990

Membership ICPEMC Task Group, Report of ICPEMC Task Group 5 on the differentiation between genotoxic and non-genotoxic carcinogens, Mutation Res. 133, 1-49, 1984

OBERHAMMER F., BURSCH W., PARZEFALL W., BREIT P., ERBER E., STADLER M., SCHULTE-HERMANN R., Effect of transforming growth factor-ß on cell death of cultured rat hepatocytes, Cancer Res. 51, 2428-2478, 1991

PARZEFALL W., ERBER E., SEDIVY R., SCHULTE-HERMANN R., Testing for induction of DNA synthesis in human hepatocyte primary cultures by rat liver tumor promoters, Cancer Res. 51, 1143-1147, 1991

SCHULTE-HERMANN R., Tumor promotion in the liver, Arch. Toxicol. 57, 147-158, 1985

WILLIAMS G.M., MORI H., McQUEEN C.A., Structure-activity relationships in the rat hepatocyte DNA-repair test for 300 chemicals, Mutation Res. 221, 263-286, 1989

In vitro Experiments and Mathematical Models of the Cell Cycle as Substitute for Animal Experiments in Oncology

H. Knolle

Introduction

A common objection against the use of mathematical models in biology and medicine says that the complexity of living organisms annot be grasped by mathematics. And the advocates of animal experiments argue that the reactions of the complex human organism can be emulated better by the reactions of an animal which is also complex and similar to the former. But two complex things, although apparently similar, can be different in many traits, exactly because they are complex.

Now, the advantage of a mathematical model is that each parameter entering the model must be precisely identified, whereas in an animal model the great majority of parameters are not apparent, and the experimenter often does not know whether there is similarity between animal and man with respect to the key parameters. In cancer chemotherapy, some of the key parameters have not yet been measured in man, and those that have been measured in animals and man, disprove the assumption of similarity.

1. Cell kinetics and mathematical models of the cell cycle

The growth of a tumour is caused by the capability of some or all of the tumour cells of prolife rating by cell division. The sequence of events that occur in a cell between two divisions is called the cell cycle and comprises a phase of DNA-synthesis or S-phase, a phase of cell division or mitosis (M), and two intermediate "gap" phases G_1 and G_2, i.e. the cell cycle is the sequence G_1-S-G_2-M. After mitosis, each daughter cell can again traverse the cycle, or can shift to a resting state G_0 during which cells do not devide for lang periods, or can become a cell without any capacity of division (sterile). The return of resting cells to proliferation is called recruitment.

The study of cell proliferation, of the cell cycle and its phases, and of the growth of tumours has become a special discipline called cell kinetics (STEEL G.G., 1977).

Undisturbed growing cell population are asynchronous, i. e. cells are distributed among all 4 phases according to a law that depends on the length of the phases and the growth rate. But frequently, a tumour exposed to certain drugs is partially synchronized. Therefore, it is important to have a mathematical tumour model in which the different phases of the cell cycle are distinguished. Let v,w,x,y,z denote the number of cells in G_0, G_1, S, G_2, M respectively. The dependence of these numbers on time (t) can be described roughly, during a short period, by the following differential equations:

$$dw/dt = ap_z z - p_w w + rv \tag{1}$$
$$dx/dt = p_w w - p_x x \tag{2}$$
$$dy/dt = p_x x - p_y y \tag{3}$$
$$dz/dt = p_y y - p_z z \tag{4}$$
$$dv/dt = (2-a)p_z z - rv \tag{5}$$

Here, r is the rate of recruitment, a is the mean number of dividing cells rising from one cell division, p_w is the rate of passage from G_1 to S, etc. These equation simply that the mean length of each phase is reciprocal of its passage rate. A flow diagram of the model is given in Fig. 1.

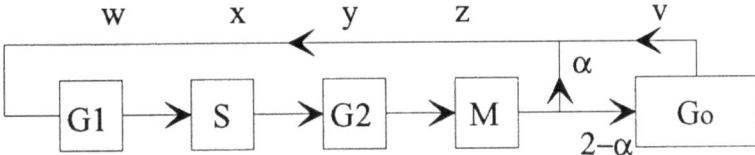

Fig. 1. Elementary model of the cell cycle and the resting state

In an more general model, which is due to M. TAKAHASHI (1966), each phase is subdivided into several compartments (Fig. 2). This gives us the possibility of assigning different values to the variance of the phase durations. The greater the number of compartments, the smaller the variance of phase duration.

Later, these models will be extended to include the action of anti-cancer drugs.

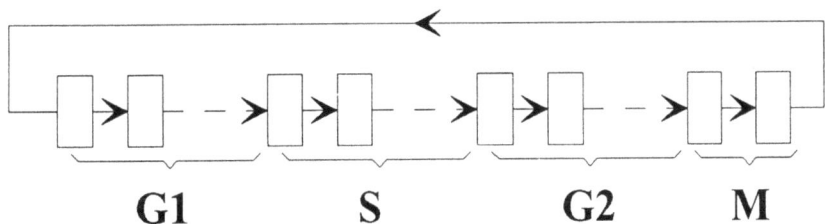

Fig. 2. Takahashi model of the cell cycle

2. Cell kinetics and cancer chemotherapy

The drugs which are used in the chemotherapy of cancer are capable of producing one or several of the following cytotoxic effetcs:
a) Death of exposed cells
b) Death of descendants of exposed cells
c) Sterilization of exposed cells
d) Retardation or block of the cell cycle
e) Recruitment of resting cells to proliferation

Of course, the recruitment of resting cells is not a cytotoxic effect in the strict sense, but it is an important factor that influences indirectly the amount of cell kill, because many drugs kill only proliferating cells (cycle-specifity). The effects a) to d) of many cycle-specific drugs are restricted to a specific phase of the cell cycle, e.g. cytosine-arabinoside (ara-C) kills cells only in S-phase, and colchicine blocks mitosis but leaves cells in other phases intact. This discovery has led to the idea of using information about the phases of the cell cycle and phase-specifity of drugs to improve the chemotherapy of cancer by carefully choosing the interval between doses and the sequence of applications of different drugs in combination schedules.

This was a completely new and unusual approach in medicine, which made the classical methods of drug testing with single doses obsolete. First of all, it increased the utility of in vitro experiments, because phase-specific cell kill can be detected with synchronized cells, and synchronisation of cells can be achieved and controlled more easily in vitro than in vivo. Second, it decreased the utility of certain animal experiments, because the effect of repeated drug applications on the tumour and on the healthy renewal tissues depends on the cycle time and other cell kinetic parameters of these cell types, which have different values in animals and in humans.

The main problem of chemotherapy is that drugs capable of destroying cancer cells can destroy also the proliferating cells of the bone marrow, the small intestine, and the skin. From this it becomes evident that the growth fraction of the bone marrow and the kinetics of bone marrow recovery are key parameters for the rational design of therapy schedules. Now, the growth fraction of the healthy bone marrow is 20% in the Mouse, but 80% in man, and "the kinetics of recruitment after depletion of these stem cells or destruction of their progeny might vary so much that extrapolation of drug schedules from murine models based on these kinetics would become invalid" (VALERIOTE F. et al., 1975).

In spite of these facts, many chemotherapeutic schedules have been tested on animal tumours, and "successful schedules have been extrapolated to the clinic with little regard for the often extensive kinetic differences between the model and the human situation" (PALLAVICINI M.G. et al., 1982). The following example shows how the lack of cell kinetic data has caused many useless experiments in the German Cancer Research Centre at Heidelberg. W.J. ZELLER et al. (1977) started a series of experiments with rat leukemias, "in order to create tumour models enabling for experimental development of combination schedules which can be employed clinically". They tested 13 different time schedules, in which single doses of vincristine (VCR) and cyclophosphamide (CPA) were administered sequentially with time intervals between 0 and 36 hs, and did not find any significant difference in therapeutic effect.

In addition to violating the general rule that chemotherapeutic time schedules can be tested only with cell material that has similar cell kinetic parameters as the human tumour to be treated, ZELLER et al. failed to test the assumption of phase-specificity of CPA. This is essential, because the therapeutic effect is likely to depend on the time interval between the two drugs if both are phase-specific. An other cause of schedule dependency may be the recruitment of resting cells to proliferation. In 1986 it has been demonstrated that CPA is not phase-specific (SCHÄFER E. et al., 1986), but in 1977 there were still conflicting views with respect to this issue (KLEIN H.O. et al., 1974, HILL B.T. et al. 1975). It is characteristic that ZELLER et al. give no account of this controversy and do not indicate to which opinion they adhered before their experiments. If they already knew that CPA is not phase-specific and does not recruit resting cells, then the experiments were unnecessary, because the result that the time interval has no influence was to be expected. If they believed the opposite, then they should have attempted at first to prove this with experiments in vitro. In any case there would have been no scientific reason for performing these animal experiments.

3. Towards mathematical chemotherapy

The mathematical model consisting in eq. (EISEN M. et al., 1979, FIETKAU R. et al., 1984, HILL B.T. et al., 1975, KLEIN H.O. et al., 1974, KNOLLE H., 1988) is suited to describe the action of phase-specific drugs. For example, to account for cell kill in s-phase we may add the term $-\delta x$ to eq. (HILL B.T. et al., 1975), and retardation of a phase by a factor b is expressed by dividing the passage rate through b. Cell kill d as well as retardation b can be made time-dependent according to changing concentrations of the drug. The differential equations describing the effect of several cytotoxic drugs with time-dependent concentrations at the site of the tumour can be solved with a computer.

These ideas are not new (see e. g. EISEN M., 1977), but the problem of assessing the effects of cytotoxic drugs quantitatively was left unsolved. Little work has been done in this area, the statements have been purely qualitative, and even these qualitative statements have sometimes been controversial.

Recently, it has been suggested that the next step towards mathematical chemotherapy should be the design of experiments and evaluation methods to determine the action parameters of cytotoxic drugs (KNOLLE H., 1988). A computer program has been constructed, that can simulate the various effects of cytotoxic drugs. This program can be used to test hypotheses about the interplay of several cytotoxic effects and to study the influence of each parameter separately. Furthermore, it can account for changes of the drug concentration in vivo and can therefore predict the effect of drug elimination rate and route of administration on cell survival. It has been shown with an example that the results of the computer calculation after careful choice of input parameters are similar to the results of animal experiments (Fig. 3 and 4).

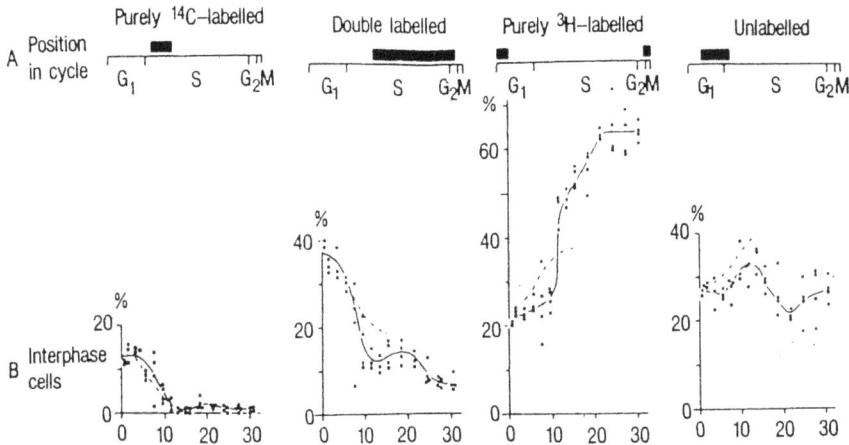

Fig. 3. Percentage of interphase cells (mouse leukemia L 1210) over time in 4 differently labelled cell populations after a single dose of ara-C (FIETKAU R. et al., 1984)

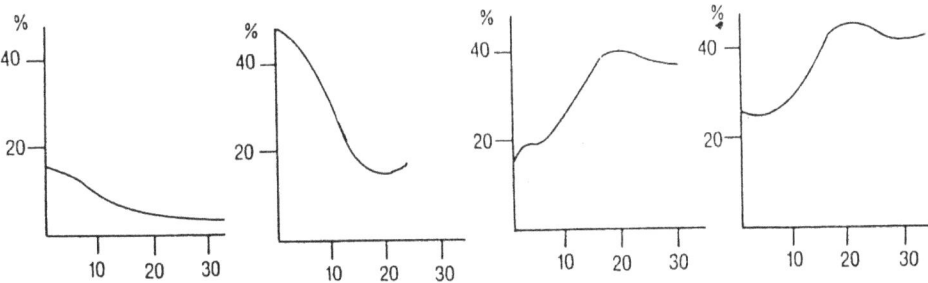

Fig. 4. Computer simulation of the experiment with 4 differently labelled populations of L 1210-cells

This work is a contribution to a new approach in oncology, in which results of cell kinetic experiments in vitro are combined with computer simulations in order to test chemotherapeutic schedules that can be employed clinically. The last unsolved problem of this approach is the determination of cell kinetic parameters of the human tumour which is to be erradicated and of the sensible renewal tissues which are to be spared. Animal experiments can neither help to solve

112

this problem nor can they elude the necessity of its solution.

References

EISEN M., Mathematical Models in Cell Biology and Cancer Chemotherapy, Lecture Notes in Biomathematics 30, Berlin-Heidelberg-NewYork: Springer, 1979

FIETKAU R., FRIEDE H., MAURER-SCHULTZE B., Cancer Res. 44, 1105-1113, 1984

HILL B.T., BASERGA R., Cancer Treat. Rev. 2, 159, 1975

KLEIN H.O., LENNARTZ K.J., Semin. Hemat. 11, 203-227, 1974

KNOLLE H., Cell Kinetic Modelling and the Chemotherapy of Cancer, Lecture Notes in Biomathematics 75, Berlin-Heidelberg-New York: Springer, 1988

PALLAVICINI M.G., GRAY J.W., FOLSTAD L.J., Cancer Res. 42, 3125-31, 1982

SCHÄFER E., MAURER-SCHULTZE B., Cell Tiss. Kinet. 19, 437, 1986

STEEL G.G., Growth kinetics of tumours, Oxford: Clarendon Press, 1977

TAKAHASHI M., J. Theoret. Biol. 13, 202-11, 1966

VALERIOTE F., v. PUTTEN L., Cancer Res. 35, 2619-30, 1975

ZELLER W.J., SCHMÄHL D., EISENBRAND G., Leuk. Res. 1, 229-35, 1977

Experimente mit Hefezellpopulationen als Beitrag zur Aufklärung des Mechanismus der Krebsentstehung

U. Wintersberger

Tierversuche werden in der biomedizinischen Forschung einerseits zur Erlangung grundlegender Kenntnisse über biologische Prozesse durchgeführt, andererseits dienen sie der Erprobung von Chemikalien, mechanischen Eingriffen und Prozeduren, etc., die später beim Menschen zur Anwendung kommen sollen. Läßt man die moralische Frage, ob die Ausbeutung anderer Spezies durch den Menschen für die genannten Zwecke überhaupt erlaubt sei (WINTERSBERGER U., 1985, 1984), zunächst beiseite, so stellt man fest, daß die Erlangung unserer derzeitigen Kenntnisse über die Mechanismen des Lebens ohne jegliche Tierversuche nicht möglich gewesen wäre. Selbstverständlich lassen sich aber Tierversuche in der Grundlagenforschung bei verantwortungs- bewußter Planung und sorgfältiger Auswertung auf eine sehr geringe Zahl und auch die Leiden der Versuchstiere auf ein Minimum beschränken. Dies ist bei den derzeitigen Methoden zur Te- stung von Substanzen und Prozeduren keineswegs der Fall, da alle diese Methoden statistische Auswertungen beinhalten. So wird jede als neues Medikament, Pestizid, Herbizid, Insektizid, Fungizid, als Lebensmittelzusatzstoff oder Kosmetikum etc. gedachte Substanz zum Beispiel auf etwaige krebserregende Wirkung an Nagetieren getestet, bevor sie in den Handel gelangen darf. Da die Zahl solcher Substanzen aus wirtschaftlichen Gründen sehr hoch ist, hat der ''Verbrauch'' an leidenden Test-Tieren ungeheure Ausmaße angenommen. Anstelle diesen unhaltbaren Zu- stand vor allem dadurch wirkungsvoll zu korrigieren, daß die Zahl der potentiellen neu anzuwen- denden Substanzen in vernünftigen Grenzen gehalten wird, und daß wenige Substanzen gründ- lich auf ihre molekularen Wirkungsmechanismen untersucht werden, wird nach Ersatzmethoden für die Tier-Tests gerufen. Diese sogenannten Ersatzmethoden werden dann für gut befunden, wenn sie beim Vergleich mit alten oder neu zu gewinnenden Tier-Test-Ergebnissen ''richtige'' Resultate ergeben. Da aber die Ergebnisse der Nagetier-Tests für die geprüften Tierarten sichere Aussagen zulassen, bei Übertragung auf die Spezies Mensch jedoch für die Frage nach etwaiger cancerogener Wirkung nur als Anhaltspunkt zu werten sind (AMES B.N. et al., 1990), ist dieser Denkansatz, nämlich die Beurteilung einer Methode danach, ob sie mit einer unzureichenden Methode übereinstimmende Ergebnisse liefert, als unwissenschaftlich abzulehnen. Wie die Abschätzung des Krebsrisikos möglichst verläßlich gemacht werden kann, muß wohl neu überdacht werden.

 Die Prüfung von Substanzen auf ihre Giftigkeit an Tieren wurde in kleinerem Umfang schon in vornaturwissenschaftlicher Zeit vom Menschen betrieben. So erwähnt zum Beispiel Manzoni in seinem berühmten Roman von 1827 ''Die Verlobten'' bei der Schilderung einer Pest-Epide- mie in Mailand um 1630, daß mit Substanzen, die als Schmieren an Häusern vorgefunden worden waren und die für Hexensalben gehalten wurden, ''Versuche an Hunden angestellt wurden, ohne daß eine schlimme Wirkung eingetreten wäre''. Vergleicht man die heutigen Tier-Tests mit diesen Versuchen, so beschränkt sich der Fortschritt von dreieinhalb Jahrhunderten im wesentlichen darauf, daß der Glaube an Hexenkünste aufgegeben wurde, und daß sich die Zahl an Substanzen, die geprüft werden, vervielfacht hat.

Andererseites hat aber die Molekularbiologie und die molekulare Genetik in sehr kurzer Zeit bemerkenswerte Erkenntnisse zum Mechanismus der Krebsentstehung gebracht. So kann man zum Beispiel entsprechend dem heutigen Stand der Forschung mit an Sicherheit grenzender Wahrscheinlichkeit annehmen, daß die genetische Information von Tumorzellen stets eine oder mehrere Veränderungen (Mutationen oder auch größere Genom-Rearrangements) erfahren hat. Dieser Auffassung wird durch epidemiologische Daten, welche eindeutig die Spezies Mensch betreffen, nicht widersprochen. Da das genetische Material, die Desoxyribonucleinsäure (DNA), aller Organismen aus gleichen Untereinheiten aufgebaut ist, können Studien über die Auslösung von Genom-Veränderungen durch physikalische oder chemische Agentien zunächst an Mikroorganismen durchgeführt werden. Selbstverständlich können die Ergebnisse nicht ohne weitere Forschungsarbeit auf einen Säugetierorganismus, wie den Menschen, übertragen werden. Da die Übertragung schon von den für die üblichen Tests verwendeten kurzlebigen nachtaktiven Nagetieren auf den langlebigen tagaktiven Primaten Mensch nur mit Vorbehalt möglich ist, sind aber auch die Nager-Tests in der Krebsforschung nicht als ''letzte Instanz'' anzusehen.

Ein Projekt meines Labors beschäftigt sich mit der Frage nach der Kinetik des Auftretens von Genom-Veränderungen in einzelnen Zellen von mit DNA schädigenden Agentien behandelten Mikroorganismen-Populationen. Schließlich ist ein menschlicher Organismus, in dem eine Zelle zum Ausgangspunkt für einen Tumor werden kann, ebenfalls eine Zell-Population, und die Reparatur von DNA-Schäden führt in allen Zellarten zu Genom-Veränderungen (WINTERSBERGER U., 1991). Allerdings haben sich die molekularen Mechanismen, wie eine Zelle mit einem DNA-Schaden fertig wird, während der Evolution entsprechend der Lebensstrategien der einzelnen Spezies nicht vollkommen identisch entwickelt. Dies gilt aber nicht nur für den Vergleich von Mikroorganismen mit dem Menschen, sondern auch für den Vergleich von Säugetieren untereinander (FRIEDBERG E.C., 1984). Bemerkenswert ist, daß die Entstehung von genetischen Varianten während der DNA-Reparatur für Populationen von Einzellern ein Vorteil ist, daß aber dieses Erbe aus der Evolution für uns vielzellige Organismen die mögliche Entstehung von Tumoren aus solchen genetischen Varianten somatischer Zellen mit sich bringt (WINTERSBERGER U., 1982).

Als Modell-Populationen verwenden wir Zellen der Bäckerhefe, *Saccharomyces cervisiae*. Die Population (mehrere Millionen Individuen) stammen jeweils von einer einzigen Zelle ab, können also genetisch als weitgehend identisch (Clone) angenommen werden, wie die somatischen Zellen, aus denen ein vielzelliger höherer Organismus besteht. Natürlich stellt eine solche Hefe-Population gegenüber etwa einem menschlichen Körper eine starke Vereinfachung dar, denn die Zellen eines Hefe-Clons differenzieren bei guter Ernährung nicht, so wie dies bei den multizellulären Organismen der Fall ist. Wegen der Einfachheit des Systems können wir aber quantitative Aussagen machen. Für die von uns gestellten Fragen würde sich eine Population von in Kultur gehaltenen menschlichen Zellen nicht eignen, da Säugetierzellen genetisch derzeit noch wenig aufgeklärt sind und da sie überdies nach längerer *in vitro* Zucht meist keinen normalen Chromosomensatz mehr haben.

Als ein Beispiel für Genom-Veränderungen benützen wir die Reversion einer Mutation, die den Zellen nicht erlaubt, auf einem synthetischen Selektionsmedium Kolonien zu bilden. Nur Zellen, die die Rückmutation (Reversion) geschafft haben, können auf diesem Medium Nachkommen erzeugen. Die andere von uns studierte Genom-Veränderung ist ganz besonders interessant als Modell für einen Prozeß, der in einem Säugetier zum Anlaß für die Entwicklung eines Tumors werden kann. Haploide Hefezellen sind imstande, ihren Paarungstyp (man spricht beim Hefe-Paarungstyp nicht von weiblichen und männlichen, sondern von a- und alpha-Zellen) zu wechseln, und zwar durch ein Genom-Rearrangement, dessen Frequenz, wie wir zeigen konnten, durch bekannte Cancerogene erhöht wird (SCHIESTL R. et al., 1982, WINTERSBERGER U. et al., 1982). Dieses Genom-Rearrangement besteht darin, daß an einem bestimmten Locus im Genom entweder a- oder alpha-spezifische Gene eingesetzt werden können, die von dort aus den Paarungstyp bestimmen. Da diese beiden Gen-Typen aber außerdem noch in "Reserve-Loci" residieren (von wo aus sie aber keine Wirkung auf den Paarungstyp haben), können sie in den den Paarungstyp bestimmenden Locus wie Kassetten in einen Recorder wechselweise eingesetzt werden (SCHIESTL R. et al., 1991). Dieser Prozeß ist ein Modell für einen Differenzierungsvorgang auf DNA-Niveau, wie er in höheren Organismen zum Beispiel bei den die Antikörper produzierenden Zellen vorkommt. Bestimmte, nicht dem Differenzierungsprogramm entsprechende Genom-Rearrangements (besonders wenn sie ein sogenanntes Oncogen betreffen), wie sie durch DNA-schädigende Agentien ausgelöst werden können, führen bei somatischen Zellen höherer Organismen zu "nicht erlaubten" Wachstumsvorteilen, also zur Gefahr einer Tumorbildung (WINTERSBERGER U., 1984).

Bei unseren Versuchen zur Kinetik des Auftretens von genetischen Varianten wird die Zell-Population mit dem DNA-schädigenden Agens (z.B. mit UV- oder Röntgenstrahlen) behandelt und sodann nicht wie bei dem bekannten Ames-Test sofort unter Selektionsdruck gesetzt; statt dessen durchlaufen die Zellen in unseren Versuchsansätzen noch mehrere Teilungen (KLEIN F. et al., 1988), wie dies auch bei den Zellen eines zum Beispiel von Strahlung getroffenen Menschen der Fall ist. Erst dann wird festgestellt, wie die "Welle" der Erhöhung der Mutations- bzw. Genom-Rearrangement-Rate die Population durchlaufen hat. Dies geschieht mit einem in unserem Labor ausgearbeiteten Computer-Simulations-Programm, da die experimentellen Daten einer einfachen formelmäßigen Auswertung nicht zugänglich sind. Wir sehen somit nicht nur die Varianten, die in der Population sofort auftreten (so wie der Ames-Test), sondern auch jene unter den Nachkommen der geschädigten Zellen (KLEIN F., 1987). Das heißt, wir machen nicht eine Momentaufnahme der Zellen im Augenblick der Schädigung, sondern wir beobachten die Reaktionen der weiterwachsenden Population auf die Schädigung (KLEIN F. et al., 1989).

Unser System eignet sich ganz besonders zur Feststellung von synergistischen und antagonistischen Effekten. So haben wir zum Beispiel folgendes zeigen können: Es ist aus epidemiologischen Studien bekannt, daß der Genuß bestimmter Nahrungsmittel, die reich an Protease-Inhibitoren sind (z.B. Sojabohnen), mit niedrigen Krebsraten korreliert. Der Grund für diesen Zusammenhang wurde von anderen Forschern in Kulturen bakterieller und tierischer Zellen als auch mit Nagetier-Versuchen studiert. Man kam zu dem vorläufigen Schluß, daß Protease-Inhibitoren durch einen noch unbekannten Mechanismus (mehrere Hypothesen wurden aufgestellt) die durch Cancerogene verursachte Erhöhung von Mutationsraten hemmt. Unser Test zeigte hingegen, daß ein in der Hefe wirksamer Protease-Inhibitor die Zellteilungen stark verlangsamte. In einer DNA-geschädigten Hefezellpopulation traten daher die Mutanten in Gegenwart des Protease-Inhibitors sehr viel später auf als in der ohne Inhibitor wachsenden (BERGER H., 1989). Das heißt über längere Zeiträume gesehen entstehen in einer Hefezellpopulation mit und ohne Inhibitor ähnlich viele Mutanten. Solche Beobachtungen kann man natürlich in einem dem Ames-Test ähnlichen Versuch nicht machen, da die mutierten Zellen sofort nach dem DNA-schädigenden Ereignis selektiert werden. Führen wir unseren Versuch mit der Hefezellpopulation nach dem Ames-Schema durch, ergibt sich ebenfalls der Eindruck, daß der Protease-Inhibitor die Entstehung von UV-induzierten Mutanten verhindert (WINTERSBERGER U., 1984). Der molekulare Mechanismus der von uns beobachteten Verlangsamung des Zellwachstums durch den Protease-Inhibitor ist noch unbekannt, jedoch nicht unbedeutend für eine etwaige medikamentöse Anwendung. Der Mechanismus kann durch Nagetier-Tests nicht geklärt werden.

In einem anderen Teil unseres Projekts untersuchen wir das "Schicksal" der Nachkommen individueller DNA-geschädigter Hefezellen. Dabei werden die Zellen unter dem Mikroskop, sobald sie sich geteilt haben, jeweils auf bezeichete Plätze gesetzt. Dieser Vorgang wird über mehrere Generationen wiederholt, sodaß ein Stammbaum der ersten Zelle gebildet wird (Pedigree-Analyse). An den Ergebnissen dieser Versuche hat uns vor allem der große Unterschied in der Reaktion einzelner Hefezellen aus demselben Clon auf die DNA-schädigenden Agentien verblüfft, und zwar war der Unterschied sowohl bei der Verzögerung der Zellteilung als auch bezüglich des Absterbens einzelner "Familienmitglieder" eines Stammbaumes sehr groß (WINTERSBERGER U. et al., 1987, KLEIN F. et al., 1990). Hier zeigt sich, wie gering die Relevanz statistisch ausgewerteter Experimente für das Einzelindividuum ist. Wenn dies schon bei Einzellern der Fall ist, in wie hohem Maß muß dies erst für komplexe vielzellige Organismen gelten.

Obwohl ich die vielen Ergebnisse und Erlebnisse aus meinem eigenen Labor, die meinen heutigen Erkenntnisstand geprägt haben, nicht anführen kann, möchte ich vor der Hoffnung auf allzu rasche Entwicklung von bequemen und perfekten Schnelltests für Cancerogene warnen. Da die Unverläßlichkeit der Nagetier-Tests nun sogar von berühmten Krebsforschern (AMES B.N. et al., 1990, ASHBY J. et al., 1991) zugegeben wird, sollte ernsthaft die Reduktion der Wachstumsrate für neue Substanzen überlegt werden. Gleichzeitig könnten die Versuche zur möglichst vollständigen Aufklärung der Wirkmechanismen intensiviert werden, was beim heutigen Stand der Molekularbiologie und Biochemie nicht mehr eine so unrealistische Forderung ist, als etwa zur Zeit der Pest in Mailand.

Die Arbeiten in meinem Labor wurden vom Jubiläumsfonds der Österreichischen Nationalbank (Projekte 2108, 2993) unterstützt. Frau ALOISIA KOPP *danke ich für die Hilfe bei der Herstellung des Manuskripts.*

Literatur

AMES B.N., GOLD L.S., Too many rodent carcinogens: mitogenesis increases mutagenesis, Science 249, 970-971, 1990

ASHBY J., MORROD R.S., Detection of human carcinogens, Nature 352, 185-186, 1991

BERGER H., Wirkung des Proteaseinhibitors TPCK auf die UV-induzierte Mutationsrate bei Saccharomyces cervisiae, Diplomarbeit, Universität Wien, 1989

FRIEDBERG E.C., DNA Repair, New York: W.H. Freedman, 1984

KLEIN F., KARWAN A., WINTERSBERGER U., Pedigree analyses of yeast cells recovering from DNA damage allow assignment of lethal events to individual post-treatment generations, Genetics 124, 57-65, 1990

KLEIN F., KARWAN A., WINTERSBERGER U., After a single treatment with EMS the number of non-colony-forming cells increases for many generations in yeast populations, Mutation Res. 210, 157-164, 1989

KLEIN F., WINTERSBERGER U., Determination of mating type conversion rates of heterothallic Saccharomyces cervisiae with the fluctuation assay, Curr. Genet. 14, 355-362, 1988

KLEIN F., Untersuchungen zur Dynamik genetischer Reaktionen auf DNA-schädigende Behandlung an der Hefe Saccharomyces cervisiae, Dissertation, Universität Wien, 1987

MANZONI A., Die Verlobten, Deutsch von A. LERNET-HOLENIA, Zürich: Manesse, p. 616, 1985

SCHIESTL R., WINTERSBERGER U., Mating type switching, in: J. LEDERBERG (ed.), Encyclopedia of Microbiology, Academic Press, Inc., in Druck, 1991

SCHIESTL R., WINTERSBERGER U., Induction of mating type interconversion in a heterothallic strain of Saccharomyces cervisiae by DNA damaging agents, Mol. Gen. Genet. 191, 59-65, 1983

SCHIESTL R., WINTERSBERGER U., X-ray enhances mating type switching in heterothallic strains of Saccharomyces cervisiae, Mol. Gen. Genet. 186, 512-517, 1982

WINTERSBERGER U., On the origins of genetic variants, FEBS Letters 285, 160-164, 1991

WINTERSBERGER U., KARWAN A., Retardation of cell cycle progression in yeast cells recovering from DNA damage: A study at the single cell level, Mol. Gen. Genet. 207, 320-327, 1987

WINTERSBERGER U., Tierversuche im Dienste der Kosmetik- und Tabakindustrie, EUMT Information 8, 1-2, 1985

WINTERSBERGER U., Auf der Suche nach der Ideologie der Tier-Experimente, Schriftenreihe der Europäischen Union gegen den Mißbrauch der Tiere 5, 1-8, 1984

WINTERSBERGER U., The selective advantage of cancer cells: A consequence of genome mobilization in the course of induction of DNA repair processes?, Adv. Enzyme Regul. 22, 311-323, 1984

WINTERSBERGER U., Chemical carcinogenesis - the price for DNA-repair?, Naturwissenschaften 69, 107-113, 1982

WINTERSBERGER U., SCHIESTL R., The yeast mating type system - a model for the regulation of gene expression by the position of a certain gene within the genome?, in: JAENICKE L. (ed) 33. Colloquium Mosbach on Biochemistry of Differentiation and Morphogenesis, Berlin, Heidelberg, New York: Springer, pp. 50-53, 1982

Die Verwendung von Fischzellkulturen als Ersatz für den Fischtest im Abwasserabgabengesetz

M. Kohlpoth, B. Rusche

Nach dem deutschen Abwasserabgabengesetz muß derjenige, der ein Abwasser direkt in ein öffentliches Gewässer einleitet, eine Abgabe leisten. Die Höhe dieser Gebühr wird u. a. anhand der Giftigkeit des Abwassers gegenüber Fischen im Fischtest bestimmt.

Der Versuchsablauf des Fischtests ist in der DIN-Vorschrift 38 412 Teil 31 genau festgelegt. Jeweils drei nicht geschlechtsreife, 5 bis 8 cm große, gesunde Goldorfen (Leuciscus idus melanotus) von genau definiertem Körpervolumen werden 48 Stunden in 3 Litern Verdünnungsansatz ohne Futter gehalten. Der Verdünnungsansatz besteht jeweils aus einem Raumanteil Abwasser und einem oder mehreren Anteilen Verdünnungswasser, so daß ganzzahlige Verdünnungsstufen des Abwassers entstehen. Ermittelt wird der Verdünnungsfaktor GF, bei dem alle Fische überleben.

Ein Versuchsfisch gilt als tot, wenn bei ihm auch nach Berührung keine Eigenbewegung mehr feststellbar ist. Schädigungen, die vor dem Tod auftreten, sind an Symptomen wie z. B. Luftschnappen, Taumeln, Verlust der Orientierung oder Lethargie zu erkennen. Sie verdeutlichen, welchen Belastungen die Tiere ausgesetzt sind. Für die Bestimmung der Abwasserabgabe spielen sie allerdings keine Rolle. Hier zählt nur die Ja/Nein-Antwort.

Sowohl in den für die Abwasserkontrolle zuständigen Behörden als auch in den einleitenden Betrieben selbst wird der Fischtest durchgeführt, in größeren Betrieben mehrmals in der Woche oder sogar mehrmals am Tag. Kein Fisch, der einmal im Fischtest war, darf wiederverwendet werden. Es ist daher davon auszugehen, daß die meisten Fische nach Abschluß des Tests getötet werden.

Die Aussagekraft des Fischtests ist in Fachkreisen umstritten. Die Goldorfe ist eine Farbvariante des Alands, der in größeren Flüssen in Mittel- und Nordeuropa vorkommt. Erwachsene Tiere erreichen eine Größe von 30 bis 40 cm und laichen von April bis Juni. Manipulationen, die erforderlich sind, um ganzjährig Goldorfen in dem in der DIN-Vorschrift definierten Zustand vorrätig zu haben, können u. a. zu pathologischen Veränderungen der Leber führen, die neben weiteren, nicht ohne weiteres erkennbaren gesundheitlichen Beeinträchtigungen der Fische das Testergebnis beeinflussen.

Abgesehen von der Kritik am Testverfahren selbst, stehen in besonderer Weise nicht nur grundsätzliche ethische, sondern auch tierschutzrechtliche Bedenken im Raum. Der Fischtest nach dem Abwasserabgabengesetz ist mit den Bestimmungen des Deutschen Tierschutzgesetzes nicht zu vereinbaren. Angesichts der Zweckbestimmung ''Festlegung der Abwasserabgabenhöhe'' ist die dort geforderte ethische Vertretbarkeit für den Fischtest, der zumindest für einen Teil der

Tiere erhebliche Schmerzen und Leiden und den Tod infolge von Vergiftungen mit sich bringt, nicht gegeben.

Die Tatsache, daß der Fischtest ausdrücklich in einem rechtskräftigen Gesetz verankert ist, führt zu einem Konflikt zwischen den aus juristischer Sicht gleichberechtigten gesetzlichen Bestimmungen des Abwasserabgabengesetzes und des Tierschutzgesetzes, der gelöst werden muß.

Die beste Lösung im Interesse des Umweltschutzes wäre das Verbot, belastete Abwässer in ein öffentliches Gewässer einzuleiten. Solange dies nicht möglich oder durchsetzbar ist, wäre die einfachste Lösung, auf die Bestimmung der Fischtoxizität, die ja sowieso nur ein Schadstoffparameter ist, zu verzichten. Andererseits ist es durchaus wünschenswert, auch die biologische Schadwirkung eines Abwassers zu bestimmen. Also muß der Fischtest durch ein anderes biologisches Testverfahren ersetzt werden, das tierschutzrechtlich unbedenklich ist. Dies ist auch der Wunsch des Deutschen Bundestages, der bereits 1988 der Bundesregierung einen entsprechenden Prüfauftrag erteilt hat.

Ein Testsystem, das den Fischtest ersetzen soll, muß dazu in der Lage sein, Giftigkeit abgestuft zu erkennen. Bei der Forderung, daß das gleiche Ergebnis wie mit dem Fischtest erreicht werden muß, ist zu diskutieren, wie relevant gerade die Fischtoxizität für das Ökosystem insgesamt ist. Diskutiert werden muß auch der Wunsch der Industrie, daß der bisherige Abgabenschlüssel erhalten bleiben soll, damit es zu keiner Gebührenveränderung kommt. In jedem Fall wird eine Alternative zum Fischtest derzeit leichter durchsetzbar sein, wenn sie dem Fischtest entsprechende Ergebnisse liefert, einfach und sicher zu handhaben sowie zeit- und kostengünstig ist.

Der bereits 1985 von Prof. AHNE entwickelte R1-Zytotoxizitätstest erfüllt nach den bisher vorliegenden Ergebnissen diese Voraussetzungen (AHNE W., 1985). 1988 wurde dieser Test in der Akademie für Tierschutz des Deutschen Tierschutzbundes etabliert. Der Test und die Ergebnisse der bisher durchgeführten Untersuchungen, die vor allem Dank der großzügigen finanziellen Unterstützung der Erna-Graff-Stiftung und ZEBET-bga durchgeführt werden konnten, sollen im folgenden zusammengefaßt dargestellt werden.

Die Arbeiten in der Akademie für Tierschutz erfolgten mit der Zielsetzung, die Testvorschrift für den R1-Zytotoxizitätstest weiter zu vereinfachen, die Reproduzierbarkeit der Ergebnisse bei der Bestimmung der Giftigkeit von Testchemikalien nachzuweisen und Vergleichsuntersuchungen zum Fischtest mit Abwasserproben durchzuführen.

Der R1-Zytotoxizitätstest wird mit der fibroblastenähnlichen permanenten Zellinie R1, die aus der Leber der Regenbogenforelle (Oncorhynchus mykiss) isoliert wurde, durchgeführt. Sie benötigt keine CO_2-Begasung, eine Lagerung ist bei 10 °C bis zu 12 Wochen ohne Veränderung der Eigenschaften möglich und das Normalwachstum erfolgt bei 20 °C.

Für den Test wird die Abwasserprobe in einer geometrischen Verdünnungsreihe mit synthetischem Wasser (DIN 38 412 Teil 31) gemischt und auf eine Mikrotiterplatte aufgetragen. Anschließend wird die Mikrotiterplatte mit 10^4 Zellen pro Vertiefung aus einer Einzelzellsuspension vorsichtig beimpft, so daß die Zellen durch die Testabwässer durchsinken und sich am Boden gleichmäßig verteilen. Die Platten werden 24 h im Brutschrank inkubiert, die Zellen nach Abgießen des Überstandes durch Zugabe von 50%igem Methanol fixiert, 24 h getrocknet und mit Kristallviolettlösung gefärbt.

Endpunkt der Methode ist die Fähigkeit der Zellen zur Anheftung an den Gefäßboden, die über die Zelldichte bestimmt wird. Als Maß für die Schadwirkung des Abwassers auf die Zellen wird der GZ-Faktor angegeben. Das ist der reziproke Wert der Verdünnungsstufe, bei der noch eine Schädigung zu erkennen ist. Eine Abweichung der photometrisch gemessenen Extinktion der geschädigten Zellen im Vergleich zur Kontrolle von mehr als 20% gilt als positiv.

Die photometrische Auswertung der Platten kann durch zwei Techniken erfolgen:

1. Die trocken-photometrische Messung des Farbstoffanteils des fixierten und getrockeneten Zellrasens erfolgt bei 550 nm in einem Mikrotiterplattenreader. Bei dieser Messung ist eine

objektive Bewertung gewährleistet, die durch die Festlegung des Grenzwertes von 20% eine einfache Ja/Nein-Entscheidung wie beim Fischtest ermöglicht. Diese Methode erfordert allerdings sehr sorgfältiges Arbeiten beim Beimpfen der Mikrotiterplatten, da größere Zellücken oder eine Verklumpung der Zellen zu starken Schwankungen bei den Ergebnissen führen können. Dieses Problem wird durch den Einsatz der neuen Generation von Photometern mit vielen Meßpunkten pro Vertiefung stark verringert.

2. Die Rücklösung des Farbstoffes mit 50% Äthanol vor der Messung garantiert seine gleichmäßige Verteilung unabhängig von der Beschaffenheit des Zellrasens und erlaubt den Einsatz von einfachen Photometern, die nur mit einem Meßstrahl pro Mikrotitervertiefung arbeiten. Allerdings tritt hier das Problem auf, daß geschädigte Zellen wesentlich mehr Farbstoff aufnehmen und bei der Rücklösung abgeben als die Kontrollzellen, so daß bei dieser Messung Zellrasen auch dann als ungeschädigt erscheinen, wenn deutliche morphologische Veränderungen und eine hohe Mortalität unter dem Mikroskop erkennbar sind. Da es aber wünschenswert ist, diese Methode wegen der Vereinfachung der Testvorschrift beizubehalten, werden zur Zeit andere Rücklöseverfahren auf ihre Tauglichkeit geprüft.

Generell bietet die mikroskopische Betrachtung des Zellrasens den Vorteil, daß man sowohl das Anheftungsvermögen der Zellen als auch morphologische Veränderungen wie z. B. Vakuolenbildung im Zytoplasma bewerten kann. Dem Vorteil der Beurteilung von feineren Abstufungen einer Schädigung steht allerdings die Subjektivität der Bewertung durch den Beobachter gegenüber, die zu abweichenden Ergebnissen führen kann.

So zeigten die Versuche an der Akademie für Tierschutz vor allem bei der photometrischen Auswertung eine sehr gute Reproduzierbarkeit der Ergebnisse.

Die generelle Problematik der bakteriellen Kontamination der Abwässer, die sich trotz der kurzzeitigen Inkubation bei nur 20 °C bemerkbar macht, kann durch die Verwendung qualitativ guter Antibiotika-Zusätze behoben werden.

Seit Februar 1990 beschäftigt sich der Arbeitskreis "Zytotoxizität" im DIN-Ausschuß "Suborganismische Testverfahren" mit einer endgültigen DIN-Normierung der Testvorschriften des R1-Tests als Voraussetzung für eine Aufnahme ins Abwasserabgabegesetz.

In den letzten drei Jahren wurden in der Akademie für Tierschutz darüberhinaus insgesamt 268 codierte Abwasserproben, die das Bayerische Landesamt für Wasserwirtschaft zur Verfügung stellte, im Zytotoxizitätstest geprüft und die Resultate mit den Ergebnissen des Fischtests, der parallel im Landesamt durchgeführt wurde, verglichen (Abb. 1).

Die Ergebnisse zeigen eine hohe Übereinstimmung. Nur in wenigen Fällen sind größere Abweichungen aufgetreten. Hier müssen die Ursachen weiter hinterfragt werden. Lassen sich Gesetzmäßigkeiten für bestimmte Abwassertypen feststellen, müßte man, will man Übereinstimmungen zwischen den beiden Testsystemen in bezug auf die zu zahlende Abgabe der Firmen erreichen, die Berechnungsgrößen für die Abwässer von bestimmten Industriesparten verändern.

Wo die Gründe für Abweichungen ungeklärt bleiben, muß die politische Entscheidung getroffen werden, daß man die Ergebnisse des Zytotoxizitätstests der Berechnung der Abwasserabgabe zugrunde legt. Denn der Vergleich des Fischtests mit weiteren Biotests (Grünalgentest, Daphnientest, Leuchtbakterientest) zeigt sehr große Differenzen und verdeutlicht, daß dieser Test allein auf keinen Fall als absoluter Maßstab für den Gewässerschutz gesehen werden kann.

Bevor der R1-Zytotoxizitätstest Eingang in das Gesetz finden wird, sind weitere Belege für seine Validität erforderlich. Seit Oktober 1990 leistet die Akademie für Tierschutz mit Unterstützung von ZEBET-bga die Vorarbeiten für eine geplante Vergleichsuntersuchung, an der mehrere Partner-Labors in Industriebetrieben, Hochschulen und Landesämtern beteiligt werden sollen. Hierbei sind leider Verzögerungen aufgetreten, die nicht zuletzt darauf begründet sind, daß sich der Verband der Chemischen Industrie bisher nicht zur Mitarbeit entschließen konnte.

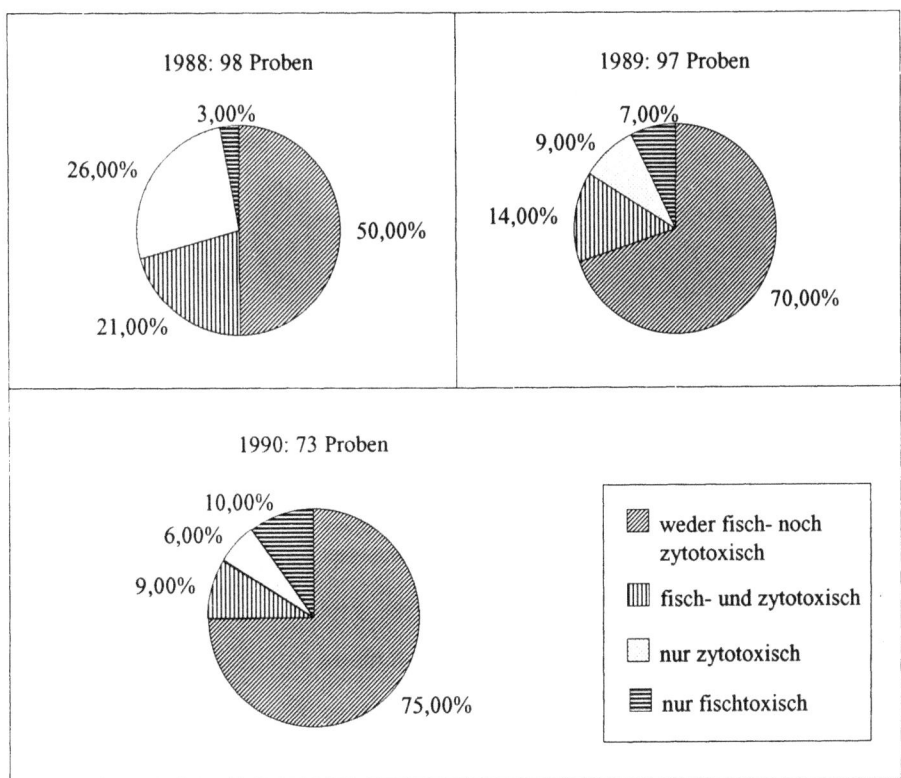

Abb. 1. Vergleich der Fisch- und Zytotoxizität

Literatur

AHNE W., Untersuchungen über die Verwendung von Fischzellkulturen für die Toxizitätsbestimmungen zur Einschränkung und Ersatz des Fischtests, Zbl. Bakt. Hyg., I. Abt. Orig. B 180, 480-504, 1985

Weiterführende Literatur

HALDER M., AHNE W., Evaluation of Waste Water Toxicity with Three Cytotoxicity Tests, Z. Wasser-Abwasser-Forsch. 23, 233-236, 1990

HANSEN P.-D., SCHWANZ-PFITZNER J., TILLMANNS G.M., Ein Fischzellkulturtest als Ergänzungs- oder Ersatzmethode zum Fischtest, Bundesgesundheitsblatt 8, 343-346, 1989

SCHMITZ J., RUSCHE B., Die Problematik der Ersatz- und Ergänzungsmethoden zum Tierversuch am Beispiel des Fischtests nach dem Abwasserabgabengesetz, Z. Angewandte Zoologie 2, 209-223, 1983

Entwicklung von zellulären in vitro-Systemen zur Testung von Umweltschadstoffen

F.J. Wiebel, M. Föller, I. Neumann, O. Cumpelik
U. Reuter-Hilper

Zelluläre in vitro-Systeme sind ein fester Bestandteil von Teststrategien, die darauf abzielen, das Gefährdungspotential von Chemikalien zu erfassen. Obwohl die Testsysteme fähig sind, die Toxizität eines weiten Spektrums von Substanzklassen zu bestimmen, finden sich noch immer Gruppen von Substanzen, für die die Aussagefähigkeit der in vitro-Testsysteme in Hinblick auf deren Gefährdungspotential unklar ist. Eine dieser Gruppen umfaßt die Nitroaromaten, die z. B. bei der Verbrennung von Dieselkraftstoff entstehen.

Ein weiterer Bereich, in dem die Brauchbarkeit der in vitro-Testsysteme noch zu klären ist, betrifft die ''summarische'' Bestimmung der Belastung der Umwelt durch toxische Chemikalien, bei der nicht die Toxizität einzelner Chemikalien sondern die Gesamtsumme der Einzeltoxizitäten von Interesse ist. Ein Beispiel dafür sind die polyhalogenierten aromatischen Kohlenwasserstoffe (PHAK), die in der Umwelt fast ausnahmslos als Gemische vorliegen. Diese Substanzen entstehen bei vielen thermischen Prozessen z. B. unter Bedingungen wie sie bei der Verbrennung von Müll gegeben sind. In Anbetracht der Toxizität und weiten Verbreitung der PHAK ist es von großem Interesse, einfache Verfahren zu ihrer summarischen Erfassung zu entwickeln. Im folgenden sollen Ansätze zur Entwicklung von Zellsystemen und Testprotokollen aufgezeigt werden, mit denen das Gefährdungspotential von Nitroaromaten und PHAK-Gemischen erfaßt werden kann.

Polyzyklische aromatische Nitroverbindungen

Polyzyklische Nitroaromaten zählen zu den stärksten Mutagenen in bakteriellen Testsystemen (ROSENKRANZ UND MERMELSTEIN, 1983). Dagegen besitzen sie in Säugetierzellinien zumeist nur eine geringe oder keine gentoxische Wirkung (z. B. EDDY, 1986). Die Ursache für dieses Phänomen ist vermutlich darin zu suchen, daß in den verwendeten Testzellinien bestimmte Enzyme, die für die Aktivierung der Nitroaromaten verantwortlich sind, fehlen oder nur in geringem Maß exprimiert werden. Ohne die Kenntnis dieser Enzyme, ihrer Art und ihres Vorkommens, sind die Ergebnisse aus in vitro-Systemen nicht interpretierbar.

Um der Frage nach den kritischen Enzymen nachzugehen, haben wir zunächst eine Batterie von Zellinien eingesetzt, die für die Expression einer Reihe fremdstoffmetabolisierender Enzyme, insbesondere Cytochrom P450 und verschiedener Konjugasen, charakterisiert sind (WIEBEL F.J. et al., 1984). Als Testsubstanz wurden 1,3-Dinitropyren (1,3-DNP) und 1,6-Dinitropyren (1,6,-DNP) gewählt. Die Zellinien unterschieden sich sehr stark in ihrer Sensitivität gegenüber den toxischen Effekten der beiden Dinitropyrene (Tabelle 1). 1,6-DNP führte in einer Gruppe von Zellinien die durch V79-NH, 208F und H4IIEC3/G⁻ typisiert wird, zu Wachstumshemmung und Entstehung von Kleinkernen. 1,3-DNP hemmte das Wachstum in einer anderen Gruppe von Zellinien, wie BWIJ und HepG2, besaß aber keine nennenswerte gentoxische Wirkung in diesen Zellinien. Offensichtlich werden also 1,3- und 1,6-DNP über verschiedene Stoffwechselwege aktiviert und weisen ein sehr unterschiedliches gentoxisches Potential auf.

Aus dem Muster der fremdstoffmetabolisierenden Enzyme in den Testzellinien und den Effekten spezifischer Induktor- oder Hemmstoffe von Cytochrom P450 ließ sich schließen, daß 1,3-DNP durch Cytochrom P450 zu zytotoxischen Produkten umgesetzt wird. Die Aktivierung von 1,6-DNP war dagegen unabhängig von Cytochrom P450. Sie wurde sogar durch die Aktivität dieses Enzyms vermindert.

Um den Aktivierungsweg von 1,6-DNP näher zu bestimmen, wurden die Metabolite, die von 1,6-DNP-empfindlichen und -unempfindlichen Zellinien gebildet werden, durch Hochdruck-Flüssigchromatographie aufgetrennt und analysiert. Die Ergebnisse zeigten, daß sowohl die empfindlichen als auch die unempfindlichen Zellinien zu einer Acetylierung der Reduktionsprodukte fähig sind.

Tabelle 1. Wachstumshemmung und Entstehung von Kleinkernen durch 1,3-DNP und 1,6-DNP in ausgewählten Testzellinien. (Zytotoxizität wurde mittels der Hemmung des Zellwachstums in Mikrotiterplatten nach der Methode von Borenfreund und Puerner (1984) bestimmt. Die Häufigkeit der Kleinkerne wurde wie früher beschrieben (Roscher E. et al. 1991) ermittelt. Die Zahl der Plus-Zeichen gibt den Grad der Schädigung wieder)

	1,3-DNP		1,6-DNP	
Zellinie; Herkunft	Zyto-toxiz.	Klein-kerne	Zyto-toxiz.	Klein-kerne
HepG2; Leber, Mensch	+++	-	-	-
BWIJ; Leber, Maus	++++	-	-	-
5L; Leber Ratte	+++	-	+	-
H4IIE/G⁻; Leber, Ratte	++	+	++++	+++
V79-NH; Lunge, Hamster	+	++	++++	++++
208F; Bindegewebe, Maus	-	+++	+++	

Bei der Testung einer größeren Zahl von Zellinien zeigte sich, daß auch die Fähigkeit zur Acetylierung nicht immer mit der Empfindlichkeit der Zellen gegen 1,6-DNP einhergeht. Dies wies darauf hin, daß die Acetylierung zwar eine notwendige, aber keine ausreichende Vorbedingung für die Aktivierung des 1,6-DNPs ist. Als ein zweiter, begrenzender Faktor kam vor allem die Reduktion durch ein bestimmtes Enzym in Betracht.

Auf der Suche nach einer solchen kritischen Nitroreduktase wurden die zytosolischen Proteine aus 1,6-DNP-empfindlichen und -unempfindlichen Testzellinien säulenchromatographisch nach ihrer Größe aufgetrennt. Es fanden sich mehrere Proteinpeaks mit Reduktaseaktivität, die sich je nach Zellinie in ihrer Zahl und Höhe unterschieden. Nur einer dieser Proteinpeaks korrelierte in seinem Vorkommen eng mit der Empfindlichkeit gegen 1,6-DNP. Bei diesem Protein handelt es sich sehr wahrscheinlich um die gesuchte Nitroreduktase.

Die mittels der in vitro-Zellsysteme gewonnenen Befunde haben Klarheit über den Aktivierungsmechanismus der Nitroaromaten in Säugetierzellen geschaffen. Sie eröffnen nun die Möglichkeit, einen Satz von Testzellinien zusammenzustellen, mit dem gezielt die Zyto- und Gentoxizität von Nitroaromaten geprüft werden kann. Die Befunde machen weiterhin den Weg frei, das Vorkommen der kritischen Enzyme beim Menschen zu untersuchen, und legen damit die Basis für eine Abschätzung der Gefährdung des Menschen durch Nitroaromaten.

Polyhalogenierte aromatische Kohlenwasserstoffe

Die Bestimmung des Gefährdungspotentials von polyhalogenierten aromatischen Kohlenwasserstoffen, Dibenzodioxinen, -furanen und Biphenylen stellt zelluläre in vitro-Systeme vor andere Anforderungen, als sie durch aromatische Nitroverbindungen gegeben sind. Die toxischen Vertreter dieser Substanzgruppe, die durch 2,3,7,8-Tetrachlordibenzo-p-dioxin (TCDD) typisiert werden, sind besonders gefürchtet, da sie schon in sehr kleinen Mengen wirksam sind und eine hohe Persistenz gegen physikalisch-chemische und biologisch-enzymatische Einwirkungen besitzen. Sie üben eine Vielzahl verschiedener toxischer Wirkungen aus, deren Entstehungsmechanismen noch ungeklärt sind. Als ein gemeinsames Element ihrer biologischen Wirkungen wurde bisher die Bindung an ein zytosolisches "Signalprotein", den sogenannten Ah-Rezeptor, entdeckt (siehe Übersicht in LANDERS J.P. et al., 1991). Diese Bindung verändert die Regulation mehrerer Gene, unter anderem die der Cytochrom P-450-Form IA1, deren Aktivität um ein Vielfaches induziert wird. Aufgrund der leichten Meßbarkeit dieses Enzyms in Geweben und Zellkulturen wurde es schon früh als Marker für die biologische Wirksamkeit von PHAK verwendet (BRADLAW J.A. et al., 1979). Eine Reihe von Untersuchungen hat gezeigt, daß das Ausmaß der Cytochrom P450-Induktion in vivo und in Zellkulturen sehr gut mit dem toxischen Potential der verschiedenen PHAK-Kongenere und -Isomere übereinstimmt (SAFE S., 1990). Damit bot sich die Möglichkeit, aus dem Grad der P450-Induktion einen Schluß auf die Summe des Toxizitätspotentials von PHAK-Gemischen zu ziehen. Die Toxizitätspotentiale einzelner PHAK und ihrer Gemische werden nach internationaler Übereinkunft im Verhältnis zum Toxizitätspotential des TCDD als "TCDD-Toxizitätsäquivalente" (TE) angegeben (KUTZ F.W. et al., 1989).

Die Bestimmung der TE in Materialien aus der Umwelt, z. B. Proben von Böden oder Emissionen aus Verbrennungsanlagen, mittels der P450-Induktions-Methode wird dadurch kompliziert, daß die Proben neben den PHAK verschiedene andere Verbindungen enthalten können, die zwar ebenfalls P450 induzieren, aber in biologischen Systemen schnell abgebaut werden und sehr viel weniger toxisch sind als die PHAK. Dazu gehören z. B. die ubiquitären, nicht halogenierten polyzyklischen aromatischen Kohlenwasserstoffe (PAK).

Um zwischen den abbaubaren und abbauresistenten P450-Induktoren unterscheiden zu können, haben wir die Kinetik der P450-Induktion verfolgt (Abb. 1). Als Testsystem dienten die seit langem etablierten Rattenhepatomzellen H4IIE (PITOT H.C. et al., 1964). Die Induktion von P450 wurde anhand der Aktivität der Arylhydrocarbon-Hydroxylase (AHH) gemessen (WIEBEL F.J. et al., 1977). Die Untersuchungen ergaben, daß die durch TCDD induzierten AHH-Aktivitäten, nachdem sich ihr größter Anstieg in den ersten 24 Stunden vollzogen hatte, über die Beobachtungszeit von 24-72 Stunden nahezu unverändert blieben. Dies war selbst bei der kleinsten getesteten TCDD-Konzentration von 1 pM (= 0,32 pg/ml Zellkulturmedium) zu beobachten.

Im Gegensatz dazu fielen die AHH-Aktivitäten, die in 24 Stunden durch Benz[a]anthrazen induziert wurden, innerhalb der Beobachtungszeit bis nahezu auf die Aktivitäten unbehandelter Zellen ab (Abb. 1). Entsprechende Ergebnisse wurden mit höherchlorierten 2,3,7,8-TCDD-Kongeneren und PAK wie Benz[a]pyren oder den obgenannten Dinitropyrenen gewonnen.

In ersten Untersuchungen wurde der Verlauf der AHH-Aktivitäten unter Einwirkung von 2 Proben der Marsberger Kupferschlacke "Kieselrot", in der z. T. beträchtliche PHAK-Mengen gefunden wurden (WEBER und KETTRUP, persönliche Mitteilung), über einen Zeitraum von 72

Stunden verfolgt. Wie aus Abb. 1 zu ersehen ist, kann die AHH-Induktion, die durch Hexan-Extrakte der beiden Proben bewirkt wurde, einen sehr unterschiedlichen Verlauf nehmen. Während die Probe "TH" eine stabile AHH-Induktion vom "TCDD-Typ" hervorrief, löste die Probe "PO" nur eine vorübergehende Induktion vom "PAK-Typ" aus. Die aus der AHH-Induktion bei 24 Stunden ermittelten TE von 7,600 ng/kg (TH) und 220 ng/kg (PO) stimmten mit den aus chemischen Analysen bestimmten Werten in etwa überein.

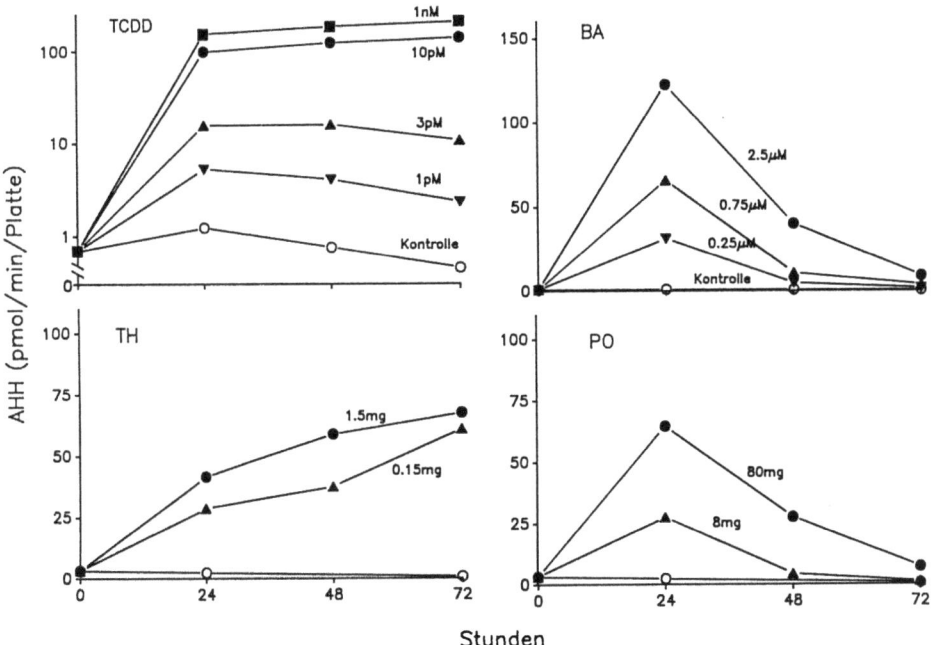

Abb. 1. Induktion der AHH-Aktivität in H4IIE-Zellen durch TCDD, Benz[a]anthrazen (BA) und zwei Proben von Kupferschlacken (TH und PO)

H4IIE-Zellen wurden in einer Dichte von 10^5 Zellen/28 cm² Kulturschale ausgesät. Nach 4 Tagen wurden dem Wachstumsmedium die Testsubstanzen, gelöst in Dimethylsulfoxid, zugesetzt. Die Zellen wurden nach 24, 48 und 72 Stunden geerntet und ihre in vitro AHH-Aktivität wie früher beschrieben (WIEBEL F.J. et al., 1977) bestimmt. Verschiedene Mengen der Kupferschlackeproben wurden über Nacht mit Hexan extrahiert. Die Hexanextrakte wurden zur Trockne gebracht und in Dimethylsulfoxid aufgenommen

Der zeitliche Verlauf der AHH-Aktivitäten läßt darauf schließen, daß die Schlacke "TH" mit persistenten, hochtoxischen PHAK belastet ist. Der Befund der vorübergehenden AHH-Induktion durch die Probe "PO" ist nicht so eindeutig zu interpretieren. Die Unsicherheit in der Interpretation beruht darauf, daß auch 2,3,7,8-Tetrachlordibenzofuran (TCDF), das als sehr toxisch einzustufen ist, durch H4IIE-Zellen metabolisiert wird, d. h. nur eine vorübergehende Induktion bewirkt. Es bleibt zu klären, inwieweit dies auch für die toxische Kongenere des TCDF und andere kritische PHAK zutrifft. Wenn der Typ der metabolisierbaren Induktorstoffe identifiziert werden soll, ließe sich dies durch eine Auftrennung der Hauptgruppen dieser Stoffe, d. h. PAK, polychlorierte Biphenyle sowie polyhalogenierte Dibenzodioxine und -furane, erreichen.

Zusammenfassend läßt sich feststellen, daß das Verfahren 1) empfindlich genug ist, eine Kontamination mit Gemischen halogenierter Verbindungen im Bereich der gegenwärtigen Grenzwerte zu erfassen, 2) eine nennenswerte Kontamination mit halogenierten Verbindungen ausschließen und damit die Messung mit den extrem aufwendigen chemisch-analytischen Verfahren ersparen kann und 3) geeignet ist, eine Kontamination mit halogenierten Verbindungen, die hochgradig persistent sind, zu erkennen und summarisch zu quantifizieren.

Trotz der noch offenen Fragen ist zu erwarten, daß das in vitro-Testsystem mit H4IIE-Zellen sehr bald eine breite Anwendung bei der Bestimmung der Umweltbelastung durch polyhalogenierte aromatische Kohlenwasserstoffe finden wird.

Danksagung

Wir danken Frau S. Lutz-Gehlert für die Aufbereitung des Manuskripts.

Literatur

Borenfreund E., Puerner J.A., A simple quantitative procedure using monolayer cultures for cytotoxicity assay (HTD/NR90), J. Tissue Culture Methods 9, 7-8, 1984

Bradlaw J.A., Casterline J.L.Jr., Induction of enzyme activity in cell culture: A rapid screen for detection of planar polychlorinated organic compounds, Food Cosmet. Toxicol. 62, 904-916, 1979

Eddy E.P., McCoy E.C., Rosenkranz H.S., Mermelstein R., Dichotomy in the mutagenicity and genotoxicity of nitropyrenes: Apparent effect of the number of electrons involved in nitroreduction, Mutat. Res. 161, 109-111, 1986

Kutz F.W., Barnes D.G., Bottimore D.P., Greim H., Bretthauer E.W., The international toxicity equivalency factor (I-TEF) method for estimating risks associated with exposures to complex mixtures of dioxins and related compounds, Tox. Environm. Chem. 26, 99-109, 1989

Landers J.P., Bunce N.J., The Ah receptor and the mechanism of dioxin toxicity, Biochem. J. 276, 273-287, 1991

Pitot H.C., Peraino C., Morse P.A., Potter V.R., Hepatomas in tissue culture compared with adapting liver in vivo, Natl. Cancer Inst. Monogr. 13, 229-245, 1964

Roscher E., Wiebel F.J., Genotoxicity of 1,3- and 1,6-dinitropyrene: Induction of micronuclei in a panel of mammalian test cell lines, Mutat. Res., in Druck, 1991

Rosenkranz H.S., Mermelstein R., Mutagenicity and genotoxicity of nitroarenes. All nitro-containing chemicals were not created equal, Mutat. Res. 114, 217-267, 1983

Safe S., Polychlorinated biphenyls (PCBs), dibenzo-p-dioxins, (PCDDs), dibenzofurans (PCDFs) and related compounds: Environmental and mechanistic considerations which support the development of toxic equivalency factors (TEFs), Crit. Rev. Toxicol. 21, 51-87, 1990

Wiebel F.J., Brown S., Waters H.L., Selkirk J.K., Activation of xenobiotics by monooxygenases: cultures of mammalian cells as analytical tool, Arch. Toxicol. 39, 133-148, 1977

Wiebel F.J., Lambiotte M., Singh J., Summer K.H., Wolff Th., Expression of carcinogen-metabolizing enzymes in continuous cultures of mammalian cells, in: Greim H., Jung R., Kramer M., Marquardt H., Oesch F. (eds), Biochemical Basis of Chemical Carcinogenesis, New York: Raven Press, pp. 77-88, 1984

Die Verwendung von Tradescantia zum Nachweis erbgutschädigender Chemikalien in der Umwelt

S. Knasmüller, T.-H. Ma

Einleitung

Die zunehmende Belastung der Umwelt mit Chemikalien hat zu einem erhöhten Bedarf an aussagekräftigen Biomotoring-Verfahren geführt, durch deren Einsatz es möglich ist, Schadwirkungen von Giftsubstanzen in Wasser, Boden und Luft mit Indikatororganismen zu detektieren. Durch analytische Methoden können lediglich einzelne Substanzen in Umweltproben qualitativ und quantitativ erfaßt werden, es ist jedoch nur ein geringer Bruchteil der Xenobiotika (in der Natur nicht vorkommende Verbindungen) auf biologische Schadwirkungen hin untersucht. Eine zusätzliche Komplikation entsteht durch die vielfältigen Wechselwirkungen von Einzelsubstanzen in der Umwelt. Zur Erfassung akut toxischer Effekte werden diverse standardisierte Verfahren eingesetzt. Bei Wasserproben wird die Vermehrung von Bakterien und Algen und das Überleben von Fischen oder Kleinkrebsen gemessen, um direkte Giftwirkungen zu erfassen. Zum Nachweis langzeit-toxischer Effekte (Erbsubstanzschädigung, Krebsauslösung) wurden Labormethoden entwickelt, die zur Prüfung von Reinsubstanzen gut geeignet sind (Ed. KILBY B.J. et al., 1984). Diese Tests haben den Nachteil, daß Umweltproben in die Labors transportiert und vor den Experimenten zumeist angereichert und sterilisiert werden müssen. Diese Teilschritte bedingen erhebliche Verluste an Schadstoffen, die Abnahme an organischem Kohlenstoff beträgt bei der Anreicherung >80%. Vielversprechender sind daher Verfahren bei denen in der Umwelt Messungen durchgeführt werden können. Freilandorganismen sind aufgrund regionaler genetischer Unterschiede nur bedingt einsetzbar (Standardisierung). Es ist daher günstiger, Lebewesen, die unter definierten Bedingungen gezüchtet werden, im Freiland zu exponieren, um genetische Änderungen in geeigneten Zielzellen zu messen (MA T.-H. et al., 1985).

Die Indikatorpflanze

Die Spinnwurz (*Tradescantia*, sp., Fam. Poaceae; Fig. 1) kommt in mehreren Arten in der Neotropis vor. Sie kann leicht kultiviert werden und ist mit ihren sechs großen Chromosomenpaaren ein Pionierorganismus für zytogenetische Experimente. Die Auswirkungen radioaktiver Strahlung auf die Erbsubstanz bei Atomexplosionen wurden in den USA erstmals mit *Tradescantia* untersucht, später wurden Experimente im Weltall (Biosatelite Programm) durchgeführt. Für genetische Experimente haben sich einige sterile Hybride, die vegetativ vermehrt werden, besonders bewährt (Sicherung der genetischen Stabilität).

Abb. 1 *Tradescantia* (Klon 4430), 1a, Gesamtpflanze; 1b, Blütenstand; 1c, Tetradenstadium mit Kleinkern

Das Prinzip des Kleinkerntests

Die Zielzellen des Verfahrens, die Pollenmutterzellen der frühen Prophase, liegen in jeder Einzelknospe in einem weitgehend synchronen Entwicklungszustand vor. Ausgehend von einer Pollenzelle entstehen durch Reduktionsteilungen Mikrosporen, die weitere Reifungsteilungen durchlaufen (Fig. 2). Der Reifungszustand der Pollenmutterzellen nimmt in den Knospen eines Blütenstandes von unten nach oben zu (16-20 Knospen pro Pflanze). Das genetische Material ist während eines frühen Teilungsstadiums (frühe Prophase) besonders empfindlich gegenüber genotoxischen Einflüssen. Durch den Bruch von Chromosomen (Klastogenese) oder durch falsche Aufteilung (Aneuploidie), die durch Störungen des Spindelapparates bedingt ist, kommt es zur Bildung von Kleinkernen (Mikronuklei, MN), die außerhalb des Zellkernes im Zytoplasma liegen. Es wird bei allen Experimenten nur das frühe Vierzellenstadium ausgewertet, da es einen hohen Synchroniegrad aufweist und leicht erfaßbar ist.

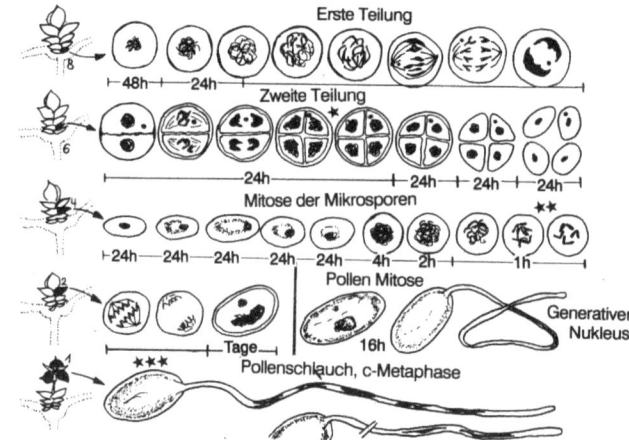

Abb. 2. Pollenbildung bei *Tradescantia* (*-frühes Tetradenstadium, **-Mikrosporen und ***-Pollenkörner als Zielzellen für die Untersuchung von Chromatiden und Chromosomenaberrationen)

Exposition und Auswertung

Bei der Prüfung von Reinsubstanzen im Labor werden pro Meßpunkt 15 Blütenstände eingesetzt (3-5 Dosierungen pro Substanz). Die Infloreszenzen werden an den Stengeln abgeschnitten und in Nährlösung transferiert. Die Behandlung erfolgt durch Zugabe der Testsubstanz zur Nährlösung, durch Auftropfen auf die Blütenstände oder durch Begasung (Ma T.-H., 1983). Die Expositionszeit beträgt 6-24 h. Die Infloreszenzen werden nach eintägiger Erholungsphase (Kompensation von Teilungsverzögerung) fixiert und in Alkohol gelagert. Bei Freilandexposition (30 h) ist meist keine Erholungsphase erforderlich, da die Chemikalien in geringen Konzentrationen vorliegen. Bei Gewässeruntersuchungen erfolgt die Exposition der Stengeln in Schwimmkörpern an der Wasseroberfläche, bei Luftuntersuchungen werden sie in Nährlösung an den jeweiligen Meßstellen aufgestellt. Die Pflanzen werden in Behältern mit Aktivkohlefiltern transportiert. Frisch geschnittene Blütenstände können über mehrere Tage hinweg aufbewahrt werden, es ist daher möglich, sie von einem Zentrallabor aus zu versenden. Die Exposition und Auswertung können zeitlich getrennt werden. Das in Alkohol konservierte Material kann einige Monate gelagert werden. Fig. 3 zeigt die Herstellung der Präparate für die mikroskopische Auswertung (bei 400facher Vergrößerung). Pro Meßpunkt werden ca. 1500 Tetraden ausgewertet (5 Präparate à 300 Tetraden). Durch Einsatz eines computerunterstützten "Image Analysis Systems" ist eine erhebliche Verkürzung der Auswertungszeit möglich.

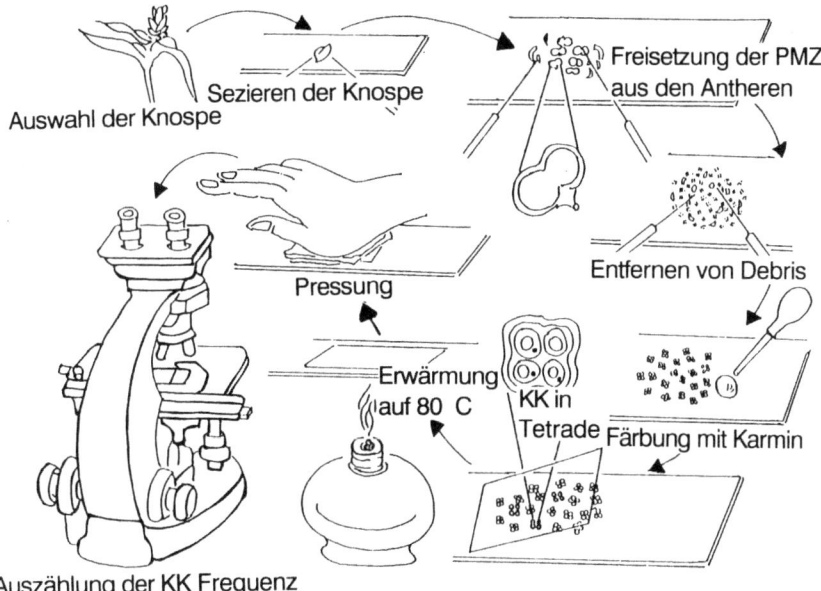

Abb. 3. Herstellung mikroskopischer Präparate bei Kleinkerntests

Ergebnisse von Labor- und Freilanduntersuchungen

Um die Aussagekraft des Verfahrens abzusichern, wurden Laborexperimente mit ca. 150 Reinsubstanzen und Gemischen durchgeführt. Neben Mutagenen und Kanzerogenen bekannter Wirkung wurden auch Haushaltsreagenzien, Getränke und Pestizide untersucht (Ma T.-H. et al., 1984). Eine Reihe von Umweltchemikalien, die aufgrund ihrer Häufigkeit in der "Priority List" des Superfonds Projekts der Environmental Pollution Agency aufscheinen, induzierten bereits in geringsten Mengen (ppm) Kleinkerne (Tabelle 1 zu den Nachweisgrenzen einiger dieser

Substanzen sowie für weitere Umweltchemikalien und Schwermetallverbindungen mit chromosomenschädigenden Eigenschaften). Interessanterweise ergaben auch künstliche Süßstoffe und das Pestizid Malathion, die in den meisten übrigen Tests keine oder nur schwache Effekte zeigen, bei *Tradescantia* in MN-Tests eindeutig positive Effekte. Nitrosamine und polyzyklische KWs sind wichtige Gruppen von krebserregenden Umweltschadstoffen. Sie werden beim Säugetier (und auch beim Menschen) durch spezielle Enzyme (Cytochrom P-450) in DNA schädigende, krebsauslösende Stoffwechselprodukte umgewandelt. Da *Tradescantia* dieses Enzymsystem besitzt, können auch Vertreter dieser Gruppe detektiert werden.

Tabelle 1. Induktion von MN durch Umweltchemikalien in *Tradescantia*.

Verbindungen	Behandlung	Niedrigste wirksame Dosis	Anmerkungen
Arsentrioxid	flüssig	3,96 ppm	Ratten- u. Insektengift, Glasindustrie
Bleiazetat	flüssig	0,44 ppm	Oxidationsmittel für organische Synthesen
Dieldrin	flüssig	3,81 ppm	Pestizid
Heptachlor	flüssig	9,4 ppm	Pestizid
Tetrachlorethylen	gasförmig	30 ppm/min/2h	Lösungsmittel
Benz(o)pyren	flüssig	50 µM	Verbrennungsprodukt
Cadmiumsulfat	flüssig	0,1mM	Farbpigment
Formaldehyd	gasförmig	0,5 ppm/min/6h	chem. Industrie, Desinfektionsmittel
Stickstoffoxid	gasförmig	5 ppm/min/6h	Verbrennungsprodukt
Schwefeldioxid	gasförmig	50 µM	Verbrennungsprodukt
Zinkchlorid	flüssig	1 mM	Metallindustrie
Saccharin	flüssig	5 mM	Süßstoff
Tartrazin	flüssig	50 mM	Textilfarbstoff

Die hohe Empfindlichkeit des Testsystems auf Strahlung ist gut dokumentiert. Bereits eine Dosis von 10 R Röntgenstrahlung reicht aus, um eine signifikante Erhöhung der MN zu bewirken.

Im Vergleich dazu wird eine Zunahme der Kleinkerne (um 4%) bei Mäusen erst bei einer Dosis von 100 R erreicht. Auch bei Gamma-Strahlung reichen geringe Dosen, um deutliche Effekte zu induzieren und kürzlich konnte nachgewiesen werden, daß auch elektromagnetische Strahlung (Bildschirm) MN bei *Tradescantia* auslöst (MA T.-H. et al., 1991). Weiters konnten wir zeigen, daß durch Gerbsäure, die in der Natur und als Industriechemikalie weit verbreitet ist, die Effekte von Röntgenstrahlen erheblich verstärkt werden (KNASMÜLLER S. et al., 1991). Resultate von Freilanduntersuchungen liegen aus einer Reihe von Ländern (Kanada, China, Mexiko, USA, Polen) vor. Bei Gewässeruntersuchungen wurden oft saisonale Schwankungen festgestellt, die durch Wasserzufuhr bedingt sind. Deutliche Steigerungen der MN Frequenzen wurden in Abwässern von Papier-, Leder- und Farbfabriken und von Stahlwerken gemessen (KNASMÜLLER S. et al, 1991). Bei Luftuntersuchungen fand man eine Erhöhung in der Umgebung von Raffinerien, Parkgaragen und Tankstellen. Die hohe Ansprechempfindlichkeit auf Dieselabgase wurde in einer eigenen Untersuchung dokumentiert. Auch in Innenräumen wurden Messungen durchgeführt: In Zimmern mit Zigarettenrauch und frisch gestrichenen Räumen wurden positive Resultate erhalten. Lösungen von Bodenproben aus der Umgebung von Stahlwerken und einer Batteriefabrik induzierten eine signifikante Erhöhung der Kleinkernfrequenzen. Aus den USA liegen (teilweise positive) Ergebnisse von Trinkwasseruntersuchungen vor (Übersicht siehe KNASMÜLLER S. et al., 1991).

Weitere Untersuchungsverfahren

Mit bestimmten Klonen (#02, #4430) können zusätzlich somatische Mutationstests mit Staubgefäßhaaren durchgeführt werden (MA T.-H., 1990). Die eingesetzten Hybride sind heterozygot in Bezug auf die Farbe der Haarzellen. Wird durch DNA-Schädigung das dominante Allel für die Farbe Blau mutiert kommt es zur Expression der Farbe Rosa (Fig. 4). Die Exposition erfolgt in gleicher Weise wie beim Kleinkerntest, die Blüten werden vom 7. bis zum 10. Tag nach der Behandlung im Binokular ausgewertet. Mehr als 50 Verbindungen sind in Laborexperimenten geprüft (50% davon in Gasform).

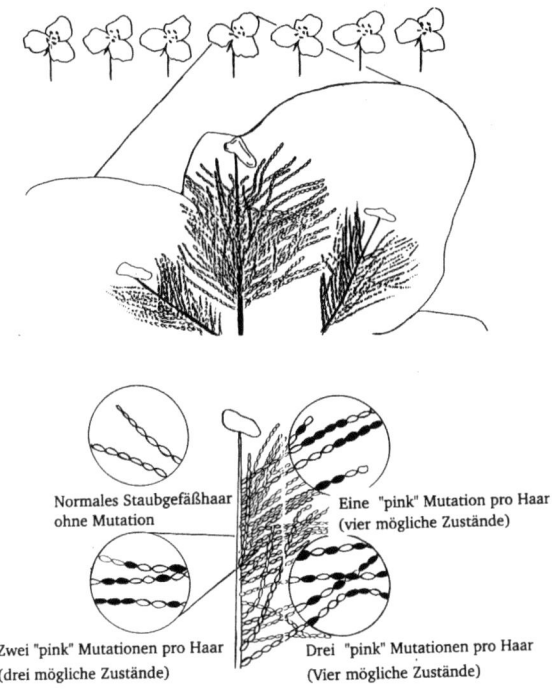

Abb. 4. Somatischer Stamenhaarmutationstest mit Tradescantia

In Freilandexperimenten wurde die Luftbelastung von Flughäfen, Schnellstraßen, Atomkraftwerken und Städten mit hoher Luftverunreinigung untersucht. In einzelnen Fällen war die Zahl der Mutationen um 90% erhöht im Vergleich zu Werten, die in Gebieten mit geringer Belastung (Grand Canyon) gemessen wurden. Darüberhinaus können mit *Tradescantia* auch Chromosomen und Chromatidenänderungen im Wachstumsmeristem der Wurzelspitze und in Mikrosporen detektiert werden (UNDERBRINK A.G. et al., 1973). Das letztere Verfahren wurde bereits 1933 von K. SAX entwickelt. Auch reife Pollenkörner können für derartige Untersuchungen eingesetzt werden. Nach Kultivierung in Gewebekulturmedium können sie auf meiotische Chromatidenaberrationen hin untersucht werden.

Schlußbemerkung

Erbsubstanzschäden in Körperzellen sind an der Entstehung von Krebserkrankungen beteiligt. Sind Keimzellen betroffen, so kommt es zu einer Erhöhung von Erbkrankungen und zu einer

Abnahme der Fertilität. Aufgrund der schnellen Durchführbarkeit und der breiten Datenbasis ist der MN Test mit *Tradescantia* das zur Zeit vielversprechendste Untersuchungssystem für die Erfassung von gentoxischen Chemikalien im Freiland. Das Verfahren wird in idealer Weise durch somatische Stamenhaarmutationstests ergänzt. Keine der übrigen *in situ* Methoden, bei denen meist Kleinkerninduktion bei Amphibien, Fischen oder Chromosomenaberrationen in anderen Pflanzenarten gemessen werden, ist ähnlich effektiv und kostengünstig wie somatische Mutationstests und Kleinkerntests mit *Tradescantia*. Neben einer Detektion von Kontaminationen in Wasser und Luft mit Chemikalien, die beim Menschen eine potentielle Krebsgefährdung darstellen, ist eine Abschätzung der Beeinflussung der genetischen Stabilität von Ökosystemen möglich. Eine kontinuierliche Überwachung der Umwelt mit Biomotoring Verfahren ist aufgrund der zunehmenden Freisetzung von Chemikalien unbedingt erforderlich. Ein Versuch in dieser Richtung ist die Ausarbeitung eines internationalen Programms für chemische Sicherheit der UN bei denen *Tradescantia* eingesetzt wird, um weltweit Freilanddaten über erbgutschädigende Umweltbelastungen zu erheben.

Literatur

KILBEY B.J., LEGATOR M., NICHOLS W., RAMEL C. (eds.), Handbook of Mutagenicity Test Procedures, Amsterdam New York Oxford, Elsevier, 1984

KNASMÜLLER S., KIM T.-W., MA T.-H., Synergistic effects between tannic acid and x-rays detected by *Tradescantia* micronucleus assay, Mutat. Res. (submitted), 1991

MA T.-H., CHU K.-C., XU C., Clastogenic effect of electromagnetic field (EMF) on chromosomes of *Tradescantia*, in: 21st Annual EEMS, Prague, Czechoslavakia, (abstract), 1991

MA T.-H., *In situ* monitoring of environmental clastogens using *Tradescantia* micronucleus bioassay, in: SANDHU S.S. (ed) In Situ Evaluation of Biological Hazards of Environmental Pollutants, New York, Plenum Press, pp. 183-189, 1990

MA T.-H., HARRIS M.M., *In situ* monitoring of environmental mutagens, in: Hazard Assessment of Chemicals, Vol. 4., Academic Press, pp. 77-105, 1985

MA T.-H., HARRIS M.M., ANDERSON V.A., AHMED I., MOHAMMAD K., BARE J.L., LIN G., *Tradescantia*-Micronucleus (Trad MCN) test on 140 health related agents, Mutat. Res., pp. 147-167, 1984

MA T.-H., *Tradescantia* Micronuclei test (Trad-MCN) for environmental clastogens, in: KOLBER A.R., WONG T.K., GRANT L.D., DE WOSKIN R.S., HUGHES T.J. (eds.), In Vitro Toxicity Testing of Environmental Agents, Part A, New York: Plenum Press, pp. 147-214, 1983

MA T.-H., *Tradescantia* cytogenetic tests (root tip mitosis, pollen mitosis, pollen mother cells), Mutat. Res. 99, 293-302, 1982

UNDERBRINK A.G., SCHAIRER L.A., SPARROW A.H., *Tradescantia* stamen hairs: a radiobiological test system applicable to chemical mutagenesis, in: HOLLAENDER A. (ed.), Chemical Mutagens: Principles and Methods for their Detection,, Vol. 3, New York-London: Plenum Press, pp. 171-207, 1973

Poster

CULTURED RENAL EPITHELIA: A MODEL FOR *in vitro* NEPHROTOXICITY

Gerhard Gstraunthaler, Dieter Steinmassl, and Walter Pfaller

Institute of Physiology, University of A-6010 Innsbruck, Austria

Increasing ethical, commercial and scientific needs as well as public pressure have initiated worldwide activities to elaborate reliable *in vitro* alternatives to animal toxicity testing procedures. In the last two decades, tissue cultures of renal epithelial cells, primary cultures as well as continuous cell lines, have emerged as a powerful tool to study renal growth and differentiation, epithelial transport, and its regulation by metabolism, hormones or drugs [1]. Therefore, renal epithelial cell cultures may also represent a useful *in vitro* approach for studying drug-induced nephrotoxicity and mechanistic aspects of tubular cell damage at the cellular and subcellular level [2].

Since nephrotoxicity represents a serious health risk there exists increasing demand to develope screening procedures, which rapidly and reliably detect adverse side effects of xenobiotics. The design of such a new approach should be in a way that screenings can be carried out efficiently, with low cost systems and simple experimental setups. Most of these criteria are fulfilled by the use of continuous renal epithelial cell lines. Furthermore, cultured cells bear the inevitable advantage of providing an experimental model uninfluenced of higher ordered regulatory systems as in whole body experiments.

Modern cell and tissue culture techniques enable the cultivation of renal epithelial cells at a state of differentiation, comparable with the tissue *in vivo*. For biochemical analysis, for the isolation of cell organelles or membrane vesicle preparation, as well as for toxicological studies, any amount of homogenous populations of cells can be raised in appropriate tissue culture vessels. Due to the degree of epithelial differentiation, epithelial integrity and transport functions can be explored *in vitro* by culturing the cells on permeable supports, thereby separating the apical from the basolateral compartment by the cultured epithelium. Especially this latter technique represents a prerequisite for studying epithelial dysfunction caused by nephrotoxins. In addition, test substances can be applied from either the apical, the basolateral, or from both sides.

In the present study, we used the LLC-PK$_1$ renal epithelial cell line as *in vitro* model system. The cells retained in tissue culture a number of functional characteristics of the proximal tubule, and have been biochemically and morphologically characterized in detail in our laboratory [1]. As test substances we used cephalosporins, whose adverse side effects on renal tubular epithelium are well documented.

Cephalosporin antibiotics exhibit a dose-dependent injury of the kidney. In laboratory animals, cephalosporin-induced nephrotoxicity is characterized by decreased glomerular filtration rate, glucosuria and enzymuria. The nephrotoxicity is predominantly related to the intracelluar concentrations of the various cephalosporins. Cephaloridine, for example, is highly cytotoxic to renal proximal tubular cells, and selectively damages the S2 segment which is the major site of organic anion transport. This relationship between cell injury and the cellular transport and intracellular accumulation of the drug has been proven in experiments, in which the cytotoxicity of cephaloridine was completely prevented by probenecid and several other inhibitors of organic anion transport.

136

In this combined morphological, biochemical and electrophysiological study we tried to correlate gross morphological appearance and enzyme release of LLC-PK$_1$ cells with electrophysiological parameters as a measure of the integrity of the cultured epithelium. We compared cephaloridine (CPH), one of the oldest cephalosporins, which is highly nephrotoxic, with ceftazidime (CTZ) and cefotaxime (CTX), the latter being a derivative of a new generation of cephalosporins, introduced in 1979, which has been reported to be 10 times less nephrotoxic than cephaloridine.

Treatment of LLC-PK$_1$ cultures grown in plastic tissue culture dishes with the cephalosporins caused a dose-dependent deterioration of cell monolayer integrity, changes in cell morphology, and release of cellular marker enzymes. Beginning disintegration of cell monolayer occured after 48 h treatment of confluent cultures with 0.5 mg/ml CPH, 1.0 mg/ml CTZ and 5.0 mg/ml CTX. The release of cellular enzymes displayed a similar pattern of response.

LLC-PK$_1$ epithelia grown on permeable filter supports were used to study transepithelial transport characteristics as a measure for epithelial integrity and function. The anion-to-cation permeability ratio of the cultured epithelium was found to be the most sensitive parameter. To this end, transepithelial dilution potentials were recorded after imposing concentration gradients for both sodium and chloride across control and cephalosporin-treated LLC-PK$_1$ epithelia [2]. An impairment of LLC-PK$_1$ epithelial integrity was observed at cephalosporin concentrations well below the doses where first effects on cell morphology and enzyme release were found (CPH 0.38 mg/ml, CTZ 1.2 mg/ml, CTX 3.8 mg/ml). Again, the CTZ dose, which significantly impairs LLC-PK$_1$ epithelial function was 3 times, the CTX dose 10 times higher than that of CPH.

In summary, LLC-PK$_1$ cultured epithelia show strict dose-dependent responses within each experimental group upon treatment with different cephalosporin derivatives. Furthermore, a close correlation between the different test parameters (monolayer morphology, enzyme release and epithelial integrity), and an increase in sensitivity from morphology to epithelial electrophysiology was observed. In addition, clear differences in the toxicity of the 3 cephalosporins, CPH being 10 times more effective than CTX, were found. These differences in drug concentrations necessary to elicit tubular cell damage are in line with the nephrotoxicity of the compounds mentioned above, and are well comparable with the tubulotoxic treshold doses reported for rats [2].

Drug-induced impairment of renal function is mostly caused by tubular damage and loss of epithelial integrity resulting in a decrease of the reabsorptive capacity of the kidney. As shown in the present study, this impairment of tubular integrity and function found *in vivo* can be well explored on cultured LLC-PK$_1$ cell sheets *in vitro*. Thus, cultured renal epithelial cells represent a valuable tool to study mechanistic aspects of nephron cell damage and the nephrotoxicity of xenobiotics *in vitro*.

REFERENCES:
1. Gstraunthaler G.J.A. Epithelial cells in tissue culture (Review). Renal Physiol. Biochem. 11: 1-42, 1988.
2. Gstraunthaler G., Steinmassl D. and Pfaller W. Renal cell cultures: A tool for studying tubular function and nephrotoxicity. Toxicol. Lett. 53: 1-7, 1990.

Bühring, M. und Witte, I.
Fachbereich Biologie, Universität Oldenburg, Postfach 2503, D-2900 Oldenburg, FRG

Metabolische Aktivierung von Schadstoffen *in vitro* und gleichzeitige Erfassung der DNA-schädigenden Wirkung der Metaboliten in einem Doppelkammerreaktionsgefäß

Kurzzeittestsysteme zum Nachweis kanzerogener Eigenschaften von Chemikalien setzen häufig auf der Ebene der DNA-Schädigung an. Dies war bislang jedoch nur für ultimate Kanzerogene möglich. *In vitro*-Testsysteme, die der Aufklärung des krebserzeugenden Potentials von Xenobiotika dienen, benötigen in vielen Fällen den Einsatz metabolisierender Enzyme. Ein häufig angewandtes Metabolisierungssystem stellt die S9 Fraktion aus Rattenleber dar. Ein leicht handhabbares und hochempfindliches Nachweissubstrat für Erbgutschäden ist die superhelikale DNA des Phagen PM2. Einzelstrangbrüche und DNA-Schäden, die in Einzelstrangbrüche umgewandelt werden können, lassen sich gelelektrophoretisch erfassen. Die gemeinsame Inkubation von DNA, Schadstoffen und metabolisierender S9 Fraktion war jedoch bisher nicht möglich, da DNA-spaltende Enzyme und reaktive Sauerstoffspezies der S9 Fraktion die DNA vollständig zerstören.

Um die DNA-schädigende Wirkung der S9 Fraktion zu vermindern, wurden PM2 DNA und S9 Fraktion mit Hilfe einer Dialysemembran in einem speziell entwickelten Doppelkammerreaktionsgefäß voneinander getrennt. Wurde die S9 Fraktion zusätzlich vor Versuchsbeginn für 1,5 Stunden dialysiert, konnte bei kurzen Inkubationszeiten (bis 1,5 Stunden) der Strangbruchhintergrund fast vollständig unterdrückt werden. Bei längeren Inkubationszeiten stiegen die Strangbruchzahlen stark (bei 3 Stunden auf 1,6 Einzelstrangbrüche pro DNA Molekül) an. Diese Schädigung konnte jedoch durch die Zugabe von Katalase, Superoxiddismutase und Dimethylsulfoxid zum Metabolisierungssystem um 60 % verringert werden.

Die Xenobiotika 2,4,6-Trichlorphenol, Pentachlorphenol (PCP) bzw. β-Naphthol wurden mit S9 Fraktion und PM2 DNA in Doppelkammerreaktionsgefäßen inkubiert. Metaboliten von 2,4,6-Trichlorphenol (1 mmol/l) erzeugten nach einer Inkubationszeit von 5 Stunden 0,7 Einzelstrangbrüche pro PM2 DNA Molekül. PCP (0,01 mmol/l) induzierte nach metabolischer Aktivierung 0,8 Einzelstrangbrüche pro PM2 DNA Molekül. Bei der Metabolisierung von β-Naphthol waren nach einer Stunde Inkubationszeit 1,3 Strangbrüche zu beobachten.

Becker, T.W. und Witte, I.

Fachbereich Biologie, Universität Oldenburg, Postfach 2503, D-2900 Oldenburg, FRG

Metabolisierung von Xenobiotika mit S9 Fraktion und Nachweis der DNA-schädigenden Wirkung der Metaboliten

Viele der von uns heute in Industrie, Landwirtschaft und alltäglichem Leben eingesetzten Chemikalien geraten in den Verdacht toxischer Wirkung. Diese Xenobiotika sind an sich oftmals nicht toxisch. Sie werden jedoch wie fast alle vom Organismus aufgenommenen Xenobiotika in den zellulären Metabolismus eingeschleust und erst hierdurch zu cytotoxischen, häufig genotoxischen und somit zu potentiell carcinogenen Substanzen umgewandelt. *In vitro* Testsysteme, die der Aufklärung des krebserzeugenden Potentials von Xenobiotika dienen, benötigen deshalb den Einsatz metabolisierender Enzyme. Ein häufig angewandtes Metabolisierungssystem stellt die S9 Fraktion aus Rattenleber dar, die jedoch ihrerseits durch Radikalbildung und Nukleasenaktivität stark DNA-schädigend wirkt.

Ein geeignetes Testsystem zum Nachweis von DNA-Strangbrüchen bietet der Einsatz von PM2 DNA. Hierbei handelt es sich um ein superhelikal vorliegendes Phagen DNA Molekül, das durch Einzelstrangbrüche in die relaxierte Form überführt wird. Diese beiden Konformationen der DNA können gelelektrophoretisch voneinander getrennt und quantifiziert werden.

Versuchsdurchführung zur Isolierung metabolisierter Xenobiotika

Der Metabolisierungsansatz, bestehend aus S9 Fraktion, Schadstoff und der Energiequelle Glucose-6-Phosphat/NADP wird 0-24 h bei 37°C inkubiert. Anschließend wird mit (NH₄)₂SO₄ eine Proteinfällung durchgeführt und mit 1 Vol Diethylether ausgeschüttelt. Nach Eindampfen der organischen Phase im Eksikkator mit Wasserstrahlpumpenvakuum wird der verbliebene Rückstand mit PM2 DNA 4 h bei 37°C inkubiert.

Die durch die S9 Fraktion verursachten DNA-Strangbrüche können nach diesem Verfahren vollständig unterdrückt werden, so daß die durch Metaboliten hervorgerufenen DNA-Strangbrüche klar erkennbar sind (siehe Tab. 1.).

Metabolisierungsansätze in verschiedenen Kombinationen	Einzelstrangbrüche /PM2 DNA Molekül
S9; + G-6-P/NADP; - 2,4,6-TCP	0,067
S9; - G-6-P/NADP; - 2,4,6-TCP	0,063
S9; - G-6-P/NADP; + 2,4,6-TCP	0,074
S9; + G-6-P/NADP; + 2,4,6-TCP	0,408
Native PM2 DNA	0,101

Tab. 1. Vergleich unterschiedlich zusammengestellter Metabolisierungsansätze zur Erfassung der Strangbruchinduktion durch S9 Fraktion. Die Metabolisierungszeit betrug 3 h, die DNA-Inkubationszeit 4 h.

Metabolisierung von Xenobiotika

Die chlorierten Phenole 2,4,6-Trichlorphenol (TCP), 2,4,5-TCP, Pentachlorphenol (PCP) und das nicht substituierte Phenol β-Naphthol wurden auf die Induktion von DNA-Strangbrüchen nach Metabolisierung untersucht. Diese Substanzen erwiesen sich alle nach metabolischer Aktivierung als DNA-schädigend. Ein quantitativer Vergleich zeigt, daß die Strangbruchbildung nach Inkubation von 2,4,6-TCP, 2,4,5-TCP und PCP und in der Literatur gefundenen Daten übereinstimmen. Für β-Naphthol wurde erstmalig die Induktion von DNA-Strangbrüchen nachgewiesen.

Schlußfolgerung

Durch die vollständige Eliminierung des von der S9 Fraktion erzeugten Strangbruchhintergrundes steht mit der hier vorgestellten Methode ein sehr sensibles Testsystem auf Induktion von DNA-Schäden durch Xenobiotikametaboliten zur Verfügung. Hierdurch ist es möglich in einem Kurzzeittestsystem DNA-Schäden von Xenobiotika zu ermitteln, ohne Kenntnis von den Metaboliten bzw. dem Metabolismus der untersuchten Substanzen zu benötigen.

Primär kultivierte Rattenhepatozyten als in vitro Modell zur Erfassung der
Wirkung von Chemikalien auf basale Zellfunktion und
Biotransformationsreaktionen

Schepers, G., Aschmann, C., Gülden, M. & Seibert, H.
Institut für Toxikologie, Universität Kiel, Brunswiker Str. 10, 2300 Kiel,BRD

Es wird ein in vitro-Testsystem vorgestellt, bei dem mit primär kultivierten
Rattenhepatozyten neben zytotoxischen Wirkungen von Chemikalien auch Wirkungen auf Biotransformationsreaktionen erfaßt werden können. Es wurden Pentachlorphenol (PCP), Triton X-100, Cycloheximid, Phenobarbital und Dimethylsulfoxid (DMSO) als Modellsubstanzen mit gut bekannten Wirkmechanismen untersucht, sowie - im Hinblick auf die Prüfung der Relevanz des Testsystems -
die ersten zehn Chemikalien des MEIC-Projektes (Multicenter Evaluation of In
vitro Cytotoxicity).

Wirkungen der Testsubstanzen auf die Biotransformation, die zu einer Hemmung
oder Zunahme der Metabolisierungsrate führen, wurde am Beispiel der Metabolisierung von 7- Ethoxycumarin (7-EC) untersucht. Dazu wurden die intakten
Zellen für eine Stunde mit 7-EC inkubiert - bei 1-Stunden-Experimenten
gleichzeitig mit der Testsubstanz, bei 24- und 48-stündigen Versuchen im Anschluß an die Chemikalienexposition - und die Bindung des freien und konju-
gierten 7-Hydroxycumarins (7-HC) fluorimetrisch gemessen.

Veränderungen der Fremdstoffmetabolisierung können einerseits auf spezifischen Substanzeffekten in subzytotoxischen Konzentrationsbereichen beruhen,
andererseits Folge einer Zellschädigung sein. Um eine Differenzierung zu ermöglichen, wurden zur Beurteilung der zellulären Integrität der intrazelluläre ATP- Gehalt nach einer Stunde und der Austritt des zytosolischen Enzyms
Laktatdehydrogenase (LDH) nach 24 und 48 Stunden bestimmt (s. Schepers et al.,
ATLA 19, 209-213, 1991). Die Experimente wurden 24 Stunden nach der Zellisolierung begonnen und für eine, 24 und - bei Anzeichen einer vermehrten 7-HC-
Bildung - 48 Stunden durchgeführt. Aus den für die einzelnen Parameter er-
haltenen Konzentrations-Wirkungs-Kurven wurden EC_{50}-Werte ermittelt.

Die in der Tabelle wiedergegebenen Ergebnisse lassen unterschiedliche Wirk-
profile erkennen. Phenobarbital, DMSO und die Alkohole Ethylenglykol, Methanol, Ethanol und 2-Propanol hemmten die EOD-Aktivität nach einer Stunde ohne
den ATP-Gehalt zu beeinträchtigen. 24-stündige Behandlung der Kulturen mit
diesen Substanzen resultierte in einer leichten Zunahme der 7-HC-Bildung in

subzytotoxischen Konzentrationsbereichen. Dieser Effekt war nach 48 Stunden deutlicher ausgeprägt (nicht dargestellt).

Tabelle: EC_{50} -Werte (µM) für die Wirkung verschiedener Testsubstanzen auf die zelluläre Integrität und die Hemmung der Metabolisierung von 7-Ethoxy-cumarin

Substanz	1-stündige Exposition			24-stündige Exposition		
	ATP	7-HC- Bildung	Konjugat- bildung	LDH	7-HC- Bildung	Konjugat- bildung
Pentachlorphenol	6	38	6	17	16	17
Triton X-100	99	89	390	120	130	160
Cycloheximid	1000	1000	1000	680	160	1000
Phenobarbital	10000	2700	10000	10000	10000	10000
DMSO	704000	120000	704000	780000	990000	990000
MEIC-Referenzchemikalien:						
Acetaminophen	20000	4200	17000	20000	12000	20000
Acetylsalicylsäure	10000	11000	8500	11000	6300	11000
Eisen(II)sulfat	10000	n.d.	n.d.	n.d.	7300	10000
Diazepam	1000	170	1000	750	550	500
Amitriptylin-HCl	560	110	500	200	43	200
Digoxin	500	500	500	500	500	500
Ethylenglykol	2500000	1200000	2500000	2500000	2500000	2500000
Methanol	2500000	890000	2500000	2100000	1600000	1200000
Ethanol	860000	98000	860000	900000	760000	430000
2-Propanol	650000	53000	650000	500000	410000	450000

Um die Relevanz des vorgestellten Testsystems für die Abschätzung des toxischen Potentials von Chemikalien zu beurteilen, ist ein Vergleich der Ergebnisse mit Resultaten anderer in vitro-Testsysteme und mit Daten zur systemischen Toxizität im Rahmen des MEIC-Projektes vorgesehen.

EINFLUSS DES EXPERIMENTELLEN AUFBAUS AUF DIE ERGEBNISSE VON IN VITRO ZYTOTOXIZITÄTS-TESTS MIT PROLIFERIERENDEN ZELLEN

Kolossa, M., Gülden, M. & Seibert, H.
Institut für Toxikologie, Universität Kiel, Brunswikerstr. 10,
2300 Kiel, Bundesrepublik Deutschland

Zur Ermittlung der zytotoxischen Potenz von Chemikalien in vitro werden häufig Kulturen proliferierender Zellen verwendet. Die Hemmung der Zellvermehrung gilt als sensibler Endpunkt zur Erfassung eines breiten Spektrums zytotoxischer Wirkungen. Häufig werden die Zellkulturen über einen Zeitraum von 24 h gegenüber unterschiedlichen Konzentrationen einer Testsubstanz exponiert. Zur Ermittlung der zytotoxischen Potenz wird die Konzentration bestimmt, die eine Verminderung der am Ende der Expositionszeit vorhandenen Zellzahl auf die Hälfte der Zellzahl in nicht exponierten Kontroll-Kulturen bewirkt. In der Regel wird also nicht direkt die Beeinträchtigung der Zellvermehrung untersucht. In der vorliegenden Untersuchung wird gezeigt, daß durch dieses experimentelle Vorgehen die zytotoxische Potenz von Chemikalien zum Teil wesentlich unterschätzt werden kann, wenn Expositionszeiten verwendet werden, die im Bereich der Verdopplungszeiten der proliferierenden Zellen liegen.

Die Untersuchungen wurden mit proliferierenden Balb/c 3T3-Fibroblastenkulturen in 96-well Mikrotiterplatten vorgenommen. Als Maß für die Anzahl (vitaler) Zellen wurde die Menge an zellulärem Protein nach der Lowry-Methode und die lysosomale Akkumulation von Neutralrot (NR) nach Borenfreund & Puerner (Toxicol. Let. 24: 119-124, 1985) bestimmt. Jeweils vier wells einer Mikrotiterplatte wurden 48 h nach Plattierung von 6×10^3 Zellen pro well mit unterschiedlichen Konzentrationen der in serumhaltigem (5%) Kulturmedium gelösten Testsubstanzen beschickt. Acht wells dienten als Kontrollgruppe. Wenn notwendig, wurden Ethanol, DMSO oder DMF als Lösungsvermittler verwendet (Endkonzentration: 0.2 % v/v). In parallel angelegten Mikrotiterplatten wurden zu Beginn (t_{48}) und in den wells der Test- und Kontrollgruppen nach Ende einer 24-stündigen Exposition (t_{72}) die Proteinmenge und die NR-Akkumulation bestimmt. Die Proteinmenge in den Kontroll-Kulturen nahm während des Testzeitraums im Mittel um den Faktor 2.1, die NR-Akkumulation um den Faktor 1.7 zu. Dies entspricht mittleren Verdopplungszeiten von 23 h (Protein) bzw. 33 h (NR). Aus den Konzentrations-Wirkungs-Kurven wurden sowohl für die Reduzierung von Proteinmenge und NR-Akkumulation bei t_{72} als auch für die Verminderung der

Zunahme von Protein und NR-Akkumulation während der 24-stündigen Exposition halbmaximal effektive Konzentrationen (EC_{50}-Werte) ermittelt.

Mit diesem Testprotokoll wurden als Modellsubstanzen u.a. Natriumlauryl-sulfat, KCN und Cycloheximid, sowie die ersten der zur Validierung von in vitro Toxizitäts-Tests vorgeschlagenen Referenzsubstanzen des MEIC-Projektes (Cell Biol. Toxicol. 5: 331 - 347, 1989) untersucht. Da die Ergebnisse zeigen, daß die Bestimmung des Proteingehaltes und der NR-Akkumulation weitgehend übereinstimmende Resultate liefert, sind in der folgenden Tabelle nur die Werte für die NR-Akkumulation aufgeführt.

Tabelle: Die Zytotoxizität ausgewählter Chemikalien für Balb/c 3T3-Zellen, ermittelt mit der Neutralrot-Methode

Substanz	EC_{50}-Werte (µM)	
	Zellvermehrung in 24 h	Zellzahl bei Expositionsende
Natriumlaurylsulfat	120	140
Cycloheximid	0.11	2.8
Kaliumcyanid	730	> 10000
Acetaminophen	620	> 20000
Acetylsalicylsäure	2300	9600
Eisen(II)sulfat	920	2100
Diazepam	130	420
Amitriptylin	40	67
Ethylenglycol	1100000	1500000
Methanol	1010000	1360000
Ethanol	460000	613000
2-Propanol	150000	250000

Für mehrere Testsubstanzen wurden deutlich geringere EC_{50}-Werte für die Beeinflussung der Zellvermehrung als für die Verminderung der Anzahl vitaler Zellen bei t_{72} ermittelt. Dies deutet auf eine Beeinträchtigung des Zellwachstums durch innerhalb von 24 h nicht zytoletale Konzentrationen der Testsubstanzen hin. Dieser Unterschied wird allerdings erst dadurch deutlich, daß die Expositionsdauer in etwa der Verdopplungszeit der kultivierten Zellen entspricht. Aus diesen Ergebnissen wird gefolgert, daß zur Erfassung von Chemikalienwirkungen auf das Zellwachstum entweder direkt die Beinflussung der Zellvermehrung bestimmt werden sollte oder deutlich längere Expositionszeiten als die, die der Verdopplungszeit der Zellpopulation entsprechen, verwendet werden sollten, wenn die Zellzahl nur nach Beendigung der Exposition gemessen wird. Dieses Vorgehen würde zu einer besseren Vergleichbarkeit der Ergebnisse von Zytotoxizitäts-Tests mit proliferierenden Zellen beitragen.

Anwendungsmöglichkeiten kultivierter Geflügelembryonen in toxikologischen Studien

H. Kaltner und J. Wittmann

Institut für Physiologie, Physiologische Chemie und Ernährungsphysiologie der Tierärztlichen Fakultät, Ludwigs-Maximilians-Universität München, 8000 München 22, Veterinärstr. 13

Toxikologische Studien wurden am Hühnerembryo bereits vielfältig durchgeführt. Da die Befunde teilweise jedoch nicht reproduzierbar waren, wurden Bedenken gegen den Einsatz des Hühnerembryos laut. Eine der Ursachen für diese unterschiedlichen Ergebnisse dürften die unterschiedlichen Applikationsorte sein. Die Substanzen werden i.d.R. in das Eiklar, den Dotter oder über die Luftkammer verabreicht. Dabei ist bedenken, daß die Substanzen je nach ihren hydrophilen oder hydrophoben Eigenschaften quantitativ verschieden zurückgehalten werden. Daraus ergeben sich unterschiedliche Auswirkungen hinsichtlich der Intensität und dem Zeitpunkt der Ausbildung der toxischen Wirkung. Wesentlich vorteilhafter ist die Applikation in die subembryonale Flüssigkeit. Diese entsteht durch Flüssigkeitseinstrom zwischen dem 2. und 6. Bebrütungstag aus dem Eiklar. Sie bildet die hydrophile Phase des Dotters und ihre Hauptaufgabe besteht darin, Dotterbestandteile in aufnahmefähiger Form bereitzustellen. In die subembryonale Flüssigkeit verabreichte Substanzen werden direkt mit den Nahrungsbausteinen über den Dottersackkreislauf aufgenommen. Dieser Aspekt wurde bisher nicht berücksichtigt da die gezielte Applikation in dieses Kompartiment am intakten Ei nur schwer durchzuführen ist. Aus diesem Grund haben wir in unserer Studie den kultivierten Embryo der Japanischen Wachtel (Coturnix coturnix japonica) eingesetzt. In diesem Verfahren wird der Embryo zusammen mit Dotter und Eiklar, jedoch ohne Schale und Schalenmembranen kultiviert (WITTMANN et al., 1987).

Ein weiterer Vorteil des Systems besteht in der einfachen Probenentnahme aus der Allantois und damit verbunden der Analyse der Allantoisflüssigkeit. Nach Applikation der toxischen Substanzen am 2. Entwicklungstag wurde am 6. und 8. Entwicklungstag die Ausscheidung verschiedener Purinkörper bestimmt. Dies diente dazu, um Hinweise für eine Beeinträchtigung des Protein - und Nukleinsäurenstoffwechsels zu erhalten.

Die Ergebnisse unserer Untersuchungen zeigen, daß die Substanzen aus der subembryonalen Flüssigkeit resorbiert werden und die erzielten Effekte dosisabhängig sind. Im Vergleich dazu, waren bei der Applikation in das Eiklar i. d. R. zur Erzielung gleichartiger Effekte höhere Dosierungen einer Substanz erforderlich. Alle verabreichten Substanzen hatten Effekte auf die Ausscheidung von Harnsäure und Inosin, die jedoch nicht einheitlich waren. So war nach der Verabreichung von N-Nitroso-N-Methylharnstoff (MNH) und Dexamethason (DXM) eine dosisabhängige Abnahme in der Harnsäureausscheidung zu beobachten, während unter dem Einfluß von Cyclophosphamid (CPA) keine Veränderung auftrat. Zusätzlich kam es unter dem Einfluß von CPA bzw. MNH zu einer verstärkten Ausscheidung von Inosin. Insgesamt weisen diese Versuche darauf hin, daß die Veränderungen in der Ausscheidung von der Art der eingesetzten Substanz abhängig sind.

Unsere Untersuchungen zeigen, daß die Applikation von Substanzen mit Hilfe des kultivierten Wachtelembryos besser zu standardisieren ist als am intakten Ei. Dies geht auch aus Studien von KUCERA et al. (1987) am "explantierten Hühnerembryo" hervor, die die Auswirkungen toxischer Substanzen in der Periode zwischen der 18. und 60. Entwicklungsstunde untersuchten. Die Analyse der Allantoisflüssigkeit kann zudem Aufschluß über toxische Auswirkungen verabreichter Substanzen geben und ermöglicht es, die besonderen Effekte der einzelnen Substanzen herauszuarbeiten.

Schließlich konnte in einem Transplantationsversuch mit einem spontanen anaplastischen Tumor gezeigt werden, daß die Transplantate auf der Chorioallantoismembran (CAM) anwachsen und vaskularisiert werden. Damit bietet sich die Möglichkeit, die Beeinflussung der Vaskularisation eines Tumors durch pharmakologische Substanzen zu untersuchen.

Die Untersuchungen wurden aus Mitteln des Bundesministeriums für Forschung und Technologie (FKZ: 07048553) gefördert.

Literatur:

KUCERA, P. and M.-B. BURNAND, 1987
    Routine teratogenicity test that uses chick embryos in vitro
    Teratogenesis, Carcinogenesis, and Mutagenesis 7, 427-447

WITTMANN, J., KUGLER, W. and H. KALTNER, 1987
    Cultivation of the early quail embryo: induction of embryogenesis under in vitro conditions
    J.Exp.Zool., Suppl.1, 325-329

Entwicklung von Hirnzellen aus Hühnerembryonen in Flach- und Aggregatkulturen: Charakterisierung eines in vitro-Modells für die Neuroteratologie

Christoph A. Reinhardt
Theres Romano-Diethelm
Gabriella G. Wyle-Gyurech
Schweizerisches Institut für Alternativen zu Tierversuchen SIAT
& ETH Zürich, Zell-Labor, Turnerstrasse 1, CH-8092 Zürich

Neuroteratologie ist zusammengesetzt aus Neurotoxikologie und Teratologie. Dabei werden unerwünschte Giftwirkungen von Chemikalien und Arzneimitteln auf das Nervensystem im sich entwickelnden Lebewesen (Embryo und Foetus) untersucht.

Aussagekräftige in vitro-Modelle sind für teratologische und neurotoxikologische Fragen gesucht, nicht zuletzt weil die bestehenden in vivo-Modelle völlig unbefriedigend sind (Khera & Whalen 1988). Embryonale Hirnzellen bieten sich an, weil sie langfristig haltbar sind und sich in vitro ähnlich wie im Gehirn weiterentwickeln können. Im Gegensatz zu bestehenden in vitro-Modellen aus embryonalen Säugerzellen wird bei diesem Modell ein sieben Tage bebrütetes Hühnerei verwendet. Damit wird die Tötung von Muttertieren vermieden.

Ein neues in vitro-Modell zur Abschätzung einer neuroteratologischen Wirkung wird vorgestellt, welches auf der in vitro-Differenzierung von Hirnzellen aus 7 Tage alten Hühnerembryonen beruht. Einerseits werden Flachkulturen wie üblich in Petrischalen gehalten (7 Tage), andererseits werden Aggregat-Kulturen unter dauernder Schüttel-bewegung langfristig gezüchtet (>8 Wochen). Nach verschiedenen Behandlungszeiten wird die Entwicklung und Differenzierung der verschiedenen Zelltypen begutachtet: qualitativ mittels PAP-Färbung spezifischer Antikörpern gegen Marker-Proteine in Astrozyten (Glia-fibrilläres Protein GFAP) und Nervenzellen (Neurofilament-Protein NF 68kDa, Tyrosinhydroxylase), sowie spektrophotometrisch zur Bestimmung der Zyto-toxizität (Eiweissgehalt) und mittels ELISA zur Bestimmung der Differenzierung (NF 68kDa).

Methodisches

Bei der Entwicklung unseres Modells wurde darauf geachtet, dass alle Zelltypen in vitro erhalten bleiben. In Aggregatkulturen ist diese Voraussetzung gegeben, da alle Zellen spontan aneinander haften und sich selbst reorganisieren. In Flachkulturen muss dies durch eine spezielle Petrischalen-Behandlung (Kollagen und Polylysin) simuliert werden. Die Astrozyten unter den Gliazellen werden dabei speziell durch Polylysin in ihrer Wachstumsgeschwindigkeit auf ein verträgliches Mass gebremst (Reinhardt 1991). Die Nervenzellen sind aber für eine volle Entwicklung vom Vorhandensein der Astrozyten abhängig.

Käufliche Standard-Kulturmedien (MEM : MCDB 201 = 1:1) wurden im wesentlichen mit 4 Hormonen (Insulin, Progesteron, T3, Putrescin) und 5% foetalem Kälberserum ergänzt. Die Hirnzellen wurden aus dem ganzen Gehirn von 168 Stunden lang bebrüteten Hühnereiern (37.2°C) gewonnen. Durch mechanische Dissoziation und Filtrierung erhält man in diesem Stadium eine Zellsuspension mit hoher Vitalität. Flachkulturen wurden in einer Dichte von 300'000 Zellen/cm^2 angesetzt und erst bei Beginn der Behandlung (am 3. Tag) mit neuem Medium plus Testsubstanz versetzt. Am 6.Tag in vitro wurden neben einer morphologisch-qualitativen Auswertung der Proteingehalt der Zellen auf 96er-Mikrotiterplatten spektrophotometrisch bestimmt (Biorad Kit). Für die Aggregatkulturen wurden 8x10^6 Zellen mit 3 ml Medium in 25 ml Erlenmeyer-Flaschen gegeben und unter dauernder Schüttelbewegung (70-82 U/min steigend, ab 8. Tag 82 U/min) kultiviert. Für die Immunozytochemie wurden die Aggregate auf beschichteten Deckgläsern 24 Stunden anhaften gelassen und dann mit der Antikörper-PAP-Methode gefärbt (Wyle & Reinhardt 1991).

Resultate

Flach- und Aggregatkulturen wurden, neben optischer Beobachtung der Zelltypen, spezifischen Zellmarkern für differenzierte Astrozyten (Glia-fibrilläres saures Protein, GFAP) und Nervenzellen (68kDa Neurofilament) im Verlaufe der Kultur untersucht. Generell ist beobachtet worden, dass speziell in den Flachkulturen diese Zellmarker schneller erscheinen als im intakten Embryo. Aggregat-Kulturen aus Hühnerembryonen entwickeln und differenzieren sich in Kultur im Verlauf von zwei Wochen in vitro.

Die Konzentrations/Effekt-Kurven (Differenzierung des NF 68kDa-Markers und Zytotoxizität anhand von Proteingehalt) sind für die ersten 6 Testsubstanzen bestimmt worden.

Erste Resultate zeigen, dass zwischen nervenspezifischer (z.B. MPTP, MPP+) und Glia-spezifischer Wirkung (z.B. ARA-C) unterschieden werden kann. Ausserdem sind Schwermetalle wie Cadmium hochwirksame Zellgifte (zytotoxisch). Harmlose Substanzen wie Koffein zeigen keine Wirkung, erst bei hoher Exposition (mM-Bereich) ist ein unspezifischer Effekt zu erkennen. Kriterien für eine *spezische teratogene oder neurotoxische Wirkung* müssen jetzt in einer Intralabor- und Extralabor-Validierung erarbeitet werden.

Verdankungen

Die vorliegende Arbeit wurde von der Stiftung SIAT, von der Stiftung *Fonds für versuchstierfreie Forschung* (Zürich), durch *Pro Tier* (Zürich) und vom Schweiz. Nationalfonds (Projekt Nr. 8889.86) grosszügig unterstützt.

Literatur
Khera KS & Whalen C: Toxicol. in Vitro 4, 257 (1988)
Reinhardt CA: Alternativen Tierexp. 14, 25-38, (1991)
Wyle GG & Reinhardt CA: Toxic. in Vitro (in press) (1991)

Vorschlag für eine Testbatterie zur In Vitro Prüfung phototoxischer Effekte auf zellulärer Ebene

Wolfgang J.W. Pape
4232-Bioverträglichkeit, BEIERSDORF AG, D-2000 Hamburg 20

Phototoxische Reaktionen lichtaktivierbarer Stoffe können an nahezu allen Kompartimenten und Zellen der menschlichen Haut angreifen. Diese durch UVA/B-Strahlung und/oder sichtbares Licht induzierten Prozesse lassen sich auf zellulärer Ebene durch Wechselwirkungen mit ungesättigte Fettsäuren in Lipidmembranen, speziellen Aminosäuren von membranständigen und zytosolischen Proteinen und Nucleinsäuren als Bausteine der DNA erfassen.

Voraussetzung für solche Prozesse ist die enge räumliche Nachbarschaft der aktivierten Photosensibilisatoren mit den betroffenen Zielstrukturen. Eine unmittelbare Bindung an das Target ist nicht nötig, kann aber infolge der Photonenabsorption und Aktivierung erfolgen. Die photoneninduzierte Anregung von Absorbern ist häufig mit der Erzeugung von aktivierten Spezies molekularen Sauerstoffs und von Sauerstoffradikalen begleitet. Insgesamt sind phototoxische Reaktionen stark von physikalischen und chemischen Eigenschaften des umgebenen Mediums und seiner physiologischen antioxidativen Kapazität abhängig.

Eines der Hauptziele phototoxischer Reaktionen ist die Zellmembran. Gut permeierende lipophile Fremdstoffe reichern sich darüberhinaus auf subzellulärer Ebene bevorzugt in den Lysosomen, aber auch in Mitochondrien und im Kern an. Phototoxisch verursachte Schädigungen wie Änderungen der Membranpermeabilität oder andere funktionelle Störungen können bequem als Endpunkte für die Bestimmung der Photozytotoxzität oder -irritation eingesetzt werden. Typische Vertreter dieser Endpunkte sind die Messungen niedermolekularer zytosolischer Komponenten und Färbemethoden, wie NR-Uptake, Proteinbestimmungen mit Kenazidblau und MTT.

Ein vielgenutztes Modell zur Untersuchung von Membranschädigungen durch lichtaktivierte Stoffe ist der Red Blood Cell Assay (RBC-Assay). Die Schädigungen der Zellmembran können leicht durch Messung des K^+- und Hb-Freisetzung quantifiziert werden, ohne daß bei diesem Modell Effekt durch Störungen an subzelluläre Kompertimente oder der DNA von Bedeutung wären. Die Assay wird seit langem benutzt, um zahlreiche phototoxisch wirkende Stoffe zu untersuchen und zu charakterisieren.

Für die weitergehende Prüfung eignen sich kernhaltige Säugerzellen oder besser Zell-Linien, wie sie bereits gut in als in vitro Methoden zur Beurteilung von lokalen Effekten reizender Stoffe eingesetzt werden. Zu ihnen zählen Fibroblasten-Linien wie Balb/c 3T3 oder L929 Mäusefibroblasten oder schnellwachsende Zellen vom Chinesischen Hamster wie V79. Parallel zu Zytotoxitätsprüfungen können diese Methoden eingesetzt werden, um abzuklären, ob untersuchte Stoffe eine licht- oder UV-induzierbare verstärkte Zytotoxität aufweisen. Ergänzend zum RBC-Assay können diese empfindlichen Test verschiedene Informationen zum molekulären Mechanismus auf subzellulärer Ebene liefern.

Anhand einer Reihe von bekannten phototoxisch wirkenden Substanzen werden verschiedene experimentelle Angänge hinsichtlich des Einflusses der Prüfmedienzusammensetzung, der Inkubations- und Bestrahlungsbedingungen im Sinne einer Standardisierung der Methoden untersucht und verglichen.

Auf der Basis dieser Arbeiten wird eine in vitro Testbatterie zur Untersuchung phototoxische Stoffe vorgeschlagen, mit der auf lichtbedingte Hautreaktionen lokal applizierter Stoffe geprüft werden könnte. Die Batterie kann sinnvoll durch Experiment an aktivierten Lymphozyten zur Untersuchung proliferationsschädigender Effekte ergänzt und erweitert werden.

Ein erweitertes Register der Zytotoxizität zur Abschätzung der akuten Toxizität (LD$_{50}$)

Willi Halle[1] und Horst Spielmann[2]

[1] Inst. f. Wirkstofforschung, 1136 Berlin-Friedr.felde und
[2] ZEBET, Bundesgesundheitsamt, 1000 Berlin 33; Deutschland

Das in den Jahren von 1985-1988 aufgebaute Register der Zytotoxizität (RC) bildete die Grundlage zur Vorhersage der im
akuten Toxizitätstest zu bestimmenden LD$_{50}$ (1). In das RC werden Substanzen mit unterschiedlichen chemischen Strukturen
aufgenommen, für die zwei oder mehr IC$_{50}$-Werte pro Substanz
nach definierten Auswahlkriterien aus der Literatur erfaßt
werden können. Die einzelnen IC$_{50}$-Werte einer Substanz sind an
verschiedenen Zellinien mit unterschiedlichen Versuchsproto-
kollen bestimmt worden. Nach Bildung des geometrischen Mittels
als IC$_{50}\overline{x}$ von jeder Substanz charakterisieren wir die Bezie-
hung zwischen den IC$_{50}\overline{x}$-Werten und den entsprechenden LD$_{50}$-
Werten aus dem NIOSH-Register (2) mit der einfachen linearen
Regression nach

$$\log LD_{50} = a + b \cdot \log IC_{50}\overline{x}.$$

Für 102 Substanzen existiert zwischen den IC$_{50}\overline{x}$-Werten und den
oralen LD$_{50}$-Werten für Ratte/Maus eine signifikante lineare
Korrelation (p < 0,001) mit einem Korrelationskoeffizienten
r = 0,644. Die Parameter der linearen Regression sind mit
a = 0,598 und b = 0,471 definiert. Die berechnete Regressionsgerade bildet die Grundlage für ein neues Verfahren zur Vorhersage der LD$_{50}$.

Nach Erweiterung des Registers mit 105 neu aufgenommenen Substanzen wurden für die Wertepaare IC$_{50}\overline{x}$ - LD$_{50}$ p.o. Ratte/Maus
folgende Werte berechnet: r = 0,776; a = 0,663; b = 0,502. Die
Werte der Parameter a und b beider Substanzgruppen unterscheiden sich demnach nur wenig voneinander. Für die insgesamt 207
Substanzen läßt sich nunmehr eine Regressionsgerade definieren
mit r = 0,717; a = 0,634; b = 0,490. Es liegen 75 % der mit
diesem Verfahren geprüften Wertepaare IC$_{50}\overline{x}$ - LD$_{50}$ in einem
Bereich um die Regressionsgerade, der durch den empirisch
festgelegten Faktor F$_{G}$ ≤ log 5 definiert ist und der nur wenig
mehr als eine Größenordnung einer Dosiseinheit umspannt.

Zusätzlich wurden die Parameter für die Wertepaare $IC_{50}\bar{x}$ - LD_{50} i.v. Ratte/Maus berechnet. Wie die tabellarische Übersicht zeigt, bestehen nur geringe Unterschiede der Werte für a und b zwischen den 66 Substanzen im alten RC und den insgesamt 108 Substanzen nach Erweiterung des Registers:

Zellen	Ratte/Maus LD_{50}	n	r	a	b	$F_G \leq \log 5$ %	RC
$IC_{50}\bar{x}$	p.o.	102	0,64	0,60	0,47	74	alt
$IC_{50}\bar{x}$	p.o.	207	0,72	0,63	0,49	75	neu
$IC_{50}\bar{x}$	i.v.	66	0,81	-0,11	0,47	80	alt
$IC_{50}\bar{x}$	i.v.	108	0,73	-0,09	0,47	76	neu

Die beiden Regressionsgeraden für die LD_{50} p.o. und die LD_{50} i.v. verlaufen annähernd parallel.

Schlußfolgerungen
_____

Auch bei Ergänzung des Registers durch Aufnahme neuer Substanzen und weiterer IC_{50}-Werte ist zu erwarten, daß sich die Werte der Parameter der linearen Regression für $IC_{50}\bar{x}$ - LD_{50} wiederum nur wenig ändern werden. Mit diesem Verfahren bestehen demnach die Möglichkeiten für die Erstellung von zwei allgemeingültigen Standardregressionsgeraden zur Vorhersage der LD_{50} p.o. und i.v. für Ratte und Maus.

1. Halle, W., E. Göres: Register der Zytotoxizität (IC_{50}) in der Zellkultur und Möglichkeiten zur Abschätzung der akuten Toxizität (LD_{50}). In: Beiträge zur Wirkstofforschung, H. 32, 108 S., P. Oehme, H. Löwe und E. Göres, (eds.), Institut für Wirkstofforschung, Berlin, 1988
2. Lewis, R. J., R. L. Tatken (eds.): Registry of toxic effects of chemical substances. 1980 Edit., Vol. 1 and 2, DHHS (NIOSH) Publ. No. 81 -116, USA 1982

Isolierte Hepatocyten und Dauerzellinien aus Fischen im Cytotoxizitätstest
- eine Alternative zur Fischleberzelle in vivo?

TH. BRAUNBECK, Zoologisches Institut I, Universität Heidelberg, INF 230, D-6900 Heidelberg

Ein ständig wachsendes Verantwortungsbewußtsein des Menschen gegenüber dem Tier als Mitgeschöpf hat in den vergangenen Jahren verstärkt zur Entwicklung von Alternativ- und Ersatzmethoden zum Tierversuch geführt. Eine der wichtigsten Alternative zur Untersuchung der *akuten Toxizität* von (Gemischen von) chemischen Substanzen auf Fische stellt der Einsatz von Zellkulturen dar, wobei leicht erfaßbare Alles-oder-Nichts-Reaktionen wie Anheftung, Aufnahme oder Ausschluß von Farbstoffen, Enzymfreisetzung oder Letalität als Kriterium für eine toxische Wirkung herangezogen werden. Die Beurteilung *subletaler Effekte* stellt dagegen vor allem bezüglich der Empfindlichkeit der Methode und der Übertragbarkeit der Befunde auf das intakte Tier bedeutend höhere Anforderungen an die Methodik.

In vivo erwiesen sich cytologische Veränderungen in Fischhepatocyten in zahlreichen Experimenten als besonders empfindlich für Fremdstoffe und können als Biomarker für die subletale Wirkung von Umweltschadstoffen dienen (1-6). Die Analyse cytologischer Reaktionen von Fischhepatocyten *in vitro* vereint die Empfindlichkeit dieses Monitorsystems mit den Vorteilen eines kontrollierten schmerzfreien Testsystems. Um die Übertragbarkeit cytologischer Effekte *in vitro* auf die Verhältnisse *in vivo* zu untersuchen, wurden Hepatocyten aus der Regenbogenforelle *(Oncorhynchus mykiss)* isoliert und subletalen Konzentrationen (0.2, 1, 3 und 10 mg/L) von 4-Chloranilin exponiert. Als Vergleich dienen *In vivo*-Befunde an Hepatocyten nach Belastung mit 0.04, 0.2 und 1 mg/L 4-Chloranilin (2).

Nach 5 Tagen zeigen unbelastete Hepatocyten *in vitro* keine wesentlichen cytologischen Veränderungen; die isolierten Zellen konnten bisher bis zu 9 Tagen ohne signifikante Zunahme der Mortalität in Kultur gehalten werden. Nach Belastung mit 4-Chloranilin zeigen konventionelle Tests wie der Trypanblau-Test keine Effekte. Elektronenmikroskopisch sind dagegen ab 1 mg/L konzentrations- und zeitabhängig Veränderungen in Kernumriß, Heterochromatingehalt, Mitochondrien und Peroxisomen, eine zunehmende Fenestrierung und Umwandlung des rauhen endoplasmatischen Retikulums in Membranwirbel, eine Proliferation des glatten endoplasmatischen Retikulums sowie offensichtlich eine Inaktivierung des Golgi-Apparates zu verzeichnen. Ab 3 bzw. 10 mg/L kommen eine Reduktion der mitochondrialen Cristae und die Bildung von Liposomen (membrangebundenen Lipideinschlüssen, Steatose) sowie von Glykogenkörpern hinzu. Die ersten Effekte in den isolierten Hepatocyten lassen sich bereits nach einem Tag beobachten.

Die Reaktion der Hepatocyten *in vivo* ist charakterisiert durch eine Stimulation der Kernteilung, das Auftreten vielfältiger Kerneinschlüsse, eine Abnahme der Peroxisomen, eine Lysosomenproliferation sowie eine Makrophageneinwanderung ab 0,2 mg/L.

Gemeinsam finden sich *in vivo* und *in vitro* folgende Veränderungen: eine Proliferation und erhöhte Heterogenität der Mitochondrien, eine Fragmentierung und Vesikulierung des rauhen endoplasmatischen Retikulums, eine verringerte Lipoproteinsynthese, die Induktion von Myelinkörpern, eine gestörte intrazelluläre Kompartimentierung sowie eine generelle Zunahme morphologischer Variabilität.

Formal ergibt der Vergleich von *In vitro-* und *In vivo*-Befunden and den Hepatocyten der Regenbogenforelle eine Übereinstimmung der cytologischen Reaktion auf eine subletale Belastung mit 4-Chloranilin von ca. 50 %. Die Unterschiede dürften vor allem auf neuronaler und hormonaler Kontrolle der Reaktion *in vitro* sowie Interaktionen der Hepatocyten mit anderen Zellen innerhalb und außerhalb der Leber beruhen. Einer offensichtlich etwas geringeren Empfindlichkeit für 4-Chloranilin steht die erhöhte Geschwindigkeit der Reaktion isolierter Hepatocyten gegenüber.

Fibrocyten (R1-Zellen; 7, 8) aus der Leber der Regenbogenforelle zeigen dagegen erst unter Belastung mit 10 mg/L (1 d) eindeutige Effekte: Abrundung und Reduktion des Zellvolumens, veränderte Heterochromatinverteilung, erhöhte Filamentproduktion, Vesikulierung des ER und Lysosomenproliferation. Aufgrund der unterschiedlichen Organellenausstattung der beiden untersuchten Zelltypen unterscheiden sich die cytologischen Reaktionen von Fibrocyte und Hepatocyte also erheblich.

Hepatocyten können nach den Befunden dieses ersten Experimentes also auch *in vitro* eine höchst empfindliche Reaktion auf organische Schadstoffe zeigen, die zumindest teilweise mit der Reaktion *in vivo* übereinstimmt. Die relativ gute Übereinstimmung von Befunden an isolierten Hepatocyten mit *In vivo*-Verhältnissen muß in weiteren Versuchen bestätigt werden; sie würde diesem suborganismischen Testsystem eine hohe Aussagekraft verleihen. Für Screeningtests auf akut toxische sowie subletale Wirkungen von Chemikalien ließe sich mit isolierten Hepatocyten eine beträchtliche Reduktion der Zahl von Versuchstieren erzielen.

(1)   Braunbeck T, Storch V, Nagel R 1989 Sex-specific reaction of liver ultrastructure in zebra fish *(Brachydanio rerio)* after prolonged sublethal exposure to 4-nitrophenol. Aquat Toxicol 14, 185-202

(2)   Braunbeck T, Bresch H, Storch V 1990 Species-specific reaction of liver ultrastructure in zebra fish *(Brachydanio rerio)* and trout *(Salmo gairdneri)* after prolonged exposure to 4-chloroaniline. Arch Environ Contam Toxicol 19, 405-418

(3)   Braunbeck T, Görge G, Storch V, Nagel R 1990 Hepatic steatosis in zebra fish *(Brachydanio rerio)* induced by long-term exposure to gamma-hexachlorocyclohexane. Ecotox Environ Safety 19, 355-37

(4)   Braunbeck T, Burkhardt-Holm P, Storch V 1990 Liver pathology in eels *(Anguilla anguilla* L.) from the Rhine river exposed to the chemical spill at Basle in November 1986. Limnologie aktuell 1, 371-392

(5)   Braunbeck T, Völkl A 1990 Induction of biotransformation in the liver of eel *(Anguilla anguilla* L.) by sublethal exposure to dinitro-o-cresol: an ultrastrcutral and biochemical study. Ecotox Environ Safety 21, 109-127

(6)   Braunbeck T, Burkhard-Holm P, Nagel R, Negele RD, Storch V 1991 Rainbow trout and zebra fish in long-term toxicity tests - relative sensitivity, species- and organ specificities in cytopathological reactions of liver and intestine to atrazine. Verh Ver Wasser- Boden-Lufthyg, im Druck

(7)   Ahne W 1985 Untersuchungen über die Verwendung von Fischzellkulturen für Toxizitätsbestimmungen zur Einschränkung und als Ersatz des Fischtests. Zbl Bakt Hyg I Abt Org B4 180, 480-504

(8)   Mayer D, Ahne W, Storch V 1988 Cytotoxicity of chemicals to fibroblastic fish cell cultures (R1 cells) investigated by electron microscopy. Z Angew Zool 75, 147-157

Die Tötung von Regenbogenforellen mit dem Ziel der Organentnahme zur Anlage von Primärkulturen wurde dem Regierungspräsidium Karlsruhe unter dem Aktenzeichen 37-9185.51/106/89 gemeldet. Der Vergleichsversuch wurde in Zusammenarbeit mit Dr. H. Bresch im Auftrag des Umweltbundesamtes an der Bundesforschungsanstalt für Ernährung in Karlsruhe durchgeführt.

PROLIFERIERENDE PRIMÄRKULTUREN VON FISCHHEPATOCYTEN - KULTURMETHODE UND MÖGLICHE ANWENDUNGEN

Johanna NEUMAYER und Peter M. ECKL

Abteilung Genetik und Entwicklungsbiologie der
Universität Salzburg, Hellbrunnerstr. 34,
A-5020 SALZBURG

Einleitung:
    Fischhepatocyten - speziell von Regenbogenforellen -
erwiesen sich zum Teil empfindlicher gegenüber gentoxischen
Substanzen als Hepatocyten von Säugern (1). Dies führte zur
Entwicklung von Methoden, die die Primärkultur von Fischhepatocyten ermöglichten (2,3), wodurch eine Reihe von End-
punkten der Zytotoxizität unter kontrollierten Bedingungen
untersucht werden können (4,5,6).
    Unter diesen Kulturbedingungen können allerdings die
klastogenen Effekte mutagener/promutagener Substanzen nicht
analysiert werden, da sich die Hepatocyten in Proliferations-
ruhe befinden. Angeregt durch die Erfahrungen mit Ratten-
hepatocyten (7) beschlossen wir daher, das dafür entwickelte
System auf die speziellen Bedürfnisse der Fischhepatocyten zu
adaptieren.

Kulturmethode:
    Forellen mit einem Gewicht von etwa 250 g wurde die Leber
entnommen und in 2 Schritten mit Lockwood-Medium (8) bei
Zimmertemperatur (20° C) perfundiert. Die isolierten Hepatocyten wurden in einer Dichte von ungefähr 50.000 lebenden
Zellen/cm² in kollagenbeschichtete Petrischalen platiert. Als
Kulturmedium diente MEM mit nichtessentiellen Aminosäuren,
Glucagon (1µg/ml), Insulin (9µg/ml) und Prolactin (20mU/ml).
Zur Proliferationsstimulierung wurde EGF in einer Konzentration
von 40ng/ml verwendet. Die Kultur erfolgte bei 17,8° C, 5 % CO_2
und 100 % rel. Luftfeuchtigkeit.
    Da die extrazelluläre Ca-Konzentration entscheidenden Ein-
fluß auf die Proliferationsrate hat (9), wurden die Fischhepatocyten bei unterschiedlichen Konzentrationen (0.8, 0.4,
0.2, 0.1, 0.05 mM) kultiviert. Dabei zeigte sich, daß es mit
abnehmender Ca-Konzentration zu einer Lockerung des Zell-
kontaktes kommt, die in weiterer Folge die Zellteilungsrate
begünstigt, obwohl auch bei den höheren Ca-Konzentrationen
eine relativ hohe Teilungsrate beobachtet wurde. Die höchsten
Teilungsraten (Mitoseindex bis 3 %) wurden 50 Stunden nach
Zugabe von EGF beobachtet. Mit zunehmender Kulturdauer nimmt
die Teilungsrate ab, es sind aber selbst nach etwa 150 Stunden
noch Teilungen festzustellen.

Anwendungsmöglichkeiten:
    In weiterer Folge soll mit bekannten Mutagenen/Promutagenen
getestet werden, ob Fischhepatocyten für cytogenetische Untersuchungen - Analyse von Mikrokernen, Chromosomenaberrationen

156

und Schwesterchromatidenaustauschen - geeignet sind, um sie für Umweltanalysen einsetzen zu können. Dafür gibt es zwei potentielle Anwendungsbereiche:

1. direkte Behandlung der Kulturen mit Oberflächenwasser- bzw. Abwasserproben und Analyse der genannten Parameter
2. Analyse derselben cytogenetischen Endpunkte in Hepatocyten von Fischen aus belasteten Gewässern. Dadurch daß Hepatocyten nur eine sehr geringe Reparaturkapazität aufweisen (10,11), müßte es zu einer Akkumulation von Schäden kommen, wodurch Fischhepatocyten als biologische Indikatoren für die Mutagenbelastung von Gewässern herangezogen werden könnten.

Literatur

1. Hendricks, J.D. (1981) The use of rainbow trout in carcinogen bioassay, with emphasis on embryonic culture. In Dawe C.J. (ed.), Phyletic Approaches to Cancer. Japan Scientific Society Press. Tokyo, pp. 227-240.
2. Klaunig, J.E. (1984) Establishment of fish hepatocyte cultures for use in in vitro carcinogenicity studies. Natl. Cancer Inst. Monogr. 65, 163-173.
3. Klaunig, J.E., Ruch, R.J., Goldblatt, P.J. (1985) Trout hepatocyte culture: Isolation and primary culture. In Vitro Cellular Dev. Biol. 21, 221-227.
4. Miller, M.R., Blair, J.B., Hinton, D.E. (1989) DNA repair synthesis in isolated rainbow trout liver cells. Carcinogenesis 10, 995-1001.
5. Ballatori, N., Shi, C., Boyer, J.L. (1988) Altered plasma membrane ion permeability in mercury-induced cell injury: studies in hepatocytes of elasmobranch Raja erinacea. Toxicol. Appl. Pharmacol. 95, 279-291.
6. Denizeau, F., Marion, M. (1990) Toxicity of cadmium, copper, and mercury to isolated trout hepatocytes. Can. J. Fish. Aquat. Sci. 47, 1038-1042.
7. Eckl, P.M., Strom, S.C., Michalopoulos, G., Jirtle, R.L. (1987) Induction of sister chromatid exchanges in cultured adult rat hepatocytes by directly and indirectly acting mutagens/carcinogens. Carcinogenesis 8, 1077-1083.
8. Bouche, G., Gas, N., Paris, H. (1979) Isolation of carp hepatocytes by centrifugation on a discontinous Ficoll Gradient. A biochemical and ultrastructural study. Biol. Cellulaire 36, 17-24.
9. Eckl, P.M., Whitcomb, W.R., Michalopoulos, G., Jirtle, R.L. (1987) Effects of EGF and calcium on adult parenchymal hepatocyte proliferation. J. Cell. Physiol. 132, 363-366.
10. Tates, A.D., Broerse, J.J., Neuteboom, I., de Vogel, N. (1982) Differential persistence of chromosomal damage induced in resting rat-liver cells by X-rays and 4.2 MeV neutrons. Mutat. Res. 92, 275-290.
11. Floot, B.G.J., Philippus, E.J., Hart, A.A.M., den Engelse, L. (1979) Persistence and accumulation of (potential) single strand breaks in liver DNA of rats treated with diethylnitrosamine or dimethylnitrosamine: correlation with hepatocarcinogenicity. Chem. Biol. Interactions 25, 229-242.

Die Bedeutung von Fischembryonen für die Bewertung der Embryotoxizität
von Umweltchemikalien

Ch. Hintze-Podufal

Während der Embryonalentwicklung finden die grundlegendsten progressiven Veränderungen im Leben eines Organismus statt. Die Zellen differenzieren sich, es
entstehen Gewebe, Organe und die Körpergrundgestalt.

Wechselwirkungen zwischen den Blastomeren eines Embryos spielen bereits während der Furchung eine entscheidende Rolle für die ersten Differenzierungs-
schritte. Werden die Blastomeren isoliert gezüchtet und damit den Zell-Zell-Interaktionen entzogen, so werden damit Retardationen und z. T. Fehlentwicklungen vorprogrammiert. - Für die Entschlüsselung des morphogenetischen Codes und
dessen Störung durch äußere Einwirkungen spielen Untersuchungen der frühen Perioden der Embryogenese - Blastogenese, Gastrulation, Organogenese - eine entscheidende Rolle, liefern diese Stadien doch die unmittelbare Einsicht in die normalen Differenzierungsabläufe eines Organismus und für die Teratologie die durch
Noxen bedingten Veränderungen z. B. im Stoffwechsel sich differenzierender Zellen und Gewebe.

Fischembryonen bieten sich geradezu als hochempfindliche Detektoren zur Ermittlung toxischer/teratogener Einflüsse und deren Wirkungsmechanismen auf zellulärer Ebene im Zellverband an. Der Aquarienfisch *Brachydanio rerio* z. B. stellt
ganzjährig genügend Laich und damit eine große Zahl an Eiern zur Verfügung,
die statistisch gesicherte Aussagen zulassen und deren Zucht mit geringen Kosten verbunden ist. Zudem ermöglicht die Transparenz der Eihülle die ständige Kontrolle und Beobachtung des Entwicklungsablaufes. So kann bereits in sogen. Kurz-
zeittests nach 1 h oder 24 h Exposition z. B. in Detergentien (vorliegende Versuche), Formol, Blei u. a. /1/ die akute Toxizität ermittelt und Einblicke in die
Fehlentwicklungen der Embryonen und dessen Organe gewonnen werden. In frühen
Stadien der Blastogenese, in denen schnelle Zellteilungen einander folgen, werden
durch das ausgezeichnete Regulationsvermögen geringe Zellschädigungen ausgeglichen, besonders nach einer kurzen Expositionszeit von 1 h. Betreffen die teratogenen Beeinträchtigungen größere Zellkomplexe, z. B. nach 24 h Exposition, dann
resultieren schwerste Mißbildungen, die in der Regel zum Absterben des Embryos
führen. Die Stadien am Ende der Blastogenese und während der frühen Gastrulation reagierten äußerst empfindlich auf die verwendeten Detergentien (Vizir und
Conli), was umfangreiche Anomalieformen deutlich zeigen: Wachstumsretardierun-
gen im Körper- und Schwanzbereich, Fehlentwicklungen der zentralen Organe wie

Chorda/Wirbelsäule und Rückenmark, von Gehirn und Kopf, Augen, Darm und Dottersack, der Pigmentierung u. a.. Während dieser Entwicklungsphase konnten die teratogenen Substanzen die Anordnung und Ausbildung der Organanlagen beeinflussen, was besonders 24 h Behandlung deutlich wurde. Das zeitlich festgelegte Anlage- und Differenzierungsprogramm für die einzelnen Organe konnte je nach Zeitpunkt der Einwitkungsdauer auf die Embryonen der entsprechenden Stadien nacheinander von den teratogenen Stoffen erfaßt werden. An den auftretenden Anomalien kann jeweils der zeitliche Eingriff des Waschmittels in den Entwicklungsablauf abgelesen werden, wie bei den bekannten Thalidomidschädigungen menschlicher Embryonen. Die Mißbildungen beruhen übereinstimmend mit Ergebnissen anderer Autoren /2/ zunächst auf einer Blockierung der Zellvermehrung und anschließend der Gestaltungsbewegungen. So fehlen jeweils diejenigen Organe, deren Anlage und Differenzierung während der Behandlungsdauer hätte ablaufen müssen. Prozesse, deren zeitlicher Ablauf nach der Behandlungsdauer liegt, wie durch Vergleiche mit den Kontrollen belegt werden kann, werden nicht beeinträchtigt. Das Stadium 22 /3/, in dem die Organbildungsphase abgeschlossen ist, zeigte keine sichtbaren Fehlentwicklungen. Geschädigte Embryonen haben entweder Schwierigkeiten die Eihülle zu verlassen oder fallen später als Larve durch abnormes Schwimmverhalten auf, bedingt durch die Körpermängel. Für Embryonen, die sich geschützt in ihren Eihüllen entwickelten, konnte eine LC_{50} von 0,005% für Vizir (24h Exp.) bzw. 0,0024% für Conli (24h Exp.) ermittelt werden, während diese für dechorionierte Embryonen und junge Larven um 2 Zehnerpotenzen, d. h. erheblich niedriger lag. Hieraus wird die Bedeutung der schützenden Hülle einerseits ersichtlich, andererseits aber auch die enorme Empfindlichkeit der Embryonen während ihrer Entwicklung. Sie erweisen sich als ein sehr günstiges und empfindliches Modell für eine schnelle Beurteilung von Schadwirkungen, die wasserlösliche Umweltchemikalien auf den Ablauf der Embryonalentwicklung und Differenzierung haben.

Literatur

1. Knopek, L., Hintze-Podufal, Ch.: The Development of Gills in *Brachydanio rerio* under Normal Conditions and under Influence of Several Toxicants. Annales de la Société Royale Zoologique Belgique, 77 (1989).
2. Theller, K.: Beitrag zur Analyse von Wirbelkörperfehlbildungen: Experiment, Genetik und Entwicklung. Z. menschl. Vererbungs- u. Konstitutionslehre **31**, 271-322 (1952).
3. Hintze-Podufal, Ch., Vogel, S.: Embryonalentwicklung des Zebrabärblings *Brachydanio rerio*. Mikrokosmos, H. 3, 85-91 (1985).

Prof. Dr. Ch. Hintze-Podufal, III. Zoologisches Institut-Entwicklungsbiologie, AG Wirbeltierembryologie, Berliner Str. 28, D-3400 Göttingen

Xenopus laevis-Embryonen und ihre Bedeutung für toxikologische Untersuchungen

R. Vetter und Ch. Hintze-Podufal

Amphibien sind als die klassischen Versuchstiere der Embryologen bekannt. Ihre verhältnismäßig großen Eier sind Manipulationen gut zugänglich, und kortikale Pigmente erleichtern zusätzlich die Beobachtung der Entwicklung. Sowohl für entwicklungsbiologische als auch für toxikologische Fragestellungen eignen sich die Embryonen des großen Krallenfrosches, *Xenopus laevis*, besonders gut, da sie bei geeigneter Haltung der Erwachsenen ganzjährig zur Verfügung stehen. So können an ihnen Substanzen getestet und deren toxische bzw. teratogene Wirkungsweise auf die Entwicklungsprozesse der Embryonen schnell geprüft werden. Die umgebenden Eihüllen können dabei verbleiben oder werden durch verhältnismäßig einfache Versuchsbedingungen mechanisch oder enzymatisch /1/ entfernt. Die Kulturlösungen für die dann 'nackten' Embryonen sind kostengünstig herzustellen. - Beginnen die Testversuche im Alter der mittleren bis späten Blastula, die noch keine endgültigen Determinationen aufweist, so laufen bei einem 24 h und auch 96 h Versuch die morphogenetischen Bewegungen der Gastrulation und Neurulation, die zur Körpergrundgestalt und Organdifferenzierung führen, unter Fremdeinwirkung ab. Sie sind im Gegensatz zu Säugern dem Betrachter unmittelbar zugänglich, wobei die transparente Haut die Beobachtung der Entwicklung der inneren Organe und gegebenenfalls deren Abweichung von der Norm unmittelbar erlaubt.

Ob nun eine Substanz als teratogen eingestuft werden kann oder nicht, stellt sich nach 24 h Exposition bereits im Alter des Schwanzknospenstadiums vor dem Schlüpfen heraus, wird aber, sofern die Larven in der Lage sind, die Eihülle zu verlassen, dann im Alter des Stadiums 40 /2/ im Vergleich mit Larven aus testbegleitenden Kontrollserien deutlicher. Dauert der Test dagegen 96 h, so endet er dann, wenn sich die Kontrollarven im Stadium 46/47 befinden. Nach der längeren Expositionszeit gewinnt der Entwicklungsbiologe wertvolle Hinweise auf die Einflußnahme der Noxen auf das zeitliche Entwicklungsmuster, die Beeinträchtigung von Induktionswechselwirkungen und die Fähigkeiten der Zellreparationsleistungen. Mit der kurzen Expositionszeit lassen sich u. a. kritische Phasen der Beeinträchtigung insgesamt bestimmen als auch besonders die sensiblen Perioden einzelner Organsysteme. Mehr noch, im Frosch-Test läßt sich die minimalwirksame Dosis einer Substanz auf den Gesamtorganismus oder/und auf einzelne Organsysteme ermitteln, was im Säuger-Test selten oder kaum gelingt.

Die Einflußnahme von Vitamin A Palmitat (Retinol), einer Substanz, die im Zeitalter der Multivitaminpräparate in hohen Dosen (25000 I. E./d) während der Schwangerschaft eingenommen zu Hypervitaminosen mit teratogenen Wirkungen führen kann, auf den Ablauf der Organentwicklung von Krallenfroschembryonen ist geeignet zum Wirkungsmechanismus dieser Substanz beizutragen. 5 g/l Testlösung Vitamin A Palmitat (1g = 200000 I. E.) für Embryonen ohne Eihüllen führen während 24 h Exposition zu allgemeinen Wachtumsretardationen, was im 96 h-Test bereits bei Konzentrationen von 1 g/l auftritt. Myotome und Muskulatur sind besonders stark betroffen. Der deformierte querovale Saugnapf zeigt dies deutlich, durch eine verminderte, z. T. desorientierte Muskelbündelzahl wird er funktionslos. Chorda/Wirbelsäule, Körper- und Schwanzmuskulatur, Kopf- und Differenzierungen des Neuralrohres werden bereits durch 0,5 g/l beeinträchtigt, wobei die Ausprägung der Symptome vielfältig sein kann. Embryonen umgeben von schützenden Eihüllen benötigen für das gleiche Anomaliespektrum die doppelte Dosis (1g/l). Die Standardwerte wie LC_{50} (errechnet nach /3/) betragen für hüllenfreie Embryonen im 24 h-Test 13,34 g/l, im 96 h-Test 11,41 g/l, für Embryonen mit Eihüllen im 24 h-Test 19,6 g/l. Hier wird die Schutzfunktion der gallertigen Hüllen deutlich. Ein Effekt-Dosiswert für Mißbildungen an hüllenfreien Embryonen ließ sich nach 24 h Exposition für Testlösungen mit einer Konzentration von 5,18 g/l, nach 96 h mit 2,9 g/l und für umhüllte Embryonen im 24 h-Test mit 9,7 g/l bestimmen. Für die Beurteilung der Teratogenität wird allgemein der Quotient aus LC_{50}/EC_{50}, der teratogene Index gebildet. Ist der TI $\geq$ 2, wird eine Substanz als ein potentielles Teratogen eingestuft. Der TI/Vitamin A beträgt für hüllenfreie Embryonen im 24 h-Test 2,6 g/l, im 96 h-Test 3,9 g/l und für umhüllte Embryonen im 24 h-Test 2 g/l.

Literatur

1. Dawson, D., Bantle, J.: Development of a Reconstituted Water Medium and Preliminary Validation of the Frog Embryo Teratogenesis Assay: *Xenopus* (FETAX). J. Appl. Toxicol. **7**, 237-244 (1987).

2. Nieuwkoop, P., Faber, J.: Normal Tables of *Xenopus laevis* (Daudin). Amsterdam: North-Holland, 1975.

3. Litchfield, J. T., Wilcoxon, F.: A Simplified Method of Evaluating Dose-Effect Experiments. J. Pharm. Exp. Ther. **96**, 99-103 (1949).

Dipl. Biol. R. Vetter & Prof. Dr. Ch. Hintze-Podufal
III. Zoologisches Institut-Entwicklungsbiologie, AG Wirbeltierembryologie
Berliner Straße 28, W 3400 Göttingen, Deutschland

Einfluß der Prostaglandine auf die Wirkung von Thrombin bei Knochenab- und -umbau in der isolierten Calvaria der Maus.

O. Hoffmann, H. Hörandner, U. König, K. Klaushofer

Institut für Pharmakodynamik und Toxikologie der Universität Wien, Währingerstr. 17, 1090 Wien und Ludwig Boltzmann-Institut für Osteologie, Hanuschkrankenhaus, 1140 Wien

Thrombin stimuliert den Knochenabbau in der Calvaria von Mäusen *in vitro* über eine vermehrte endogene Produktion von Prostaglandinen. Wenn die resorptive Wirkung von Thrombin durch den Cyclooxygenasehemmer Indometacin blockiert wird, führt Thrombin zu einer erhöhten Collagensynthese, was auf eine zusätzliche Fähigkeit des Thrombins zur Stimulation der Knochenneubildung in der Calvaria schließen läßt. Um die Wirkung von Thrombin auf den Knochenumbau weiter zu charakterisieren, untersuchten wir seine Wirkungen auf die zelluläre Kinetik der Osteoklastenproliferation und die Bildung von neuer Knochenmatrix (Osteoid) in der kultivierten Calvaria neugeborener Mäuse.

Für diese Untersuchungen wurden Calvarien von 4 bis 6 Tage alten Mäusen in DMEM + 15 % Pferdeserum für 48 h kultiviert und in den letzten 2 Stunden mit 3H-Prolin markiert. Die gleichzeitige Messung der Collagensynthese und der Knochenresorption wurde nach der Methode von Hefley et al. (Anal Biochem 153:166, 1986) durchgeführt. Zur Bestimmung der Osteoidfläche und der Größe und Zahl der Osteoklasten wurden in Epoxyharz eingebettete Calvarien semidünn geschnitten und ausgewertet (siehe Klaushofer et al., J Bone Min Res 4:585, 1989). Sämtliche Werte stellen Mittelwerte ± Standardirrtum von 4-5 Knochen dar.

Thrombin (10 U/ml) alleine führte zu einer Verminderung der durch Collagenase abbaubarer Proteine (CAP) von 25,2±1.4 % (Gesamtprotein) bei den Kontrollknochen auf 18,2±1,2 % (p<0,01) in der Thrombingruppe. Zusätzlich war die Fläche des Osteoids in dieser Gruppe um 43 % reduziert. Die Calciumkonzentration im Medium stieg in der Thrombingruppe von 1,68±0,02 mM auf 2,20±0,07 mM an. Calvarien mit erhöhten Calciumwerten im Gewebekulturmedium zeigten im Semidünnschnitt einen vermehrten Prozentsatz an aktiven, am Knochen anliegenden ("on bone")

Osteoklasten (Unbehandelt: 41,2±5,1 %; Thrombin: 56±3,3 %). Die
Gesamtzahl aller Osteoklasten ("on" bzw. "off bone") wurde
nicht signifikant verändert.

Bei Zusatz von Indometacin zu den Kulturen konnte Thrombin die
Collagensynthese (CAP: Unbehandelte Calvarien, 25,8±1.4 %;
Thrombin (10 U/ml), 29,7±1,0 %; $p<0,05$) und die Menge an neu-
gebildetem Osteoid stimulieren. Die Calciumfreisetzung aus den
Knochen und damit der Knochenabbau war unter diesen Bedingungen
gehemmt. Der Prozentsatz von "on bone" Osteoklasten unterschied
sich nicht signifikant gegenüber den Kontrollknochen, die Gesamtzahl an Osteoklasten war jedoch in dieser Thrombingruppe
signifikant erhöht.
Diese Ergebnisse deuten darauf hin, daß Thrombin am Knochen in
der Gegenwart von Indometacin einen anabolen Effekt auf die
Matrixproduktion und einen stimulierenden Einfluß auf die
Osteoklastenproliferation besitzt.

Melanomzellinvasion und deren pharmakologische Beeinflussung.

Helige, C., Smolle, J., Rothbart, E. [+], Kerl, H. und Tritthart, H.A. [*]

Universitätsklinik für Dermatologie und Venerologie,
[+] Universitäts-Augenklinik,
[*] Institut für Medizinische Physik und Biophysik, Universität Graz, Österreich.

Beim komplexen Prozeß der Tumorzellinvasion spielen neben der Tumorzellproliferation, die aktive Beweglichkeit maligner Zellen, die Produktion lytischer Enzyme sowie spezifische Tumor-Wirt-Wechselwirkungen eine wichtige Rolle. Mit bestimmten Gewebekulturverfahren ist es möglich, diesen Vorgang außerhalb des Körpers zu simulieren. Dabei werden kugelförmige Aggregate von Tumorzellen mit gesundem Gewebe in Kontakt gebracht. Bereits innerhalb weniger Tage wandern die Tumorzellen ins Wirtsgewebe ein und zerstören es völlig. In der vorliegenden Arbeit soll mit Hilfe der computerunterstützten Bildanalyse im in vitro Modell die Aggressivität bestimmter Maus-Melanomzellen (K1735-M2) quantitativ erfaßt und die Wirksamkeit potentiell antiinvasiver Substanzen evaluiert werden.

1 μg/ml Nocodazol, ein synthetischer Microtubuli-Hemmstoff, konnte die Melanomzellinvasion praktisch vollständig blockieren. 10 μM des Ca^{2+}-Kanalblockers Verapamil führte zu einer verminderten Invasivität, die durch den Einsatz von 2 μM Dequalinium, einem Proteinkinase C-Hemmstoff, noch deutlicher zum Ausdruck kam. Als weiterer guter Invasionsblocker erwies sich 1 μM all-trans Retinsäure, ein Vitamin A-Derivat. Reine Proliferationshemmer, wie z.B. 5-Fluorouracil, hatten keinen wesentlichen Einfluß auf die Melanomzellinvasion. Erfolgversprechend scheinen also jene Stoffe zu sein, die das Cytoskelett der Tumorzellen direkt angreifen sowie Stoffe, die in die Ca^{2+}-Calmodulin-Proteinkinase C-Kaskade eingreifen.

Die Ergebnisse zeigen, daß mit Hilfe eines geeigneten in vitro Modells kombiniert mit computerunterstützter Bildanalyse - unter Verzicht von Tierversuchen - ein Test von Substanzen, welche die Tumorzellinvasion gezielt hemmen, möglich ist.

DIE EFFEKTE DES NEUROTOXINS 1-METHYL-4-PHENYL1,2,3,6-TETRAHYDROPTERIDIN (MPTP) - EIN IN VITRO MODELL ZUM STUDIUM DER PARKINSON'SCHEN KRANKHEIT.

Reinitzer Doris[1], Fan Xiaohui[2], Rausch Wolf-Dieter[1],
Weiser Maximilian[1] und Minami Masayasu[2]
[1]Institut für Medizinische Chemie, Vet. Med. Universität Wien
[2]Department of Hygiene and Public Health, Nippon Medical School, Tokyo, Japan

MPTP zerstört die dopaminergen Neurone in der Substantia nigra und führt zu einem Parkinson-Syndrom beim Menschen. Daher werden MPTP-ähnliche Neurotoxine als Ursache dieser Krankheit diskutiert. Primaten und bestimmte Mäuse-Inzuchtstämme werden als Tiermodelle des MPTP-induzierten Parkinsonismus verwendet.

Im vorgestellten Zellkultursystem ist es möglich in vitro dopaminerge Neurone, die bei der Parkinson'schen Krankheit degenerieren, in Kultur zu halten und zu studieren.

MATERIAL UND METHODEN:

Die dissoziierten Neuronenkulturen werden aus Hirnen von Mäuseembryonen (C57/Bl 6) gewonnen. Teile des Mesencephalons, die die Substantia Nigra und das ventrale Tegmentum enthalten, werden präpariert (König et al., 1987). Die Zellen werden als Primärkultur in Polylysin beschichteten 24er-Kulturschalen (Primaria, Fa.Falcon) angelegt. Nach einer Inkubationsphase mit serumhältigen Medium (DMEM + 10%FKS) wird auf serumfreies, definiertes Medium (Bottenstein et al., 1979) umgestellt, wodurch die Proliferation der Astrozyten gehemmt wird.

Die dopaminergen Neurone wurden mit einem Antikörper (Ak) gegen Tyrosin Hydroxylase (TH, Fa.Boehringer), die Gesamtpopulation der Neuronen mit einem Ak gegen Neuronale Enolase (NSE, Fa.Incstar), die Astrozyten mit einen Ak gegen glial fibrillary acid protein (GFAP, Fa.Dako) dargestellt.

Als Parameter für die Neurotoxizität von MPTP wurden Veränderungen der Zellzahl und Morphologie (Michel et al., 1990, Sanchez-Ramos et al., 1988), uptake von Dopamin (DA, Danias et al., 1989) und DA-Gehalt mittels HPLC untersucht.

DISKUSSION:

Die Toxizität von MPTP bewirkt eine Abnahme der Zellzahl der DA-Neurone und Astrozyten. Die überlebenden DA-Neurone zeigen morphologische Veränderungen wie Degeneration der Dendriten, von denen oft nur mehr Bruchstücke zu erkennen sind, oder eine Schwellung des Zellkörpers. Synaptische DA-Freisetzung und DA-Aufnahme reagieren sehr empfindlich auf MPTP.

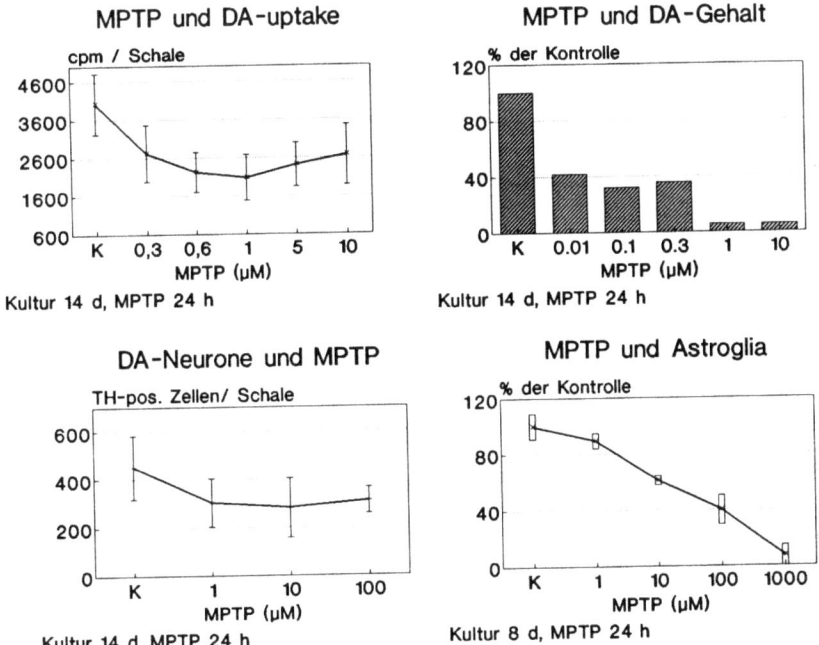

MPTP und DA-uptake
Kultur 14 d, MPTP 24 h

MPTP und DA-Gehalt
Kultur 14 d, MPTP 24 h

DA-Neurone und MPTP
Kultur 14 d, MPTP 24 h

MPTP und Astroglia
Kultur 8 d, MPTP 24 h

Neuronale Primärzellkulturen stellen somit eine wertvolle experimentelle Möglichkeit dar, Mechanismen der Neurotoxizität zu untersuchen.

LITERATUR:

Bottenstein und Sato. (1979): Proc. Natl. Acad. Sci. USA 76: 514-17.

Danias et al. (1989): J. Neurochem., 53: 1149-55.

König et al. (1987): J. Neurosci. Res. 17:349-60.

Michel et al. (1990): J. Neurochem. 54: 1102-9.

Sanchez-Ramos et al. (1988): J. Neurochem., 50: 1934-44.

In-vitro-Untersuchungen zur Aufklärung von Teireaktionen der Entzündung und Entzündungshemmung

Krause, Eva, R. Hirschelmann, H. Bekemeier †

Fachbereich Pharmazie, Institut Pharmakologie für Naturwissenschaftler,
Martin-Luther-Universität Halle-Wittenberg, D-4010 Halle (S)

Entzündung ist eine protektive Reaktion, die der Erhaltung der Lebensfähigkeit und Integrität des gesamten Organismus dient, deshalb ist im allgemeinen die Reduzierung der Vitalität mit einer Verminderung der Entzündungsstärke verbunden. Am toten Organismus ist keine Entzündung auslösbar; denn dann wird sie sinnlos. "Der Tod ist das beste Antiphlogistikum" (M. J. H. Smith and A. W. Ford-Hutchinson, Handbook of Experimental Pharmacology, Vol. 50/II, 1979, pp. 661 - 697).

Trotzdem ist es möglich, Teilreaktionen zur Pathophysiologie in vitro zu untersuchen, z.B. die Phagozytose, als deren Folge immer ein verstärkter Sauerstoffkonsum einsetzt, der mit der Bildung von reaktiven Sauerstoffspezies einhergeht, wie Superoxid, Wasserstoffperoxid, Hypochlorit und eventuell von Hydroxylradikalen. Die dabei auftretenden zytotoxischen Effekte und ihre Beeinflussung durch Antiphlogistika wurden in vitro untersucht. Andere Reaktionen von Antiphlogistika in vitro gehen auf die starken Plasmaproteinbindungen der meisten sauren nichtsteroidalen Antiphlogistika zurück und sind physikalisch-chemische Prozesse (z.B. Stabilisierung von Plasmaproteinen oder Zellen gegen Denaturierung durch Hitze oder andere Noxen, Beeinflussung der Reaktion mit freien Thiolgruppen oder Trinitrobenzaldehyd). Zahlreiche eigene Untersuchungen, u.a. auch Hemmung des Einbaus von Aminosäuren in Proteine durch Zellen eines Entzündungsexsudates, ergaben jedoch auch unspezifische Effekte bzw. Wirkungen von Substanzen ohne antiphlogistische Eigenschaften. Basische nichtsteroidale Antiphlogistika blieben fast immer unwirksam.

Zur Auffindung von entzündungshemmenden Substanzen sind Systeme in vitro praktisch nicht geeignet. Auch die Prüfung der Prostaglandinsynthase-Hemmung in vitro ist problematisch, da sowohl falsch negative Ergebnisse (Prodrug, z.B. Nabumeton) als auch falsch positive Daten (Antioxidantien wie Nordihydro-guaiaretsäure) möglich sind. Es können in vitro eher Wirkungsmechanismen und Teilreaktionen des pathophysiologischen Prozesses charakterisiert werden.

Insgesamt ist festzustellen: Es gibt für die Entzündung zwar kein Ersatzmodell in vitro; Teilprozesse lassen sich aber in vitro untersuchen.

Literatur
- Hirschelmann, R., H. Bekemeier: Acta biol. med. germ. 25, 41-45 (1970)
- Hirschelmann, R., H. Bekemeier: Pharmazie 26, 491-492 (1971)
- Hirschelmann, R., C. von Rein, A. Springer, U. Gräfe: European J. Pharmacol. 183, 2254 (1990)

Isolierte humane Herzmuskelzellen als Myokardmodell für elektrophysiologische Untersuchungen

B. Pelzmann, P. Schaffer, P. Lang, B. Koidl, H. Windisch, H. Mächler[1], B. Rigler[1]

Institut für Medizinische Physik und Biophysik, Harrachgasse 21, A-8010 Graz, Austria;
[1]Universitätsklinik für Chirurgie, Auenbruggerplatz 5, A-8036 Graz, Austria.

Durch die Verwendung von isolierten Herzmuskelzellen konnten in den letzten Jahren auf dem Gebiet der Herzelektrophysiologie große Fortschritte erzielt werden. Speziesbedingte Unterschiede in den elektrophysiologischen Eigenschaften der Herzmuskelzellen (es werden vornehmlich Zellen aus Herzen von Kleinsäugern wie Ratte und Meerschweinchen untersucht) erschweren aber die Übertragung der Ergebnisse auf den Menschen. Ergebnisse mit optimaler Aussagekraft für die Humanmedizin können nur von Untersuchungen an isolierten menschlichen Herzmuskelzellen erwartet werden. Ein weiterer Vorteil dieser Methode ist, daß hier vollständig auf Versuchstiere verzichtet werden kann.

Die erste Arbeit, die sich mit der Isolierung von Herzmuskelzellen aus operativ entferntem Humangewebe (ventrikulär) beschäftigt und elektrophysiologische Experimente beschreibt, wurde 1981 veröffentlicht [1]. In der Folge erschienen weitere Arbeiten zur Elektrophysiologie isolierter humaner Herzmuskelzellen [z.B. 2, 3, 4]. Die Zahl der Publikationen auf diesem Gebiet ist aber im Vergleich zur Fülle der Arbeiten an isolierten tierischen Herzmuskelzellen verschwindend gering.

Im Zeitraum 1990-1991 wurden von uns 30 Zellpräparationen (aus Vorhof und Vertrikelgewebe) mit unterschiedlichen Isolationsmethoden durchgeführt. Die besten Ergebnisse wurden mit der Methodik nach Jacobson [5] (nach eigenen Erfordernissen modifiziert) erzielt. Zur Zellisolierung wird Herzmuskelgewebe verwendet, das bei Herzoperationen anfällt. Je nach Art der Operation stammen die Muskelstücke aus verschiedenen Bereichen des Herzens (z.B. Vorhof, Papillarmuskel, Ventrikelwand). Da Atriumgewebe in größerem Umfang verfügbar ist (bei Herzoperationen wird durch Anschluß des Blutkreislaufes an die Herz-Lungenmaschine ein Stück Vorhof entfernt), gilt unser Hauptinteresse diesem Präparat. Darüberhinaus bestehen bei der Isolierung von Vorhofzellen höhere Erfolgschancen als bei Ventrikelzellen. Das gewonnene Gewebestück (ca. 0,5cm^3) wird in gekühlter physiologischer Salzlösung ins Labor transportiert (Dauer etwa 15 Minuten ab Entnahme aus dem Herzen), und mit Skalpellen in etwa 1mm^3 große Stücke zerteilt. Die Dissoziation des Gewebes in Einzelzellen erfolgt mechanisch-enzymatisch unter Verwendung eines TDV (tissue dissoziation vessel, nach Jacobson [5]) und der Kombination von "crude collagenase" (SERVA, WORTHINGTON) und Trypsin (SERALAB). Die isolierten Zellen werden nach schrittweiser Kalziumkonzentrationserhöhung unter Zellkulturbedingungen bis zu 30 Stunden in einem Brutschrank aufbewahrt und von dort für Experimente entnommen. Es gelang uns, stabförmige Herzmuskelzellen mit deutlicher Querstreifung und intakten Zellmembranen sowohl aus Atrium-, als auch aus Ventrikelgewebe zu isolieren. Die elektrophysiologischen Messungen erfolgten mittels Patch-Elektroden in der whole-cell-Konfiguration (Aktionspotentiale, voltage-clamp). Einige Ergebnisse sind in Abb. 1 dargestellt.

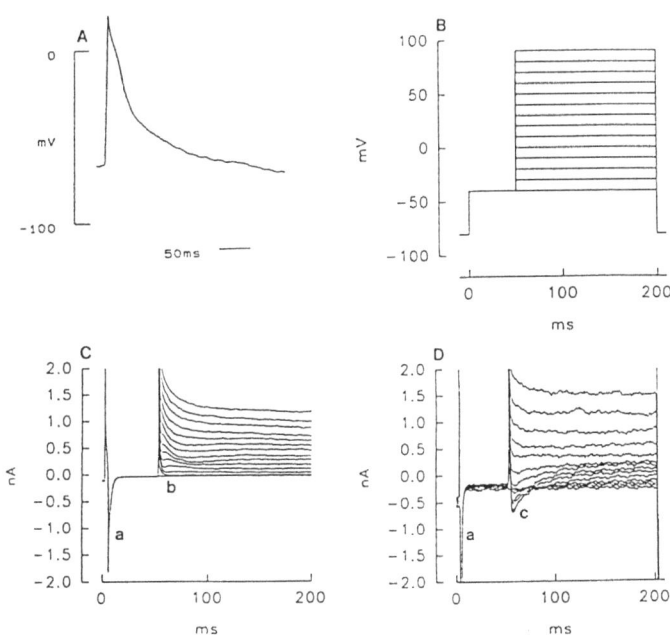

Abb. 1: A: Aktionspotential einer menschlichen Vorhofzelle. **B:** Klemmprotokoll zur Auslösung der in C, D abgebildeten Ionenströme; von -80mV (Haltepotential) wird das Membranpotential mit einem Vorpuls auf -40mV (50ms) und in der Folge in 10mV Schritten bis +90mV geklemmt. **C:** Membranströme einer humanen Vorhofzelle. **D:** Membranströme einer humanen Ventrikelzelle. Bei beiden Stromregistrierungen ist der mit **a** gekennzeichnete I_{Na} (fast inward sodium current) zu erkennen. Der für Ventrikelzellen carakteristische I_{Ca} (slow inward calcium current, D-**c**) ist auch bei Vorhofzellen vorhanden, aber durch $I_{K(to)}$ (transient outward potassium current, C-**b**) überlagert.

Mit humanen Atrium- und Ventrikelzellen stehen zwei Myokardmodelle zur Verfügung, die unterschiedliche Gewebetypen mit spezifischen elektrophysiologischen Eigenschaften repräsentieren. Für die Verwendung dieser Zellen in der kardiologischen Grundlagen-forschung sprechen folgende Vorteile: (1) Große medizinische Relevanz der Ergebnisse, da am "Menschen" erhoben. (2) Vollständiger Verzicht auf Versuchstiere. Als Nachteil darf jedoch nicht übersehen werden, daß zur Isolierung der Zellen u.U. pathogen verändertes, bzw. medikamentös beeinflußtes Gewebe verwendet wird.

[1] Powell T. et al. (1981), British Medical J., 283: 1013.
[2] Bustamante J.O. et al. (1982), Can. Med. Assoc. J., 126: 791.
[3] Escande D. et al. (1987), Am. J. Physiol., 252: H142.
[4] Ouadid H. et al. (1991), J. Mol. Cell. Cardiol., 23: 41.
[5] Jacobsen S.L., Altschuld R.A. & Hohl C.M. (1990). In: Piper H.M. (ed.). Cell culture techniques in heart and vessel research. Springer-Verlag, Berlin.

Entwicklung eines Testsystems mit in vitro differenzierten Herzmuskelzellen für die Pharmakologie

Anna M. Wobus, G. Wallukat[+] und J. Hescheler[*]

Institut für Genetik und Kulturpflanzenforschung, O-4325 Gatersleben,
[+]Institut für Herz-Kreislaufforschung, O-1115 Berlin-Buch,
[*]Institut für Toxikologie, FU Berlin, W-1000 Berlin 33
FRG

Embryonale Stammzellen (ESC) und embryonale Karzinomzellen (ECC), kultiviert aus den pluripotenten undifferenzierten Zellen des frühen Mäuseembryos bzw. den Stammzellen von Teratokarcinomen, können in vitro in Abkömmlinge aller 3 Keimblätter, so auch in spontan pulsierende Herzmuskelzellen, differenzieren. Es wird ein Differenzierungssystem mit verschiedenen permanenten Linien von ESC (D3, B117) und ECC (P19) vorgestellt, das die Untersuchung chronotroper Effekte herzaktiver Pharmaka erlaubt. Herzmuskelzellen, die aus ESC und ECC in vitro differenzieren, entwickeln adrenerge, cholinerge und Herzglykosid-Rezeptoren. Die positiv oder negativ chronotropen Effekte der Agonisten können durch Behandlung mit den entsprechenden Antagonisten aufgehoben werden. Beta$_2$- und Digitoxin-Rezeptoren sind in frühen aus ESC und ECC differenzierten Herzmuskelzellen funktionell noch nicht aktiv, sondern werden erst in terminal differenzierten Herzmyozyten funktionell exprimiert.

Die in vitro differenzierten Herzmuskelzellen entwickeln Herzzell-charakteristische Calciumkanäle des L-Typs und reagieren mit starken negativ chronotropen Effekten auf die Calcium-Kanal-Blocker Diltiazem, Nisoldipin und Verapamil. Bereits früh differenzierte Herzmuskelzellen reagieren in vollem Ausmaß auf diese Inhibitoren.

Die Ergebnisse zur chronotropen Reaktivität können durch elektrophysiologische Untersuchungen bestätigt werden.

Die Befunde zur Herzzelldifferenzierung in vitro weisen darauf hin, daß während der Differenzierung von ESC und ECC über die sogenannten "embryoid bodies" auf Grund von Zell-Zell-Interaktionen Differenzierungsprozesse ablaufen, die zur Entwicklung von Herzmuskelzellen mit den entsprechenden Rezeptorsystemen und Signaltransduktionsmechanismen führen, die den Reaktionen neonataler Herzmuskelzellen adäquat sind, aber unabhängig von der Differenzierung im lebenden Organismus gebildet werden können.

Das vorgestellte zelluläre in vitro-Differenzierungsmodell scheint daher geeignet als Testsystem für toxikologische Untersuchungen chronotroper Pharmaka (Tierersatzversuche) und als Untersuchungsobjekt zum Studium von Commitment und Differenzierung in vitro.

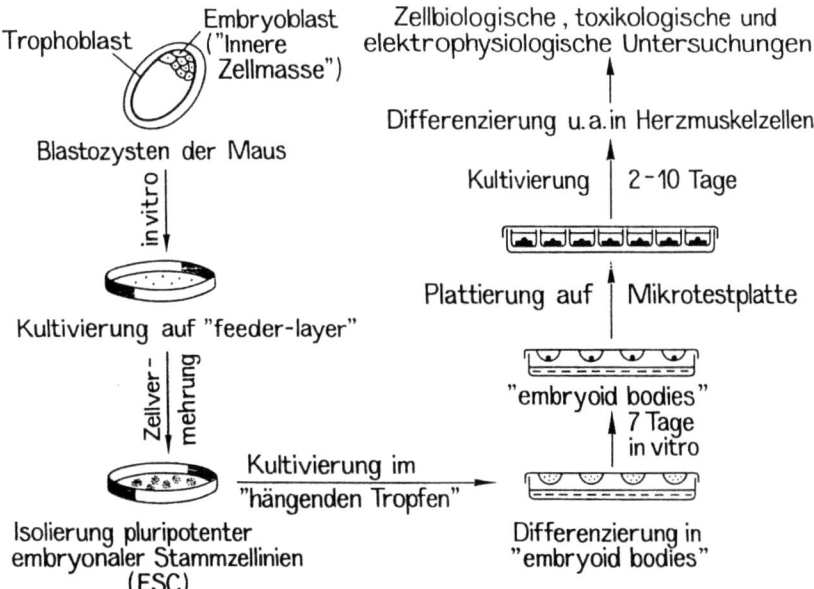

Abb. 1: In vitro-Differenzierungssystem pluripotenter embryonaler Stammzellen der Maus in spontan pulsierende Herzmuskelzellen

Die Arbeiten werden unterstützt durch finanzielle Förderung der ZEBET,
Bundesgesundheitsamt Berlin, BRD.

IN-VITRO UNTERSUCHUNG VON BLUTPUMPEN ZUR MINIMIERUNG DER BLUTSCHÄDIGUNG

H Schima, MR Müller, C Schlusche, G Gheiseder H Thoma, U
Losert, E Wolner
2. chir. Univ-Klinik, LBI für herzchir. Forschung, Inst. für
Biomed.Technik, Zentrum für Biomed. Forschung; Universität
Wien

Für die Verwendung in Herz-Lungen-Maschinen, aber auch zur kurzzeitigen Unterstützung des versagenden Herzens werden spezielle Pumpen benötigt, die das Blut unter möglichst geringer Schädigung der Blutbestandteile und unter Vermeidung der Entstehung von Blutgerinnseln (= Thromben) weitertransportiert.

Um verschiedene Pump-Prinzipien miteinander vergleichen zu können und Detailfragen an Prototypen zu lösen, wurde von uns daher ein Verfahren entwickelt, mit dem die Untersuchung des hämolytischen Verhaltens derartiger Pumpen in vitro möglich ist.

Aufbau des Teststandes:

Dazu wurde ein in-vitro Verfahren entwickelt, das eine relativ genaue Aussage über die Hämolyse bei geringem Aufwand zuläßt: Rinderblut, wird durch Blutspende gewonnen wird, um Kontamination und Bluttraumatisierung gering zu halten. Das Blut wird mit CPD-A stabilisiert und in einen Testkreislauf eingebracht. Dieser Kreislauf besteht aus der zu testenden Pumpe, aus einem Reservoir, das die Lagerung unter Luftabschluß gestattet, aus einer einstellbaren Drossel, den verbindenden Schläuchen und Meßeinrichtungen für Fluß und Druck. Das Füllvolumen beträgt 1 l, das Blut wird über 6 Stunden mit 5 l/min bei 37ºC gegen einen Druck von 150mmHg gepumpt. Stündlich wird die Hämolyse und das freigesetzte Thromboxan bestimmt. Um die Variationen der Einzel-Blutproben besser vergleichen zu können und die Streuung zu minimieren, werden jeweils parallele Untersuchungen an zwei bis drei Testkreisen mit Blut aus einer Spende durchgeführt.

Resultate:

Das Verfahren wurde bereits für mehrere Fragestellungen angewandt:

Erstens wurden verschiedene Pumpentypen, die teilweise auch bereits industriell gefertigt werden, miteinander verglichen, wobei wesentliche Qualitätsunterschiede und Schwankungen in der Produktionsgüte festgestellt werden konnten.

Zweitens wurden detaillierte Untersuchungen an eigenen Prototypen mit unterschiedlichen Geometrien durchgeführt. Es ließ sich z.B. zeigen, daß die Schädigung bei zu kleinem Abstand zwischen Rotor und Wand aufgrund der Scherung und bei zu großem Abstand aufgrund der hydraulischen Verluste stark ansteigen und sich bei bestimmten Distanz-Werten ein deutliches Optimum erzielen läßt.

Drittens wurden Reaktionen des Blutes auf derartige Pumpen allgemein untersucht, u.a. die Elastizität der roten Blutkörperchen, wobei sich zeigte, daß die nicht hämolysierten Erythrozyten durch die Pumpe nicht beeinträchtigt werden.

Diese Untersuchungen wurden durch hydraulische Messungen und Computersimulationen ergänzt, die letztlich zu der Entwicklung einer Pumpe mit sehr niedriger Hämolyse führten. Der derzeitige Prototyp verursacht bei mehrtägigem in-vivo Einsatz eine Hämolyse von nur 2.5 -3 mg% (Normalwert bis 2mg%, typische Werte verschiedener Pumpen bis 15 mg%).

Zusammenfassend läßt sich sagen, daß die Methode des Vollblut-Teststandes bei relativ niedrigem Aufwand umfassende Aussagen über Blutpumpen hinsichtlich ihrer Blutschädigung zuläßt. Dadurch kann die Anzahl von Tierexperimenten beträchtlich reduziert werden. Allerdings kann damit nur sehr begrenzt eine Aussage über das thrombogene Verhalten und keinerlei Aussage über Wechselwirkungen mit anderen Organsystemen getroffen werden, für deren Untersuchung derzeit keine suffizienten in-vitro Verfahren absehbar sind.

Literatur:

Schima H, Thoma H, Wieselthaler G, Wolner E (Eds:) Proc. of the Internat. Workshop on Rotary Blood Pumps 1991, Vienna 1991

ERFAHRUNGEN MIT MIKROCHIRURGISCHEN AUSBILDUNGSMÖGLICHKEITEN OHNE VERSUCHE AM LEBENDEN TIER

A. Kröpfl, C. Primavesi, F. Gasperschitz
Unfallkrankenhaus Salzburg (Vorstand: Univ. Prof. Dr. H. Hertz)

Als Replantationszentrum verfügt das Unfallkrankenhaus Salzburg
für die mikrochirurgische Aus-und Weiterbildung seit 15 Jahren
über ein eigenes Mikrochirurgie-Labor.
Bis vor 3 Jahren wurde die mikrochirurgische Gefäßanastomosen-
Technik in unserem Hause hauptsächlich am narkotisierten Versuchstier, vornehmlich der Ratte, trainiert.
In einer Zeit, in der in der Öffentlichkeit die Notwendigkeit
von Tierversuchen auf breiter Basis kritisch diskutiert wird,
haben wir uns nach Literaturhinweisen ebenfalls entschlossen,
den Ausbildungsweg etwas abzuändern /1/,/2/, /3/, /4/.

Technik
Wir üben die mikrochirurgische Gefäßnaht nun hauptsächlich an
den Koronararterien am perfundierten Schweineherzen. Die Per-
fusionslösung wird mittels einer Kanüle in das Lumen einer
Koronararterie eingebracht, wobei die Lösung zu Übungszwecken
auch eingefärbt werden kann.
Prinzipiell kann jede Gefäßanastomosen-Technik geübt werden
(End zu End, End zu Seit, Gefäßinterponat), wobei Gefäßab-
schnitte mit einem Durchmesser von unter 2 Millimetern für das
Training verwendet werden. Mittels der Perfusion kann nach
fertiggestellter Anastomose die Durchgängigkeit und Dichtheit
der Anastomose überprüft werden, wobei diese durch das Fehlen
der Gerinnung naturgemäß etwas undicht bleibt; mit einiger
Erfahrung kann jedoch abgeschätzt werden, ob noch eine Zwischen-
naht notwendig ist oder nicht.

Epineurale und interfaszikuläre perineurale Nervennähte üben
wir am Nervus ischiadicus eines Hühnerschenkels.

Zusammenfassend sehen wir mit dieser Trainingsmöglichkeit am
toten Organ folgende Vorteile:
- es entfällt die Anmelde- und Begründungspflicht nach dem Tierversuchsgesetz
- der organisatorische Ablauf ist durch den Wegfall einer Tier-

haltung einfacher

- der zeitliche Aufwand für die Vorbereitung der Übungen ist
  geringer, da die Einleitung der Narkose der Versuchstiere
  entfällt
- der finanzielle Aufwand ist wesentlich geringer
- es wird ein Beitrag zum Tierschutz geleistet

Einen Nachteil in der fehlenden Überprüfungsmöglichkeit der
Übungsanastomosen hinsichtlich der Thrombosierungsrate konnten
wir nicht sehen, zumal die Ausbildung von erfahrenen Mikro-
chirurgen überwacht wurde.

Literatur

1. Freys SM.,Koob E.: Ausbildung und Training in der Mikro-
   chirurgie ohne Versuche am lebenden Tier. Handchirurgie 20,
   11-16 (1988).
2. Govila A.: A Simple Model on which to Practise Mikrosurgical
   Technique. Brit. J. Plast. Surg. 34, 486-487 (1981).
3. Pfander A.: Zum Training der mikrochirurgischen Gefäß-Anasto-
   mose. Handchirurgie 12, 59-60 (1980).
4. Sučur D., Konstantinović P., Potparić Z.: Fresh Chicken Leg:
   An Experimental Model for the Mikrosurgical Beginner. Brit.
   J. Plast. Surg. 34 488-489 (1981).

Konzept des Schweizerischen Instituts für Alternativen zu Tierversuchen SIAT:
Forschung, Ausbildung und Dienstleistung

Annelies Steiner, Angelo Vedani & Christoph A. Reinhardt
SIAT, Turnerstrasse 1, CH-8006 Zürich, Schweiz

Gründung eines Schweizerischen Instituts für Alternativen zu Tierversuchen (SIAT)

Am 21. September 1990 wurde in Zürich auf die Initiative des Toxikologen Christoph A. Reinhardt und des Chemikers Angelo Vedani das Schweizerische Institut für Alternativen zu Tierversuchen (SIAT) gegründet. Das SIAT umfasst zwei Institutionen: eine eidgenössische Stiftung und ein Forschungsinstitut.

Das Ziel der übergeordneten Stiftung SIAT ist ganz auf Alternativmethoden zu Tierversuchen ausgerichtet. Das Forschungsinstitut betreibt Forschung und bietet Ausbildung und Dienstleistung im Sinne der 3R (Refine, Reduce, Replace) an.

Die Stiftung SIAT

Das Stiftungskapital von über einer halben Million Schweizerfranken wurde von verschiedenen Stiftungen und privaten Organisationen aufgebracht. Dem Stiftungsrat gehören siebenundzwanzig Persönlichkeiten aus Hochschule, Politik, Industrie und privaten Organisationen an. Das Präsidium wird von Frau Ursula Ulrich-Vögtlin, einem Mitglied des eidgenössischen Parlamentes, geführt. Die Stiftung SIAT stellt eine interdisziplinäre Institution dar in den Bereichen *Ethischer Tierschutz*, *Hochschule* und *Anwendungsbereich von Tierversuchen* in der biomedizinischen Forschung und Entwicklung. Primärer Zweck der Stiftung ist die Beaufsichtigung des Forschungsinstituts und Koordination der finanziellen Unterstützung.

Das Forschungsinstitut SIAT

Das inter-universitäre Forschungsinstitut arbeitet beim Verfolgen der 3R-Strategien eng mit Schweizer Hochschulen zusammen. Gegenwärtig sind am Forschungsinstitut, welches seinen Betrieb am 1. Januar 1991 offiziell aufgenommen hatte, zwei Gruppen tätig: *In vitro-Toxikologie* und *Computer-Aided Drug Design*. Die Wahl fiel auf diese Gebiete, weil die für Tiere am meisten Stress verursachenden Tests in der Toxikologie und der Pharmakologie durchgeführt werden. Im Sinne eines *REFINE* von Tierversuchen sind auch Arbeiten auf dem Gebiet der Versuchtierkunde und Ethologie in Aussicht.

A. In vitro Toxikologie (Leitung: Christoph A. Reinhardt)

Ziele der in vitro-Toxikologie Gruppe sind die Entwicklung, Validierung und Anwendung von zellulären in vitro-Systemen als Alternativen zu Tierversuchen. Es werden Hirn- und Retinazellsysteme zur Prüfung potentiell neurotoxischer oder teratogener Chemikalien entwickelt. Für die behördlichen Sicherheitsanforderungen bei der Registrierung neuer Chemikalien werden ausgewählte in vitro-Modelle validiert und bekannt gemacht. Ferner ist die Schweizer Kontaktstelle der Internationalen Datenbank *INVITTOX (In Vitro Techniques in Toxicology)* der *European Research Group for Alternatives in Toxicity Testing (ERGATT)* beim SIAT untergebracht.

B. Computer-Aided Drug Design (Leitung: Angelo Vedani)

Die Tätigkeiten dieser Gruppe konzentrieren sich auf die Entwicklung von Computerprogrammen auf dem Gebiet des Computer-Aided Drug Design (CADD). Es umfasst dabei auch das *"Classical Modeling"* und das *"Receptor Mapping"*. Die von Angelo Vedani entwickelten Programme *Yeti* und *Yak* bilden den Grundstock weiterer sich noch in Entwicklung befindlicher Software.

C. Refine-Projekte (Interimsleitung: Christoph A. Reinhardt)

Kürzlich wurde das Schweizerische Tierschutzgesetz erweitert, so dass nun der Belastungsgrad eines geplanten Tierversuches zuerst genau beurteilt werden muss. SIAT ist Mitglied einer solchen Arbeitsgruppe, die solche Belastungsklassen entwickelt, um weitere Verbesserungen im Sinne der 3R zu erzielen. Zur Zeit wird gerade ein Projekt über *Ethologische Grundlagen zur Beurteilung der Belastungsgrade bei Versuchstieren* entwickelt.

Weiterführende Literatur

Reinhardt CA (1989) *Do we find relevant parameters for in vitro cytotoxicity testing?* Molecular Toxicol. 1/4, 383-391.

Reinhardt CA (Hrsg.)(1990) *Sind Tierversuche vertretbar? Beiträge zum Verantwortungsbewusstsein in den biomedizinischen Wissenschaften.* Zürcher Hochschulforum Band 16. Verlag Fachvereine, Zürich. 209 pp.

Reinhardt CA (1990) *In vitro predictive tests for eye irritants.* Toxicology in vitro 4/5, 242-245.

Reinhardt CA (1991) *Auf der Suche nach in vitro-Modellen für die Neuroteratologie.* ALTEX (Alternat. Tierexp.) 14, 25-38.

Reinhardt CA (1991) *Wer ist der Bär? Persönliche, wissenschaftliche und gesellschaftliche Gefahren bei der Validierung von neuen Gifttests.* ALTEX (Alternat. Tierexp.) 14, 73-78.

Vedani A & Huhta DW (1990) *A new force field for modeling metalloproteins.* J.Am.Chem.Soc. 112, 4759-4767

Vedani A (1991) Computer-Aided Drug Design - Eine Alternative zu Tierversuchen im Pharmakologischen Screening. ALTEX (Alternat. Tierexp.) 14, 39-60

Vedani A & Huhta DW (1991) *An algorithm for the systematic solvation of proteins based on the directionality of hydrogen bonds.* J.Am.Chem.Soc. 113, 5860-5862

Wyle-Gyurech GG & Reinhardt CA (1991) In vitro differentiation of embryonic chick brain cells: Development of a neurotoxicity test system. Toxicology in Vitro. (in press).

Yeh J, Vedani A & Borchardt RT (1991) *A molecular model for the active site of S-adenosyl-L-homocystein hydrolase.* J.Computer-Aided Molecular Design 5, 213-234

Zentrale Zellabors und Tierschutz in Forschung und Lehre

I. Kuhlmann, F. Gruber, I. Ruhdel, P. Nagel, M. Schark

Tierforschungsanlage, Universität Konstanz,
D-7750 Konstanz, Postfach 5560

Im Neubau der Tierforschungsanlage der Universität Konstanz
wurden Ende 1984/ Anfang 1985 fünf ursprünglich geplante
Tierräume in Zellkulturlabors umgerüstet.
Diese Labors bilden mit acht dazugehörenden Funktions- und
Geräteräumen den Zellkulturbereich der Zentralen Tierforschungsanlage. Die Zellabors standen zunächst Arbeitsgruppen
der Fakultät für Biologie zur Produktion monoklonaler Antikörper zur Verfügung.

Heute (August 1991) gehören zum Zellkulturbereich 6
Zellabors mit 10 Zellkulturarbeitsplätzen und 7 Funktions-
und Geräteräumen. Das Zellkulturprojekt umfaßt inzwischen
folgende 4 Teilprojekte:
Teilprojekt 1: Ersatz von Versuchstieren durch Zellkulturen
               bei der Produktion monoklonaler Antikörper
Teilprojekt 2: Ersatz von Versuchstieren durch Zellkulturen
               durch die in vitro - Immunisierung
Teilprojekt 3: Wissenschaftliche Beratung sowie technische
               Betreuung und Unterstützung von interessierten
               Forschungsgruppen bei der Etablierung von
               projektspezifischen Zellkulturmethoden als
               Ersatz zum Tierversuch
Teilprojekt 4: Vermittlung von Theorie und Praxis der
               Zellkultur
               - an Mitarbeiter(innen) anderer Arbeitsgruppen
               - an Studierende im Rahmen der Ausbildung
               - Beratung beim Aufbau von Zellabors

Die in vitro-Methode zur Produktion monoklonaler Antikörper
im Labormaßstab konnte entscheidend verbessert werden.
Wir haben begonnen die Methode der in vitro-Immunisierung
zur Antikörper-Produktion zu optimieren.
In Zusammenarbeit mit Forschungsgruppen der Universität
Konstanz wurde bzw. wird in Bereichen der Elektrophysiologie, der Neurophysiologie und der Toxizität durch Zellkulturmethoden die Anzahl und die Belastung von Versuchstieren
reduziert, und/oder es wurde bzw. wird das Arbeiten mit
Zellkulturen in verschiedenen Arbeitsgruppen erst möglich
gemacht.
Seit 1990 haben Arbeitsgruppen anderer Universitäten, Institute und Firmen aus den alten und neuen Bundesländern und
aus der Schweiz sich beim Aufbau oder Umbau bzw. Umrüstung
von Zellabors beraten lassen.

In der Studentenausbildung werden
tierschutzrelevante Veranstaltungen angeboten. Es werden
Vorlesungen und Praktika in Versuchstierkunde, sowie
Seminare in Philosophie der Biologie (Ethik und Tiere)
und im Tierschutzrecht durchgeführt.
Im Wintersemester wird ein Vertiefungskurs in Zellkultur-
techniken angeboten(für 4 Studierende). Hier soll durch
zusätzliche Mittel die Kapazität erhöht werden.

«Yak»© und «Yeti»©
Zwei Software-Pakete für Computer-Aided Drug Design

Angelo Vedani und Peter Zbinden
Schweiz. Institut für Alternativen zu Tierversuchen (SIAT)
Biografik-Labor, Aeschstrasse 14, CH-4107 Ettingen, Schweiz.

Die Philosophie des «Computer-Aided Drug Design» (CADD), beruht auf dem schon 1894 ! vom Chemiker/Nobelpreisträger Emil Fischer (1852-1919) formulierten Schloss-Schlüssel-Prinzip. In die Pharmakologie übertragen besagt es, dass ein Pharmakon (eine pharmakologisch wirksame Substanz) in seinen Rezeptor passen muss, wie ein Schlüssel ins Schloss. Pharmaka werden in diesem Zusammenhang Schlüsselmoleküle genannt. CADD versucht mit Hilfe von leistungsfähigen Computern, Zusammensetzung und Struktur pharmakologisch wirksamer Substanzen zu finden, welche optimal an einen vorgegebenen Rezeptor passen.

Prinzipiell können zwei Arten des Computer-Aided Drug Design unterschieden werden, je nach dem, ob die Struktur des Rezeptors bekannt ist oder nicht. Bei bekannter Rezeptorstruktur wird versucht Schlüsselmoleküle zu finden, welche optimal an den Rezeptor passen (Direktes CADD). Ansonsten muss versucht werden, die Rezeptorstruktur vorgängig aus anderen Daten zu rekonstruieren (Indirektes CADD oder «Receptor Mapping»).

Computer-Aided Drug Design ersetzt Tierversuche im pharmakologischen Screening, der allerersten Entwicklungsphase von Pharmaka. Direktes CADD erkennt einerseits schwach oder unwirksame Pharmaka, so dass diese aus dem Evaluationsverfahren ausscheiden, bevor "in-vivo"-Versuche notwendig werden. Andererseits selektioniert direktes CADD nur einige wenige, dafür potente Pharmaka, welche synthetisiert und am ganzen Tier getestet werden müssen. Bei unbekannter Rezeptorstruktur bestanden bisher keine eigentlichen Alternativen zum Tierversuch. Daher musste im klassischen Verfahren eine besonders grosse Anzahl potentiell wirksamer Substanzen "in-vivo" analysiert werden. Indirektes CADD verspricht hier zu einer leistungsfähigen Alternative zu werden.

Das Kraftfeldprogramm (Molecular Mechanics) «Yeti» wurde für die Optimierung von Schlüsselmolekül-Rezeptor-Komplexen unter spezieller Berücksichtigung von Metalloproteinen entwickelt. Der Kraftfeld-Ausdruck in «Yeti» enthält spezielle Terme zur Behandlung von Wasserstoffbrücken und Metall-Ligand-Wechselwirkungen. Es kann sowohl für direktes CADD als auch Receptor Mapping eingesetzt werden. Details sind in J.Am.Chem.Soc. **1990**, 112, 4759-4767 und J.Am.Chem.Soc. **1991**, 113, 5860-5862 publiziert.

Das Receptor-Mapping-Programm «Yak» ermöglicht die Generierung eines aus Aminosäuren, Wassermolekülen und Metallionen bestehenden Rezeptors (also eines Proteins) um ein beliebiges Schlüsselmolekül oder ein Ensemble von Schlüsselmolekülen, deren Rezeptor strukturell unbekannt ist. Der Algorithmus von «Yak» basiert auf direktionalen Wasserstoff-Brücken und hydrophoben Kontakten. Das Programm enthält das «Yeti» Kraftfeld, was eine simultane Optimierung des Schlüsselmolekül-Rezeptor-Komplexes erlaubt. Eine Publikation ist derzeit in Vorbereitung.

Die Urheberrechte der beiden Programme «Yak»© und «Yeti»© liegen bei der Stiftung «Schweiz. Institut für Alternativen zu Tierversuchen» (SIAT) in Zürich. Nicht profit-orientierte Institutionen können eine Kopie des Programmes («Executables») zu Selbstkosten erhalten. «Yeti» ist für VAX/VMS, DEC/Ultrix, SGI/Irix und IBM/RISC erhältlich, «Yak» ab 1.1.92 für VAX/VMS, ab 1.3.92 für SGI.

In-vitro Produktion monoklonaler Antikörper im Labormaßstab

I. Kuhlmann, I. Ruhdel
Tierforschungsanlage, Universität Konstanz, D-7750 Konstanz

Monoklonale Antikörper sind in der medizinischen und biologischen Forschung wertvolle "Reagenzien", die zur Identifizierung, Charakterisierung und Reinigung von medizinisch und biologisch bedeutsamen Substanzen eingesetzt werden.

Beschreibung der Methode:
Um monoklonale Antikörper herzustellen wird eine Maus mit einem Antigen immunisiert und anschließend werden die Antikörper produzierenden Milzzellen mit Krebszellen verschmolzen (Hybridomzellen). Durch gezielte Selektion werden Hybridomzellen gewonnen, die einen spezifischen Antikörper produzieren und unsterblich sind. Die Vermehrung der Hybridomzellen erfolgt überwiegend in der Maus, indem diese Tumorzellen in die Bauchhöhle der Maus injiziert werden. Dies führt meist zu infiltrativem Tumorwachstum mit Bauchhautwassersucht (Aszites).

Als Alternative zur Aszitesmaus (in-vivo) wurde in der Tierforschungsanlage die Produktion monoklonaler Antikörper in Rollerflaschen (in-vitro) optimiert.
Die nachfolgenden Ergebnisse stammen von 5 Arbeitsgruppen (10-15 Personen), die mit 13 verschiedenen Antigenen arbeiteten:
- in Rollerflaschen wurde eine Antikörperausbeute von 20-250 mg/l Zellkulturmedium, in der Maus von 10-60 mg/Maus erreicht.
- die durchschnittliche Kulturdauer einer Rollerflasche beträgt 12 Tage, in der Maus vergehen durchschnittlich 20 Tage, bis sich ein punktierbarer Aszites gebildet hat.
- die Anwachsrate in Rollerflaschen liegt bei 100%, während in der Maus nur 20-90% der Hybridomzellen einen punktierbaren Aszites entwickeln.
- die Kosten von einem Liter Zellkulturmedium (Medium, Serum, Zusätze) betragen ca 16.-DM, eine Maus (Kaufpreis und Haltung) kostet 8.-DM. Die doppelten Kosten der Zellkultur werden jedoch durch die höhere Ausbeute an Antikörpern ausgeglichen.

Die Produkton monoklonaler Antikörper in Rollerflaschen ist schnell, einfach zu handhaben und kostengünstig.
Das Volumen der Rollerflaschen und des Zellkulturüberstandes, die Zellzahl beim Ansetzen und die Zelldichte während des Kulturverlaufes, die Mediumzusammensetzung und die Serumkonzentration können je nach Eigenschaften der verwendeten Klone und nach Fragestellung variiert werden. Rollerkulturen, die mit Serumreduktion (die foetale Kälberserum (FKS)-konzentration wird während des Kulturverlaufs von z.B. 4% auf 0% reduziert), Serumersatzstoffen, Serum von neugeborenen Kälbern und Kälberserum durchgeführt werden, erzielen ebenfalls gute Antikörperausbeuten.

Herstellung monoklonaler Antikörper im SPF-Hühnerei

von A. Hlinak[1], U. Marx[3] und V. Jäger[3]

Institut für Virologie und Geflügelkrankheiten, Veterinärmedizinische Fakultät der Humboldt-Universität zu Berlin[1]; Institut für Medizinische Immunologie, Medizinische Fakultät (Charité) der Humboldt-Universität zu Berlin[2]; Gesellschaft für Biotechnologische Forschung mbH, Braunschweig[3]

Die vorliegende Studie stellt einen Beitrag zur Nutzung von be-brüteten Hühnereiern als Kultivierungssystem für monoklonale Antikörper-produzierende Hybridomzellinien dar. Initiiert durch Arbeiten von Rous und Murphy (1911) und Murphy (1913) soll die in ovo-Kultivierung als Alternativmethode zur Herstellung monoklonaler Antikörper im Mausaszites entwickelt werden (1; 2).
Nach Analyse verschiedener interner Parameter des Hühnereies (Energiestoffwechsel, Aminosäurehaushalt, Kompartimentierung u. a.) wird gezeigt, daß die Allantoishöhle vom 2. - 8. Bebrütungs-tag als Kultursystem für Säugerzellen genutzt werden kann. Zu diesem frühen Inokulationszeitpunkt findet man im Ei das Blastodermstadium der Keimentwicklung vor, so daß eine Beeinflussung des kompletten Embryos, ca. ab dem 11. Bebrütungs-tag, ausgeschlossen ist (3).
Die verwendeten Maus- sowie Heterohybridome konnten auch im Dottersack kultiviert werden. Im Mittel wurden nach einer in ovo-Kultivierung von 3-4 Tagen 0,1 mg/ml mAk in den Eiflüssigkeiten nachgewiesen. Die Hybridomzellen konnten aus den Eiflüssigkeiten rekultiviert werden.
Weiterführende Untersuchungen dienen der Optimierung der externen Bedingungen der Eibebrütung sowie der Ernte, Reinigung und Präparation der Antikörper.
Die vorgestellte Alternativmethode erscheint insbesondere für die zeitgleiche Produktion unterschiedlicher mAk in für For-

schung und mittelständiger Industrie relevanten mAk-Mengen interessant.

Literatur

1. Rous, P. und Murphy, J. B.: Tumor implantations in the developing embryo. J. Am. Med. Ass. 56 (1911), 741.
2. Murphy, J. B.: Transplantability of tissues to the embryo of foreign species. J. Exp. Med. 17 (1913), 482.
3. Mayr, A.; Bachmann, P. A.; Bibrack, B. und Wittmann, G.: Virologische Arbeitsmethoden, Bd. I, Gustav Fischer Verlag 1974.

MH. ERHARD[1], P.KRONICH[2], U.BRAUN [2]*

* to whom correspondence should be adressed

[1] Institut für Physiologie, Physiologische Chemie und Ernährungsphysiologie der Tierärztlichen Fakultät der Ludwig-Maximilians-Universität München, D-8ooo München 22, Veterinärstr. 13

[2] Tecnomara Deutschland GmbH, Ruhberg 4, D-6301 Fernwald

Monoclonal Antibody Production Using Various Cell Culture Systems

Comparison of Production in a Spinner System (Cellspin, Tecnomara Deutschland GmbH) to the Endotronics Hollow-Fibre System (AcuSyst-Maximizer 500), Production in a Roller- and Spinner System (Cellroll, Cellspin; Tecnomara Deutschland GmbH)

Abstract

An approach will be described here for the growth of cells (mouse/mouse hybridoma, 4F6 anti toxoplasmose IgG_1) in spinner suspension culture from 125 ml up to 16 liters. pH was maintained within a narrow range by culturing spinner and roller systems in an 8% CO_2 atmosphere produced in an incubator. Cells were sustained as long as possible in the exponential phase of growth to enhance the yield of cells and cell product per unit volume of medium. Cells were grown in RPMI-1640 supplemented with 1% FCS, 2% Ultroser-HY and OPI (Oxalacetate,Pyruvat and Insulin) to reduce bovine IgG contamination in the Protein A purified IgG_1-product. During cultivation probes were taken and production was estimated by an ELISA-Sandwich-Assay. Cell culture supernatant was prior to column chromatographie concentrated to 1 L with the Pellicon filtration system. The antibody was purified by Protein A affinity chromatographie.

The same cell line was grown in a 1 L spinnerflask up to a density of 4×10^5 cells/ml, harvested by centrifugation and inoculated in one bioreactor of an AcuSyst-Maximizer 500, which was pretreated in the extracapillary space over 3 days with RPMI-1640, supplemented with 1% FCS, 2% Ultroser-HY and OPI. Media (without supplements besides Glutamin) was fed intracapillary with 150 ml/h and pump speed was doubled every day to a maximum of 400 ml/h. Cells were grown for 7 days than harvesting (3 ml/h) was started. Product was directly purified in portions of approximately 100 ml over a 25 ml Protein A column.

Production in the Cellspin-System (20 rpm; n=4) resulted in an amount of approximately 150 mg in 16 L cell-supernatant in 6 days. The average production was 1.56 ug/ml/day Mab. The same cell line cultivated in the AcuSyst-Maximizer 500 produced in 17 days 2.25 g of Mab with an average production rate of 130 mg/day and 1.8 mg Mab/ml/day.

The comparison of the suspension culture with the Hollow-Fibre-System results in 3 orders of magnitude better production rate in the Hollow-Fibre-System. Estimation of the cell number per ml in the bioreactor (Volume 70 ml), assuming constant amounts of antibody's produced in one single hybridoma cell in either sytem, results in approximately 10^9 cells/ml.

The influence of the selection of culture systems and serum concentration was tested in a different cell line producing mouse Mab F71D7 (antigen: phosphoric acid ester). ELISA was done by detection of an organophosphorus compound using this antibody. Serum concentration was varied between 10% and 6%. Cells were seeded in roller bottles and spinner flasks in a concentration of 2-4 10^5 cells/ml and grown for different times. Production rate in both systems was comparable (+/- 5%). Reduction in the serum concentration from 10% to 8% resulted in a 30% lower production rate. Further reduction to 6% decreases production rate for another 20%.

Literature:

Erhard M.H, P. Schmidt, R. Kühlmann, U.Lösch (1989) Development of an ELISA for detection of an organophosphorus compound using monoclonal antibodies. Arch. Toxicol. 63, 462-468

Douillard J.Y., Hoffman T. (1983) Enzyme-linked immunosorbent assay for screening monocolonal antibody production using enzyme-labled second antibody. Meth. Enzymol. 92: 168-174

Lavery, M., Kearns, M.J, Price, D.G., Emery, A.N., Jefferis,R. and Nienow, A.W. Physical conditions during culture of hybridomas in laboratory scale tank reactors. Develop. Biol. Standard. 60: 199-206, 1985

Tyo, M.A., Bulbulian, B.J., Zaspel, B., Murphy, T.J.: Large-scale mammalian cell culture utilizing AcuSyst-Technologie. Animal. Cell Biotechnologie, 1988; Vol. 3:357-371

MONOKLONALE ANTIKÖRPER GEGEN TROPHOBLAST- UND CHORIONCARCINOMZELLANTIGENE NACH IN VITRO IMMUNISIERUNG

Georg Zettinig, Astrid Blaschitz, Michaele Hartmann, Gernot Desoyé[+], Susanne Haidacher, Irmgard Ghassempur, Gottfried Dohr
(Inst. für Histologie und Embryologie, Universität Graz
[+] Univ. Klinik für Gynäkologie und Geburtshilfe, Graz)

EINLEITUNG

1978 wurde von Hengartner, Luzzati und Schreier erstmals eine Kombination von in vitro Immunisierung mit konventionellen Fusionstechniken zur Herstellung monoklonaler Antikörper (MAK) beschrieben. Inzwischen etablierte sich diese Methode und es wurden weitere Modifikationen beschrieben (1, 2). Die In vitro Immunisierung zur Herstellung von MAK bewährt sich besonders bei sehr kleinen Antigenmengen, bei schwach immunogenen Epitopen und bei geringer Verteilungsdichte des Antigens. Vor allem bei der Herstellung humaner MAK ist die In vitro Immunisierung die Methode der Wahl. Trophoblastzellen stellen eine besonders interessante Zellpopulation dar; der Trophoblast, der gegenüber dem mütterlichen Gewebe differente Oberflächenstrukturen trägt, wächst in das Endometrium ein und wird vom mütterlichen Immunsystem nicht zerstört. Er weist aber außer seinem besonderen immunologischen Status aber auch noch andere Eigenheiten auf, zum Beispiel Stoffwechsel, Lebensalter und Wachstumsverhalten. Eine Vielzahl von Trophoblastoberflächenantigenen ist bereits definiert (plazentaspezifische alkalische Phosphatase, Zelladhäsionsmoleküle, Protoonkogene, usw.)

Am Grazer Institut für Histologie werden seit einigen Jahren mit konventionellen Methoden (In vivo Immunisierung im "Maus - Modell") MAK gegen Trophoblastzellen gewonnen; dabei zeigt sich aber, daß größtenteils nur sehr dominante Antigene reagieren. Der Umstieg zur In vitro Immunisierung erfolgte um Antikörper gegen weniger dominante Antigene zu erhalten und um die Zahl der Tierversuche zu verringern.

MATERIAL UND METHODEN

Eine Methode von B. Boss (1) wurde als Grundlage genommen und für unsere spezielle Fragestellung modifiziert. Bis jetzt wurden 2 Fusionen durchgeführt:
* FUSION A: einmalige Vorimmunisierung mit Syncytiotrophoblastmembranen, 2 Wochen später in vitro Immunisierung mit einer Trophoblastzellpräparation (3);
* FUSION B: keine Vorimmunisierung, in vitro Immunisierung mit der Zellinie BEWO (Chorioncarcinom). Eine dritte Fusion ist im Gange.
Die Milz einer mit Chloroform eingeschläferten Maus wurde homogenisiert, 1×10^8 Milzzellen abzentrifugiert und in 10 ml DMEM Medium resuspendiert. Anschließend wurden 1×10^7 isolierten Trophoblastzellen (A) bzw. BEWO Zellen (B) die Lymphozytensuspension sowie 20 g/ml Muramyldipeptid als Adjuvans und 2-Mercaptoethanol (Endkonzen-

tration 5×10^{-5} mol) zugefügt.Die Suspension wurde 4 Tage bei 37 Grad inkubiert, anschließend folgte die Fusion nach einer Modifikation von Galfrè und Milstein (4,5) und die Klonierung mittels Limited Dilution (6).

ERGEBNISSE:

* FUSION A: Die Fusion der Milzzellen der vorimmunisierten Maus ergab eine hohe Fusionsrate, einen hohen Prozentsatz antikörperproduzierender Hybridzellen (größtenteils Immunglobuline der Klasse IgM), aber eine geringe Anzahl von Hybridomen, die spezifische Trophoblastantikörper produzierten. Ein Beispiel dieser Serie ist der MAK **GZ 132**. Er markiert eine submembranöse Struktur an Trophoblast- und BEWO Zellen. Zusätzlich reagiert dieser Antikörper auch mit verschiedenen Epithelien sowie ganz schwach mit glatten Muskelzellen und Leberzellen. Der Antikörper **GZ 131** erkennt ein Antigen an der Oberfläche von Trophoblast- und Chorionkarzinomzellen, das sich aber auch an Bindegewebs- und Endothelzellen findet. **GZ 130** hat ein Molekulargewicht von 170 kD und erkennt ein Zytoskelett- oder zytoskelettassoziiertes Protein.

* FUSION B: Die Fusion ohne Vorimmunisierung erbrachte eine niedrigere Fusionsrate und einen geringeren Prozentsatz an antikörperproduzierenden Hybridzellen, aber auch Ak gegen Oberflächenstrukturen. **GZ 134** als Beispiel erkennt Oberflächen und intrazelluläre Strukturen.

DISKUSSION:

Die In vitro Immunisierung ist bei der Herstellung MAK nicht wesentlich effektiver als die in vivo Immunisierung; der Vorteil ist aber, daß keine Tiere immunisiert werden müssen. Im in vivo Modell müssen die Immunisierungen öfter durchgeführt werden, es wird je nach Fragestellung und Antigen bis zu zehnmal intraperitoneal, intramuskulär,subkutan oder intravenös in die Schwanzvene immunisiert. Dies stellt natürlich eine extreme Belastung für das Tier dar. Ohne einmalige Vorimmunisierung ist das Antigen für die immunkompetenten Zellen der Maus allerdings völlig neu und man erzielt nicht so gute Ergebnisse in der Immunantwort. Ein wichtiger Faktor beim Vergleich der beiden Methoden ist der Zeit- und damit auch Kostenaufwand: Dieser ist bei der In vitro Immunisierung entscheidend geringer.

LITERATUR:

(1) B. D. Boss (1986): An Improved in Vitro Immunization Procedure for the Production of Monoclonal Antibodies. Meth. Enzymol. 121, 27-33

(2) J. H. Peters, H.Baumgarten, Monokl. Antikörper, Springer 1990

(3) H. J. Kliman et. al. (1986). Endocrinology 118, 1567-1582

(4) G. Galfrè, C. Milstein, (1981) Meth. Enzymol. 73, 1-46

(5) G. Dohr et al.: Anat. Embryol. (1987) 176, 239-242

(6) J. W. Goding: Monoclonal Antibodies, Academic Press 1986

Danksagung

Finanziell unterstützt wurde dieser Kongreß von:

Bundesministerium für Gesundheit, Sport und Konsumentenschutz
Bundesministerium für Wissenschaft und Forschung
Bundesministerium für Umwelt, Jugend und Familie
Landesregierung Oberösterreich
Stadt Linz

Fa. ICT Handels GmbH, Wien
Fa. Schoeller Pharma, Wien
Fa. Aigner Laborbedarf, Wien
Fa. Messer Griesheim, Gumpoldskirchen
Fa. Hamamatsu, München
Fa. Pansystems, Aidenbach

Technische Redaktion

Helmut Appl

Arbeitskreis für die Förderung
von tierversuchsfreier Forschung
Postfach 39
1123 Wien

Tel.: 43/222/81 51 023

MIX
Papier aus verantwortungsvollen Quellen
Paper from responsible sources
FSC® C105338

If you have any concerns about our products,
you can contact us on
ProductSafety@springernature.com

In case Publisher is established outside the EU,
the EU authorized representative is:
Springer Nature Customer Service Center GmbH
Europaplatz 3, 69115 Heidelberg, Germany

Printed by Libri Plureos GmbH
in Hamburg, Germany